“十三五”国家重[illegible]物出版规划项目
能源革命与绿色发展丛书
普通高等教育能源动力类系列教材

太阳能利用科学

主　编　张　华
参　编　王子龙　门传玲　刘占杰

机械工业出版社

本书阐述了国内外太阳能领域科学技术的发展趋势和特点，重点介绍了太阳能利用的原理、系统、工程和发展概况，内容包括世界能源形势、太阳能资源分布、太阳辐射能、太阳能电池、太阳能光热转换和热储存技术、太阳能光伏发电与电池储能、太阳能集热利用技术、太阳能热风发电系统、太阳能制冷与空调等，分析了太阳能利用的关键技术、系统特点和经济性。

本书为普通高等学校能源动力类专业（含新能源科学与工程专业、储能科学与工程专业）及相关专业的本科生和研究生教材，也可作为太阳能相关领域科学研究和工程应用的参考用书。

图书在版编目（CIP）数据

太阳能利用科学/张华主编．—北京：机械工业出版社，2021.6（2024.7重印）
（能源革命与绿色发展丛书）
“十三五”国家重点出版物出版规划项目　普通高等教育能源动力类系列教材
ISBN 978-7-111-68133-5

Ⅰ．①太…　Ⅱ．①张…　Ⅲ．①太阳能利用–高等学校–教材　Ⅳ．①TK519

中国版本图书馆CIP数据核字（2021）第081093号

机械工业出版社（北京市百万庄大街22号　邮政编码100037）
策划编辑：蔡开颖　责任编辑：蔡开颖　段晓雅　王　荣
责任校对：郑　婕　封面设计：张　静
责任印制：郜　敏
中煤（北京）印务有限公司印刷
2024年7月第1版第3次印刷
184mm×260mm·10.5印张·257千字
标准书号：ISBN 978-7-111-68133-5
定价：34.80元

电话服务	网络服务
客服电话：010-88361066	机　工　官　网：www.cmpbook.com
010-88379833	机　工　官　博：weibo.com/cmp1952
010-68326294	金　　书　　网：www.golden-book.com
封底无防伪标均为盗版	机工教育服务网：www.cmpedu.com

前言

能源是人类文明进步的重要物质基础和动力，攸关国计民生和国家安全。世界能源体系和发展模式正在进入非化石能源主导的崭新阶段。我国正加快构建现代能源体系，保障国家能源安全，力争如期实现碳达峰、碳中和。太阳能作为重要的非化石能源，是支撑世界能源清洁和安全的重要能源。太阳能作为古老又新颖的一门跨学科的技术，横跨基础研究、应用研究和工程应用三个维度。同时，太阳能作为战略性新兴产业，综合了能源动力、物理、化学、材料、电子电气等多学科多领域的创新成果，它交叉融合，力求与其他学科协同创新发展。

党的二十大报告提出，要“站在人与自然和谐共生的高度谋划发展”“加快发展方式绿色转型”“积极稳妥推进碳达峰碳中和”“深入推进能源革命”“加快规划建设新型能源体系”。太阳能作为我国现代能源体系的重要组成部分，正在加快向“光伏+储能”“光热+储能”转变，融合光伏和储能系统的能量流和信息流，形成光储一体系统。

近年来，太阳能的发展取得了长足进步，世界能源结构正在经历前所未有的深刻变革，新能源和可再生能源是能源发展的主攻方向之一。太阳能的发展加快，从其规划发展规模可见一斑。预计到2030年和2050年，我国电力总装机容量将分别达到34亿kW和60亿kW，清洁能源装机容量分别为20亿kW和51亿kW，这其中全国集中式太阳能发电装机容量将分别超过5亿kW和19亿kW。我国太阳能资源丰富，据统计，我国太阳能发电技术可开发量超过55亿kW。国家能源局发布的2022年全国电力工业统计数据显示，截至2022年底，全国累计发电装机容量约25.6亿kW，同比增长7.8%。其中，风电装机容量约3.7亿kW，同比增长11.2%；太阳能发电装机容量约3.9亿kW，同比增长28.1%。在太阳能光热方面，太阳能热水器、太阳能温室、太阳能取暖、太阳能制冷空调等普及率上升，应用更为广泛。随着人们环境保护意识的增强，以及节能减排战略进一步的推进，太阳能利用要求技术进步、成本下降、管理完善，未来我国太阳能的发展前景十分光明。

本书的内容主要取自于编者所在团队的科研成果，同时参考了国内外学者发表的文献，既全面描述了太阳能资源利用的发展概况，也包括各种太阳能利用技术的原理、进展和趋势。全书共8章，第1章对世界能源生产和消费的现状、形势和发展趋势进行了介绍，并对太阳能资源利用的发展历程和资源的分布做了详细讲解。第2章主要介绍了太阳辐射和地面太阳辐射量的计算。第3章主要对近年来快速发展的化合物太阳能电池进行了介绍，包括砷化镓、碲化镉、铜铟镓硒、染料敏化、钙钛矿等太阳能电池。第4章主要介绍了太阳能光热转换和热储存技术。第5章主要介绍了太阳能光伏发电与电池储能，包括晶硅电池组件、硅薄膜太阳能电池组件及工程系统。第6章主要介绍了太阳能集热利用技术，如太阳能平板集热器、太阳能房、太阳能真空管集热器、聚光集热。第7章主要介绍了太阳能热风发电系统，包括太阳能热风发电技术（太阳能烟囱）、太阳能有机朗肯循环发电、槽式太阳能热动力发电、塔式太阳能热动力发电和碟式太阳能热动力发电。第8章主要介绍了太阳能制冷与空调，包括太阳能吸收式制冷系统、吸附式制冷、喷射式制冷、热泵供热等，并以太阳能疫苗冰箱为例对太阳能制冷进行系统介绍。

本书由张华主编，具体编写分工为：第1、7章由张华编写，第2、3章由门传玲编写，第4、5章由王子龙编写，第6章由王子龙、刘占杰编写，第8章由刘占杰、张华编写。

本书涉及的研究项目得到了国家自然科学基金（50476078，51606126）、教育部博士点基金资助项目（200802520006）、上海市自然科学基金（15ZR142880）、上海市科委部分地方院校能力建设项目（18060502600）、上海市人才发展资金以及青岛海尔集团、日本松下公司等的支持。在本书的编写过程中，研究生黄惠兰、卢峰、黄易、柏霄翔、杨易坤、袁盛通、刘真真、巩倩、康玉、洪德豪等做了大量的辅助工作。在此，编者对上述单位和人员给予的各种支持表示衷心的感谢。

限于编者水平，书中欠妥之处在所难免，敬请读者批评指正。

编　者

目录

第1章 绪　论

1.1 世界能源生产和消费概况

能源是人类社会赖以生存和发展的重要物质基础，人类文明的每一次重大进步都伴随着能源的重大变革。近年来，世界能源格局发生了深刻变化，主要是可再生能源和页岩气革命，以太阳能等为代表的可再生能源发展迅速，我国治理环境污染引起全球能源市场变化，人工智能、大数据、全球制冷、电动汽车和数字化能源系统正引领未来能源的发展趋势。

目前，世界主要能源是石油、天然气、煤炭、核能和可再生能源，世界能源消费总量持续增长。2017年，全球一次能源消费量达193.02亿t煤当量（135.11亿t油当量），比2007年增长了17%，持续保持增长（见图1-1）。受经济形势影响，近年全球能源消费增速略有放缓。2017年，全球一次能源消费量比2016年增长2.2%，高于过去10年的年均增长率1.7%，呈现较好的增长势头。能源消费的增长和国内生产总值（GDP）增速密切相关，我国和印度都保持了增长，美国、欧盟等发达国家和地区则保持了相对稳定。

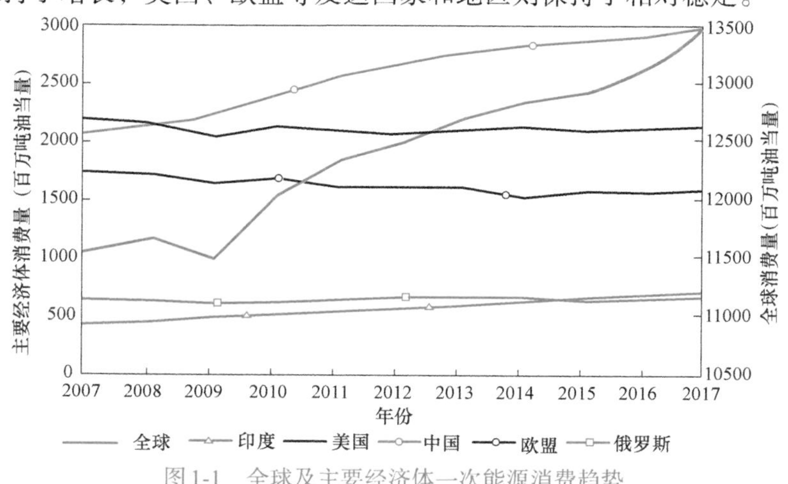

图1-1　全球及主要经济体一次能源消费趋势

石油是全球最重要的能源资源，占全球一次能源消费总量的1/3。2017年，全球石油消费量比2016年增长1.7%，高于过去10年1.0%的平均增速，美国占全球石油消费的19.5%，欧盟、中国、日本消费量占比分别为14%、13.3%、4.1%。

天然气需求快速增长。过去10年，天然气作为新兴低碳能源资源，全球总消费量增长了近25%，2017年在全球一次能源消费中占23%。2017年，全球天然气消费增长了3%，是2010年以来最快的一年，占全部一次能源增量的33%，是能源来源增量最高的能源。欧盟低碳能源需求强劲，天然气消费量连续3年保持上升，2017年同比增长4.3%；美国得益于电力使用的增加，近10年增速仍然接近20%；日本虽没有天然气资源生产，但通过液化天然气（LNG）进口，也保持了稳定的天然气消费；我国天然气消费直线上升，2017年涨幅高达15%。目前天然气市场基本平衡，天然气价格基本保持稳定。由于我国天然气需求旺盛，2017年全球天然气产量涨幅接近4%，远超过去10年的平均水平2.2%。

石油、天然气和煤炭这三种能源占据着全球80%以上的能源份额。这三种能源又被称为“化石能源”。这些能源在使用时有二氧化碳排放，这不仅造成气候变暖，而且不可避免地会产生粉尘、酸雨等污染。二氧化碳排放导致的温室效应和气候极端变化使得人类的生态环境变得越来越脆弱，雾霾和酸雨直接威胁着人类的生存。根据报道，在2016年签署的《巴黎协定》是历史上第一次绝大部分国家都做出承诺，要对燃烧煤炭、石油和天然气排放有害气体所造成的全球暖化进行遏制，《巴黎协定》的签署国同意把全球平均气温升幅控制在工业革命前水平以上低于2℃之内，并努力将气温升幅限制在工业化前水平以上1.5℃之内。

气候变化是人类面临的全球性问题，各国二氧化碳排放量增加，温室气体猛增，对生命系统形成威胁。在这一背景下，世界各国以全球协约的方式减排温室气体，我国由此提出碳达峰和碳中和目标。碳达峰是指在某一个时点，二氧化碳的排放不再增长达到峰值，之后逐步回落。碳中和是指在一定时间内，通过植树造林、节能减排等途径，抵消自身所产生的二氧化碳排放量，实现二氧化碳“零排放”。2020年9月，国家主席习近平在第七十五届联合国大会一般性辩论上指出：“中国将提高国家自主贡献力度，采取更加有力的政策和措施，二氧化碳排放力争于2030年前达到峰值，努力争取2060年前实现碳中和。”可再生能源将得到长足的进步。可再生能源在全球一次能源消费量中占比10.4%，占比增速达20%。2017年，全球可再生能源消费量同比增长6%，如图1-2所示。其中，全球水电消费量增长0.9%，其他可再生能源增速高达17%，超过过去10年的平均增速，增长非常迅速。2017年，美国可再生能源增速达到13%，是世界平均水平的两倍，显示了美国清洁能源的强劲需求。欧盟显著降低了水电消费，降幅达14.4%，反映了可能更加严厉的环保措施。中国减缓了水电开发的力度，2017年水电增速仅为0.5%，远低于过去10年中国水电的平均增速10.2%；但其他可再生能源的增长平衡了水电的颓势，2017年中国其他可再生能源消费增速高达31%，占全球的21.9%，高于美国的19.5%。

全球及各主要经济体能源消费仍保持增长势头，近年来石油消费基本持平，天然气消费稳步增长，煤炭消费逐渐降低，核能消费在安全前提下复苏，可再生资源发展迅猛，能源结构转型为清洁低碳。能源消费的清洁低碳化成为主流，天然气作为现实可行的清洁能源，正越来越受到重视，但从长期来看，随着技术发展和进步，非化石能源将逐步替代化石能源。

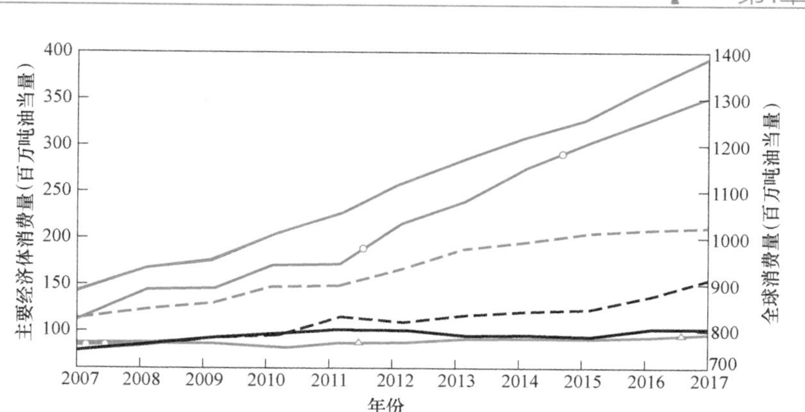

图1-2 全球及主要经济体可再生能源消费趋势

我国能源需求增长迅猛，过去10年能源消费增长了54.6%，2017年能源消费31.32亿t油当量，占全球能源消费总量的23.2%。我国近年能源消费增长略有放缓，但2017年仍然贡献了全球增长量的34%，是全世界最大的能源消费国。以2017年为例，我国能源结构中，煤炭在全部能源消费中占比为60%、石油占19%、天然气占7%、非化石能源占14%，如图1-3所示。与世界平均水平相比，我国过度依赖煤炭，石油和天然气支柱作用不足，核能发展相对滞后，可再生能源发展态势较好，高于世界平均水平。

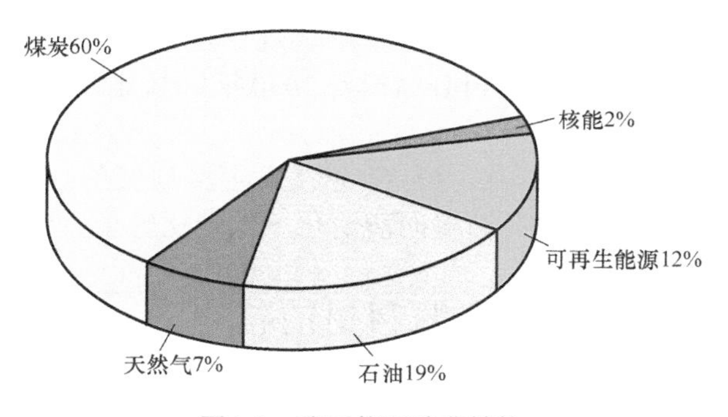

图1-3 我国能源消费结构

2018年底，我国发电装机容量、年发电量分别达到19亿kW、7万亿kW·h，其中水电、风电、太阳能发电装机分别达3.5亿kW、1.8亿kW、1.7亿kW，均居世界第一。在发展上，电源与电网、交流与直流、输电与配电发展不协调等问题突出，清洁能源发展长期面临弃水、弃风、弃光等挑战，严重制约了电力行业的安全发展、清洁发展和高质量发展。

我国清洁能源资源丰富，水电、风电、太阳能发电技术可开发量分别超过6.6亿kW、35亿kW、55亿kW，能够满足需求。2018年，我国近一半的新增电力需求由清洁能源供应。随着技术进步和成本持续下降，未来清洁能源发展将进一步加快。预计到2030年和2050年，我国电力总装机容量将分别达到34亿kW和60亿kW，其中清洁能源装机容量分别为20亿kW和51亿kW。

21世纪以来，我国清洁能源发展走在了世界前列，光伏发电、风电装机容量和增速领跑全球。截至2018年底，我国清洁能源发电装机容量为7.5亿kW，占总装机容量比例的40%。但要认识到，实现碳达峰碳中和目标，打好污染防治攻坚战，根本解决我国生态环境问题，清洁发展的速度、规模和质量仍有待提高。

2018年，我国水能、风能、太阳能资源开发率为53%、5.1%、3.1%，发电量占比为25.3%（其中水电17.6%、风电5.2%、太阳能发电2.5%），清洁能源开发力度仍需继续加大。

目前，我国在新疆、西藏、青海、甘肃、内蒙古、宁夏等地建设大型太阳能发电基地。预计到2030年和2050年，全国集中式太阳能发电装机容量将分别超过5亿kW和19亿kW。

在碳减排方面，我国对世界做出庄重承诺：二氧化碳排放2030年左右达到峰值并争取尽早达峰；2030年，单位GDP二氧化碳排放比2005年下降60%~65%，非化石能源占一次能源消费的比例达到20%左右。煤炭产生的二氧化碳占全社会总排放量的80%，其中发电用煤燃烧排放占总排放量的43%，“控煤”是实现碳减排的关键，限制发电用煤是必然趋势。

“十三五”期间，我国的能源消费结构有了显著优化，能源供给质量大幅提升，能源科技创新成果丰硕，能源体制发生深刻变革。5年来，全国能源消费总量年平均增速为2.2%，单位GDP能耗下降20.3%。其中，煤炭消费比例下降8.4%，非化石能源消费比例提升到14.3%，天然气消费比例达到7.8%，电力占终端能源消费比例提升到25.5%。

2020年4月9日，国家能源局发布《关于做好可再生能源发展“十四五”规划编制工作有关事项的通知》，规划要求充分发挥可再生能源成本竞争优势，坚持市场化方向，优先发展、优先利用可再生能源。通知明确，将推动“十四五”期间可再生能源成为能源消费增量主体，为实现2030年非化石能源消费占比20%的战略目标奠定坚实基础。2019年，我国非化石能源消费占比在15%左右，为确保上述目标实现，“十四五”规划继续明确可再生能源的优先发展战略，通过规模指标市场化和制定发电量比例加以支持，为未来5年可再生能源快速增长奠定了坚实基础。规划强调将大力推动国内光伏装机容量：基于2025年国内非石化能源比例达到18%以及2030年20%比例测算，预计未来每年光伏新增装机容量有望达到55~60GW。

总之，我国的能源产业在发生深刻变革。我国已经成为世界能源生产和消费的第一大国；我国能源结构将向清洁化、低碳化转型，引领了世界可再生能源的发展。

1.2 太阳能资源利用的特点

太阳能（Solar energy）是重要的可再生能源，是利用最久、范围最广泛、形式最多、体量最大的可再生能源。太阳能常指太阳的热辐射能量，主要表现为太阳光线，其可用作发电或者为热水器提供能源。

可以说，人类所需能量的绝大部分都直接或间接地来自太阳。植物通过光合作用释放氧气、吸收二氧化碳，把太阳能转变成化学能储存在植物体内。煤炭、石油、天然气等化石燃料也是由古代埋在地下的动植物经过漫长的地质年代演变形成的一次能源。地球本身蕴藏的能量通常指与地球内部的热能能源和与原子核反应有关的能源。因此，广义的太阳能所包括的范围非常大，如地球上的风能、水能、海洋温差能、波浪能和生物质能以及化石燃料（如煤、石油、天然气等）。狭义的太阳能则限于太阳辐射能的光热、光电和光化学的直接转换。

太阳能从太阳内部连续不断的核聚变反应过程产生出来，地球轨道上接受的平均太阳辐照度为1369W/m^2。地球赤道周长为40076km，从而可计算出，地球获得的能量可达173000TW。

太阳能发电有两种方式，一种是光—热—电转换方式，另一种是光—电直接转换方式。光—热—电转换方式通过利用太阳辐射产生的热能发电，一般是由太阳能集热器将所吸收的热能转换成工质的蒸气，再驱动汽轮机发电。前一个过程是光—热转换过程；后一个过程是热—电转换过程，与普通的火力发电一样。太阳能热发电的缺点是效率很低而成本很高，目前只能小规模应用，大规模利用在经济上不合算，还不能与普通的火电站或核电站相竞争，但是随着技术的进步和对环保的要求越来越高，其竞争力正逐步增强。

光—电直接转换方式是利用光电效应，将太阳辐射能直接转换成电能，光—电转换的基本装置就是太阳能电池。太阳能电池是一种由于光生伏特效应而将太阳光能直接转化为电能的器件，是一个半导体光电二极管，当太阳光照到光电二极管上时，光电二极管就会把太阳的光能变成电能，产生电流。许多个电池串联或并联起来可以输出比较大的功率，形成太阳能电池方阵。太阳能电池是一种大有前途的新型电源，具有永久性、清洁性和灵活性的优点。

太阳能光热利用是指利用太阳辐射的热能。太阳能光热利用的途径有太阳能热水器、太阳房、太阳灶、太阳能温室、太阳能干燥系统、太阳能土壤消毒杀菌技术等。前述太阳能光—热—电转换方式的前段就是太阳能光热利用的一个重要方面。

太阳能可以全方位地解决建筑内热水、采暖、空调和照明用能，是理想的绿色建筑方案。太阳能与建筑的一体化研究与实施，是未来太阳能开发利用的重要方向。

太阳能资源利用的优点主要如下：

（1）太阳能资源的可利用时间长　根据天文学研究结果可知，太阳系已存在了50亿年左右，根据目前太阳辐射的总功率以及太阳上氢的总含量进行估算，太阳能资源尚可继续维持600亿年之久。相对于人类生存的年代来讲，太阳能利用不存在时间问题，可谓取之不尽、用之不竭。

（2）太阳能资源利用清洁安全　太阳能属于清洁能源、安全能源。太阳能相比化石能源没有污染，相比核能也毫无危险。

（3）太阳能资源易得易用　太阳辐射能既不需要开采和挖掘，也不需要运输。地球上无论高山、岛屿、大陆、海洋，都一样可以利用，且无专利问题，没有行业和地域的垄断，开发利用极其方便。

（4）太阳能资源数量巨大　每年到达地球表面的太阳辐射能约为3630万亿t标准煤，被陆地表面接受的太阳辐射能也达到762万亿t标准煤，相比每年全球一次能源消费量只有193亿t煤当量，太阳能可谓数量巨大。

但是，太阳能资源也存在缺点，主要如下：

（1）太阳能资源的利用效率低、成本高　当前太阳能利用多受到技术经济性制约，这与太阳能利用的科技水平、成本问题、设备尺寸问题相关。有些太阳能利用理论可行，技术成熟，但就是装置效率偏低，成本较高，很难大规模推广应用。总体上，太阳能的经济性还不能与常规能源相竞争。

（2）太阳能资源的稳定性差　太阳能多受到昼夜、季节、地理纬度和海拔等自然条件的限制，以及晴、阴、云、雨等天气随机因素的影响，到达某地的太阳辐照度既是间断的又是极不稳定的，这给太阳能的大规模应用增加了难度。为了使太阳能成为连续、稳定的能源，成为能够与常规能源竞争的替代能源，蓄能成为太阳能利用中的一个关键问题。

（3）太阳能资源的分散性大　如前面所说，到达地球表面的太阳辐射能的总量巨大，但是太阳能的能流密度却很低。例如，在北回归线附近，夏季在天气较为晴朗的情况下，正午时太阳辐射的辐照度最大，在垂直于太阳光方向1m^2面积上接收到的太阳能平均值为

1000W，但若按全年日夜平均计算，则只有200W，因为冬季大致只有夏季的50%，阴天又只有晴天的20%左右，这样的能流密度对于大规模工业应用是很低的。

1.3 太阳能资源利用的发展历程

人类利用太阳能已有3000多年的历史，但将太阳能作为一种能源和动力加以利用，只有300多年的历史。近代太阳能利用历史可追溯到1615年法国工程师所罗门·德·考克斯发明的世界第一台太阳能驱动的发动机。该发明是一台利用太阳能加热空气使其膨胀做功而抽水的机器。在1615—1900年间，世界上又研制成多台太阳能动力装置和一些其他太阳能装置。这些动力装置几乎全部采用聚光方式采集阳光，发动机功率不大，工质主要是水蒸气，设备价格昂贵，实用价值不大，主要为太阳能爱好者个人研究制造。

太阳能科技发展历史大体可分为7个阶段。

第1阶段（1900—1920），世界上太阳能研究的重点仍是太阳能动力装置，但采用的聚光方式多样化，且开始采用平板集热器和低沸点工质，装置逐渐扩大，最大输出功率达73.64kW，实用目的比较明确，造价仍然很高。

第2阶段（1920—1945），在这20多年中，太阳能研究工作处于低潮，参加研究工作的人数和研究项目大为减少，其原因与矿物燃料的大量开发利用和发生第二次世界大战（1935—1945）有关，而太阳能又不能解决当时对能源的急需问题，因此太阳能研究工作受到冷落。

第3阶段（1945—1965），第二次世界大战结束后的20年中，太阳能重新受到重视，再次兴起太阳能研究热潮，太阳能研究工作取得一些重大进展，比较突出的有：1945年美国贝尔实验室研制成实用型硅太阳能电池，为光伏发电大规模应用奠定了基础；1955年以色列泰伯等在第一次国际太阳热科学会议上提出选择性涂层的基础理论，并研制成实用的黑镍等选择性涂层，为高效集热器的发展创造了条件；1952年法国国家研究中心在比利牛斯山东部建成一座功率为50kW的太阳炉；1960年美国佛罗里达建成世界上第一套用平板集热器供热的氨—水吸收式空调系统，制冷能力为5冷吨；1961年第一台带有石英窗的斯特林发动机问世。

第4阶段（1965—1973），这一阶段太阳能研究工作停滞不前，主要原因是太阳能利用技术处于成长阶段，尚不成熟，并且投资大，效果不理想，难以与常规能源竞争，因而得不到公众、企业和政府的重视和支持。

第5阶段（1973—1980），世界发生石油危机，工业发达国家重新加强了对太阳能及其他可再生能源技术发展的支持，在世界上再次兴起了开发利用太阳能的热潮。1973年美国制定了政府级阳光发电计划。1974年日本公布了政府制定的阳光计划，其中太阳能的研究开发项目有太阳房、工业太阳能系统、太阳热发电、太阳能电池生产系统、分散型和大型光伏发电系统等，研究领域不断扩大，研究工作日益深入，取得一批较大成果，如复合抛物面聚光器（CPC）、真空集热管、非晶硅太阳能电池、光解水制氢、太阳能热发电等。

第6阶段（1980—1992），由于世界石油价格大幅度回落，20世纪70年代兴起的开发利用太阳能热潮，在进入20世纪80年代后不久就开始落潮，逐渐进入低谷。

第7阶段（1992年至今），大量燃烧化石能源造成了全球性的环境污染和生态破坏，对人类的生存和发展构成威胁，联合国把环境与发展纳入统一的框架，确立了可持续发展的模式。世界各国加强了清洁能源技术的开发，将利用太阳能与环境保护结合在一起，使太阳能利用工作走出低谷，逐渐得到加强。世界太阳能利用又进入一个发展期，其特点是：太阳能利用与世界可持续发展和环境保护紧密结合，全球共同行动，为实现世界太阳能发展战略而努力；太阳能发展目标明确，重点突出，措施得力，有利于克服以往忽冷忽热、过热过急的弊端，以保证太阳能事业的长期发展。

回顾太阳能的发展历程，太阳能的发展道路并不平坦，一般每次高潮期后都会出现低潮期，处于低潮的时间大约有45年。太阳能利用的发展历程与煤、石油、核能完全不同，人们对其认识差别大，反复多，发展时间长。这一方面说明太阳能的开发难度大，短时间内很难实现大规模利用；另一方面也说明太阳能利用还受矿物能源供应、政治和战争等因素的影响，发展道路比较曲折。

总之，太阳能既是一次能源，又是可再生能源。它资源丰富，既可免费使用，又无须运输，对环境无任何污染，为人类创造了一种新的生活形态，使社会及人类进入一个节约能源、减少污染的时代。

1.4 世界太阳能资源分布

地球上太阳能资源的分布与各地的纬度、海拔、地理状况和气候条件有关。资源丰度一般以全年辐射总量（kW/m^2）和全年日照总时数（h）表示。太阳向宇宙空间发射的辐射功率为3.8×10^{23}kW的辐射值，其中20亿分之一到达地球大气层。到达地球大气层的太阳能，30%被大气层反射，23%被大气层吸收，47%到达地球表面，到达地球表面的功率为80万亿kW，也就是说，太阳每秒钟照射到地球上的能量就相当于燃烧500万t煤当量释放的热量。

根据国际太阳能热利用区域分类，全世界太阳能辐照度和日照时间最佳的区域包括北非、中东地区、美国西南部和墨西哥、南欧、澳大利亚、南非、南美洲东、西海岸和中国西部地区等。太阳能资源分类见表1-1。

表1-1 太阳能资源分类

资源丰富程度	地区代号	年辐射总量/($kW\cdot h/m^2$)	平均日辐射量/($kW\cdot h/m^2$)	世界典型地区	我国典型地区
资源最丰富	Ⅰ	≥1750	≥4.8	北非、中东、中美洲	新疆东南部、青海西部和西藏西部
资源很丰富	Ⅱ	1400~1750	3.8~4.8	澳大利亚中部、中欧	北京、天津、河北大部分、海南
资源较丰富	Ⅲ	1050~1400	2.9~3.8	澳大利亚南部、南美洲、日本	河南、江苏、上海、广东、福建
资源一般	Ⅳ	<1050	<2.9	北欧、南极和北极圈地区	重庆

根据表1-1，世界主要太阳能资源地区的特点如下：

（1）北非地区　北非地区是世界太阳能辐射最强烈的地区之一，该地区的摩洛哥、阿尔及利亚、突尼斯、利比亚和埃及太阳能热发电潜能很大。阿尔及利亚的太阳年辐射总量为$9720MJ/m^2$，技术开发量每年约为$169440TW\cdot h$。摩洛哥的太阳年辐射总量为$9360MJ/m^2$，技术开发量每年约为$20151TW\cdot h$。埃及的太阳年辐射总量为$10080MJ/m^2$，技术开发量每年约为$73656TW\cdot h$。太阳年辐射总量大于$8280MJ/m^2$的国家还有突尼斯、利比亚等国。阿尔及利亚有$2381.7km^2$的陆地区域，其沿海地区太阳年辐射总量为$6120MJ/m^2$，高地和撒哈拉

地区太阳年辐射总量为6840~9540MJ/m²，全国总土地的82%适用于太阳能热发电站的建设。

（2）南欧　南欧的太阳年辐射总量超过7200MJ/m²，该地区国家包括葡萄牙、西班牙、意大利、希腊和土耳其等。西班牙太阳年辐射总量为8100MJ/m²，技术开发量每年约为1646TW·h。意大利太阳年辐射总量为7200MJ/m²，技术开发量每年约为88TW·h。希腊太阳年辐射总量为6840MJ/m²，技术开发量每年约为44TW·h。葡萄牙太阳年辐射总量为7560MJ/m²，技术开发量每年约为436TW·h。土耳其的技术开发量每年约为400TW·h。西班牙的南方地区是最适合建设太阳能热发电站的地区之一，该国也是太阳能热发电技术水平最高、太阳能热发电站建设最多的国家之一。

（3）中东　中东几乎所有地区的太阳能辐射能量都非常高，以色列、约旦和沙特阿拉伯等国的太阳年辐射总量为8640MJ/m²。阿联酋的太阳年辐射总量为7920MJ/m²，技术开发量每年约为2708TW·h。以色列的太阳年辐射总量为8640MJ/m²，技术开发量每年约为318TW·h。伊朗的太阳年辐射总量为7920MJ/m²，技术开发量每年约为20PW·h。约旦的太阳年辐射总量约为9720MJ/m²，技术开发量每年约为6434TW·h。以色列的总陆地区域是20330km²，内盖夫（Negev）沙漠覆盖了全国土地的一半，也是太阳能利用的最佳地区之一，以色列的太阳能热利用技术处于世界最高水平之列。我国第1座70kW太阳能塔式热发电站就是利用以色列的技术建设的。

（4）美国　美国也是世界太阳能资源最丰富的地区之一，根据美国239个观测站1961—1990年30年的统计数据，全国一类地区太阳年辐射总量为9198~10512MJ/m²，一类地区包括亚利桑那和新墨西哥州的全部，加利福尼亚、内华达、犹他、科罗拉多和得克萨斯州的南部，占总面积的9.36%。二类地区太阳年辐射总量为7884~9198MJ/m²，除了包括一类地区所列州的其余部分外，还包括怀俄明、堪萨斯、俄克拉何马、佛罗里达、佐治亚和南卡罗来纳州等，占总面积的35.67%。三类地区太阳年辐射总量为6570~7884MJ/m²，包括美国北部和东部大部分地区，占总面积的41.81%。四类地区太阳年辐射总量为5256~6570MJ/m²，包括阿拉斯加州大部地区，占总面积的9.94%。五类地区太阳年辐射总量为3942~5256MJ/m²，仅包括阿拉斯加州最北端的少部地区，占总面积的3.22%。美国的外岛如夏威夷等均属于二类地区。美国的西南部地区全年平均温度较高，有一定的水源，冬季没有严寒，虽属丘陵山地区，但地势平坦的区域也很多，只要避开大风地区，是非常好的太阳能热发电地区。

（5）澳大利亚　澳大利亚的太阳能资源也很丰富，澳大利亚全国一类地区太阳年辐射总量为7621~8672MJ/m²，主要在澳大利亚北部地区，占总面积的54.18%。二类地区太阳年辐射总量为6570~7621MJ/m²，包括澳大利亚中部，占全国面积的35.44%。三类地区太阳年辐射总量为5389~6570MJ/m²，在澳大利亚南部地区，占全国面积的7.9%。太阳年辐射总量低于6570MJ/m²的四类地区仅占2.48%。澳大利亚中部的广大地区人烟稀少，土地荒漠，适合大规模的太阳能开发利用，最近，澳大利亚国内也提出了大规模开发利用太阳能的投资计划，以增加可再生能源的利用率。

1.5　中国太阳能资源分布

全国各地太阳年辐射总量为3340~8400MJ/m²，中值为5852MJ/m²。从我国太阳年辐射总量的分布来看，西藏、青海、新疆、宁夏南部、甘肃、内蒙古南部、山西北部、陕西北部、辽宁、河北东南部、山东东南部、河南东南部、吉林西部、云南中部和西南部、广东东南部、福建东南部、海南岛东部和西部以及台湾西南部等广大地区的太阳辐射总量很大。尤其是青藏高原地区的太阳辐射量最大，这里平均海拔在4000m以上，大气层薄而清洁，透明度好，纬度低，日照时间长。例如人们称为“日光城”的拉萨市，1961—1970年的平均值，年平均日照时数为3005.7h，相对日照为68%，年平均晴天为108.5d、阴天为98.8d，年平均云量为4.8，年辐射总量为8160MJ/m²，比全国其他省区和同纬度的地区都高。

全国以四川和贵州两省及重庆市的太阳年辐射总量最小，尤其是四川盆地，那里雨多、雾多、晴天较少。例如素有“雾都”之称的重庆市，年平均日照时数仅为1152.2h，相对日照为26%，年平均晴天为24.7d、阴天达244.6d，年平均云量高达8.4。其他地区的太阳年辐射总量居中。

我国太阳能资源分布的主要特点有：

1）太阳能的高值中心和低值中心都处在北纬22°~35°。这一带，青藏高原是高值中心，四川盆地是低值中心。

2）太阳年辐射总量，西部地区高于东部地区，而且除西藏和新疆两个自治区外，基本上是南部低于北部。

3）由于南方多数地区云多雨多，在北纬30°~40°地区，太阳能的分布情况与一般的太阳能随纬度而变化的规律相反，太阳能辐射量不是随着纬度的升高而减少，而是随着纬度的升高而增长。

为了根据各地不同的条件，更好地利用太阳能，我国科研人员根据各地接受太阳辐射总量的多少，将全国划分为如下四类地区：

（1）一类地区（最丰富带） 在每平方米面积上一年内接受的太阳辐射总量大于6300MJ，年辐射总量大于1750kW·h/m²，年平均辐照度大于200W/m²。一类地区主要包括内蒙古额济纳旗以西、甘肃酒泉以西、青海东经100°以西的大部分地区，西藏东经94°以西大部分地区，新疆东部边缘地区，四川甘孜部分地区，该类地区约占我国国土面积的22.8%。其中，西藏东经94°以西大部分地区的太阳能资源最为丰富，全年日照时数达2900~3400h，年辐射总量高达7000~8000MJ/m²，仅次于撒哈拉大沙漠，居世界第二位。

（2）二类地区（很丰富带） 在每平方米面积上一年内接受的太阳辐射总量为5040~6300MJ，年辐射总量为1400~1750kW·h/m²，年平均辐照度为160~200W/m²。二类地区主要包括新疆大部、内蒙古额济纳旗以东大部、黑龙江西部、吉林西部、辽宁西部、河北大部、北京、天津、山东东部、山西大部、陕西北部、宁夏、甘肃酒泉以东大部、青海东部边缘、西藏东经94°以东、四川中西部、云南大部、海南、台湾西南部，该类地区约占我国国土面积的44%。

（3）三类地区（较丰富带） 在每平方米面积上一年内接受的太阳辐射总量为3780~5040MJ，年辐射总量为1050~1400kW·h/m²，年平均辐照度为120~160W/m²。三类地区主要包括内蒙古北纬50°以北、黑龙江大部、吉林中东部、辽宁中东部、山东中西部、山西南部、河北南部、陕西中南部、甘肃东部边缘、四川中部、云南东部边缘、贵州南部、湖南大部、湖北大部、广西、广东、香港、澳门、福建、江西、浙江、上海、安徽、江苏、河南、台湾东北部，该类地区约占我国国土面积的29.8%。

（4）四类地区（一般带） 在每平方米面积上一年内接受的太阳辐射总量小于3780MJ，年辐射总量小于1050kW·h/m²，年平均辐照度小于120W/m²。四类地区主要包括四川东部、重庆、贵州中北部、湖北东经110°以西、湖南西北部，该类地区约占我国国土面积的3.4%。

我国的太阳能资源与同纬度的其他国家和地区相比，除四川盆地和与其毗邻的地区外，绝大多数地区的太阳能资源相当丰富，和美国类似，比日本、欧洲的条件优越得多，特别是青藏高原的西部和东南部的太阳能资源尤为丰富，接近世界上最著名的撒哈拉大沙漠。

我国西藏、青海、新疆、甘肃、宁夏、内蒙古高原的太阳辐射总量和日照时数均为全国最高，属世界太阳能资源丰富地区之一；四川盆地、两湖地区、秦巴山地是太阳能资源低值区；我国东部、南部及东北为资源中等区。在我国，西藏西部的太阳能资源最丰富，最高达2333kW·h/m^2（日辐射量6.4kW·h/m^2）。从全国来看，绝大多数地区平均日辐射量在4kW·h/m^{2}以上，西藏最高，达7kW·h/m^2。

一、二、三类地区，年日照时数大于2200h，年辐射总量高于5016MJ/m^2，是我国太阳能资源丰富或较丰富的地区，面积较大，占全国总面积的95%以上，具有利用太阳能的良好条件。四类地区，虽然太阳能资源条件较差，但是也有一定的利用价值，其中有的地方是有可能开发利用的。总之，从全国来看，我国是太阳能资源相当丰富的国家，具有发展太阳能利用事业得天独厚的条件。

1.6 中国和国际太阳能学会组织

太阳能利用涉及物理学、气象学、热力学、生物、半导体工程、动力工程、机械工程、制冷及低温工程、材料科学与工程、建筑工程等多个学科，知识体系庞大。广义太阳能是指太阳以可见光、红外线、紫外线等辐射形态到达地球的能量。地球上形成的风和雨都来自太阳能作用，因此风能、水的势能也是太阳能的一部分。狭义太阳能是指太阳辐射通过光热转换、光电转换、光合作用转换成热能、电能、生物物质等可被人类利用的能源。常用的太阳能热水器的效率提高涉及热力工程、材料工程、机械工程等领域。光伏发电的效率提高涉及半导体学、材料科学、电力工程等领域。研究将废弃植物转化为生物燃料属于生物工程、化学工程、能源工程等领域。

涉及太阳能领域的学会（协会）组织很多，例如中国可再生能源学会、中国工程热物理学会、中国动力工程学会、中国光伏行业协会、国际太阳能学会、国际太阳能联盟等。

1. 中国可再生能源学会

中国可再生能源学会（原中国太阳能学会）是中国科学技术协会所属，在民政部登记注册的全国性学术团体，1979年9月6日在西安市成立。中国可再生能源学会下设7个专业委员会、7个工作委员会和学会办公室、学会编辑部。7个专业委员会分别是热利用专业委员会、光伏专业委员会、风能专业委员会、生物质能专业委员会、光化学专业委员会、氢能专业委员会、太阳能和建筑专业委员会；7个工作委员会分别是学术工作委员会、国际工作委员会、咨询服务工作委员会、会员工作委员会、编辑出版工作委员会、科普工作委员会、产业工作委员会。中国可再生能源学会出版《太阳能学报》和《太阳能》杂志。双月刊，国内外公开发行。中国可再生能源学会于1980年7月加入国际太阳能学会，2000年加入国际氢能协会，2002年加入世界风能协会。

中国可再生能源学会网址：www.cres.org.cn。

我国涉及太阳能研究的组织还有中国工程热物理学会、中国光伏行业协会、国家太阳能光热产业技术创新战略联盟、中国标准化协会太阳能应用分会、中国电机工程学会等。

2. 国际太阳能学会

国际太阳能学会（ISES）于1954年在美国亚利桑那州成立，是世界上可再生能源领域最早最权威的非营利性会员组织。ISES在50个国家设有分部，30000多位会员遍布世界110多个国家，学会成员分为国际、国家和地区三种组织形式，致力于支持可再生能源利用事业。ISES举办国家级学术会议、国际性学术会议，编辑出版学会刊物，发布太阳能及可再生能源最前沿信息。ISES的总部在德国弗莱堡市，设立的地区办公室有非洲办事处、亚洲/太平洋办事处、欧洲办事处、拉丁美洲办事处。

主要活动：每两年召开一届世界太阳能大会，规模为1000~2000人；每年举行2~3次学会理事会会议、执行理事会会议等，各大洲每年举行相关会议，如欧洲太阳能大会、拉丁美洲太阳能大会、亚太太阳能大会等。

主要出版物：*Solar Energy Advances*，*Solar Energy*，*Guideline to Introducing Quality Renewable Energy Technician Training Programs*，*Renewable Energy Benefits*等，学会还有会员书店，可以分享来自太阳能行业最前沿最先进的各项技术、项目等信息。

网址：www.ises.org。

习　题

1-1　论述最近世界能源结构的比例以及世界能源未来发展的趋势。

1-2　简述太阳能在可再生能源中的地位和发展趋势。

1-3　简述世界和中国太阳能资源的大致分布。

1-4　太阳能利用的主要方式有哪些？

1-5　太阳能交叉学科的特点是什么？

1-6　国际社会研究和利用太阳能的组织机构有哪些？

1-7　我国和世界上利用太阳能的知名装置有哪些？

第2章

太阳辐射能

太阳辐射能（Solar radiation energy）是太阳辐射所传递的能量，几乎全部来自太阳内部的热核反应，其整体辐射能量分布与温度5800K左右的黑体辐射分布接近。太阳以电磁波的形式向外传递能量，地球所接受到的太阳辐射能量虽然仅为太阳向宇宙空间放射的总辐射能量的22亿分之一，但却是地球大气运动的主要能量源泉，也是地球光热能的主要来源。太阳辐射能大致可以分为以下几个部分：直接太阳辐射、天空散射辐射、地表反射辐射、地面长波辐射及大气长波辐射。

直接太阳辐射是太阳以平行光线的形式直接投射到地面上的辐射。在大气上界的太阳辐射，由于大气分子及大气中气溶胶、云层等的吸收、散射、反射等作用，而呈现出不同程度的削弱。总地说来，由于大气对不同波长的太阳辐射具有一定的选择性，且吸收带一般位于太阳辐射光谱的两端能量较小的区域，因而大气通过吸收作用对太阳直接辐射所造成的削弱并不太大。相对说来，大气对太阳辐射的散射作用，是削弱太阳辐射能的一个主要原因。由于大气层对电磁波作用的选择性，才产生了所谓的“大气窗口”。太阳直接辐射的强弱和太阳高度角、大气透明度、云况、海拔等因素有关。太阳直接辐射到达地面的能量可根据太阳高度角、气象数据，由大气辐射传输方程计算得到。

散射辐射是太阳光经大气层中的空气分子、云滴和气溶胶的散射作用（天空散射）以及地表漫反射（地面散射）等形成的。在太阳辐射的各光谱成分中，其能量被空气分子和大气中的气溶胶向各方向弥散，即为散射辐射。它不同于介质对辐射能的吸收，不可能使得大气中的各个质点把这些辐射能转换为自己的“内能”，而只是改变了辐射的方向。散射辐射与大气中质点的大小关系密切，因此有分子散射与粗粒散射之分。散射的能量和方向也与散射的类型息息相关。

太阳辐射的总辐照度是直接辐照度和散射辐照度的总和。一般在晴朗无云的情况下，散射辐射的成分较小；在阴天、多烟尘的情况下，散射辐射的成分较大。散射辐照度通常以和总辐照度的比来表示，不同的地方和不同的气象条件，其差异很大，散射辐照度一般占到总辐照度的百分之十几到百分之三十几。

地球表面及近地表处的温度场，取决于这类能量的均衡。太阳辐射能可以用垂直于太阳光大气圈界面上每平方米面积所接受的辐射功率来表示，为$1.36kW/m^2$。在太阳辐射的能量中，大约有34%经大气的散射、地表面的反射等又返回到宇宙空间，其余66%使大气和地表受热。太阳辐射热控制着大气层、水圈、生物圈及岩石圈发生的各种生物作用、化学作用及其他作用，成为地球表面风化、剥蚀等外力作用所需要的能量。辐射能对海洋的影响深度为150~500m，对陆地的影响深度一般只有10~20m。

2.1　太阳的结构

太阳是太阳系的中心天体，占有太阳系总体质量的99.86%，它是位于太阳系中心距地球最近的恒星，离地球的平均距离是1.5×10^8km，太阳几乎是热等离子体与磁场交织着的一个理想球体。太阳的直径大约是1.392×10^6km，相当于地球直径的10^9倍，其体积大约是地球的130万倍，其质量大约为2×10^{30}kg，是地球的33万倍，平均密度为$1.4\times10^3kg/m^3$，约为地球的1/4。从化学组成来看，太阳的主要组成是氢和氦，其中氢约为78.4%，氦约为19.8%，氧、碳、氖、铁和其他的重元素总计只占1.8%。太阳的结构如图2-1所示。按照由内向外的顺序，太阳是由核心、辐射层、对流层、光球层、色球层、日冕构成。光球层之内称为太阳内部，光球层之外称为太阳大气。

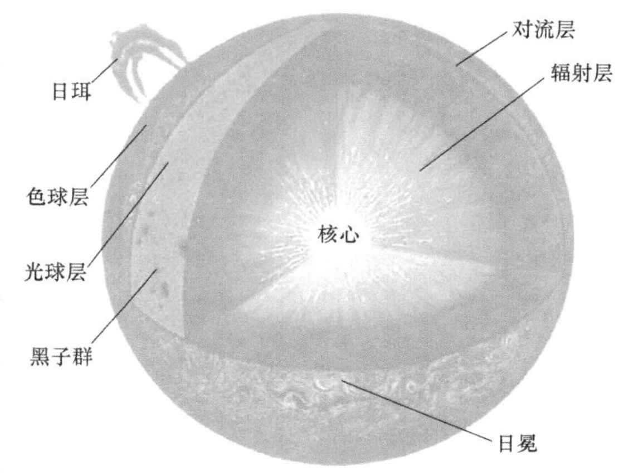

图2-1　太阳的结构

1. 太阳的核心

太阳的核心位于太阳的中心部位，简称日核。如果太阳的半径为R，则日核的范围在0~0.25R。日核是太阳发射巨大能量的源头，称为核反应区。日核的密度为水的80~100倍，占太阳总质量的40%，占太阳体积的15%。日核的温度高达2×10^7K，压力相当于2000多亿个大气压，随时都在进行着4个氢核聚变变成1个氦核的热核反应。太阳总聚变能的90%产生在这个区域，并以对流和辐射的方式向外传输，释放出巨大的能量，正是这巨大的能量带给地球光和热。

2. 太阳辐射层

太阳辐射层的范围为（0.25~0.86)R，也被称为内部中间层。这里的温度下降至1.3×10^5K，密度下降至$79kg/m^3$。这里包含了各种电磁辐射和粒子流。辐射从内部向外部的传递过程是多次被物质吸收而又再次发射的过程。

3. 太阳对流层

太阳对流层也称对流区，位于辐射层的外侧区域，其厚度有十几万千米，由于这里的温度、压力和密度梯度都很大，太阳气体呈对流的不稳定状态，这里温度下降至5000K，密度下降至$10^{-5}kg/m^3$。太阳内部能量就是靠物质的这种对流，由内部向外部传输。

4. 太阳光球层

对流区的外层也就是肉眼可见的太阳表面，称为光球。光球是一层不透明的气体薄层，它确定了太阳非常清晰的边界，其温度约为6000K，厚度约为500km，密度为$10^{-3}kg/m^3$。光

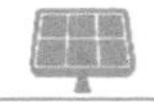

球内的气体电离程度很高，因而能吸收和发射连续的辐射光谱。光球是太阳的最大的辐射源，几乎所有的可见光都是从这一层发射出来的。

5. 太阳色球层

太阳大气的上层称为色球层，其厚度约为2500km，主要组成为氢和氦，温度约为5000K，密度约为10^{-5}kg/m^3。太阳的温度分布从核心向外直到光球层，都是逐渐下降的，但到了色球层，却又反常上升，到色球层顶部时已高达几万摄氏度。由于色球层发出的可见光总量不及光球的1%，因此人们平常看不到它。当色球层出现极猛烈喷射的火焰时，太阳辐射量最大，有时太阳上的电子流射到太空，即形成“太阳风”，撞击到地球大气上层，就会产生磁暴和极光。

6. 日冕

日冕是太阳大气的最外层，如图2-2所示，由高温、低密度的等离子体组成，亮度微弱，温度高达10^6K，厚度有时可达太阳半径的几十倍。由此可见，太阳不是定温黑体，是一个具有不同波长发射和吸收的多层辐射体。不过，在太阳能利用的科技研究领域中，通常将太阳看作是温度为6000K、辐射波谱为0.3~3μm的黑辐射体。

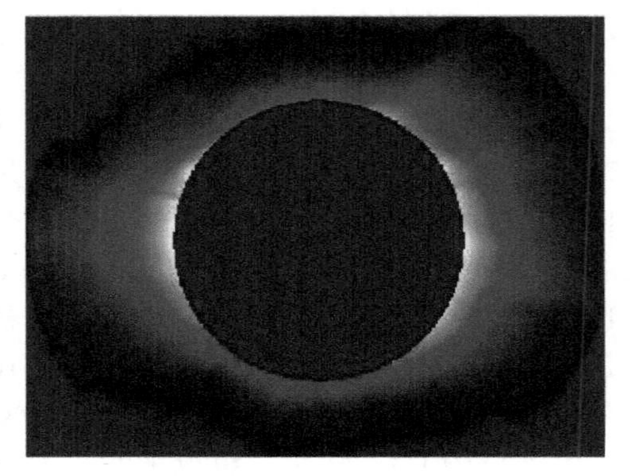

图2-2　日冕

2.2　太阳辐射

1. 太阳辐射能

太阳内部聚核反应产生巨大的能量，其内部通过核聚变每秒把6.57×10^8t氢转变为6.53×10^8t氦，在反应过程中，太阳每秒要亏损4×10^6t，由此而产生的功率为3.9×10^{23}kW。这股能量以电磁波的形式，3×10^5km/s的速度向太阳以外的太空辐射，到达地球大气层上边界的只占功率的20亿分之一，即1.73×10^{14}kW，经过地球大气层的衰减，最终也有8.5×10^{13}kW的功率到达地球表面，相当于全世界发电量的几十万倍。根据太阳自身氢的总储量以及太阳内部产生氢聚变的速率进行估算，太阳的氢聚变过程足够维持600亿年，地球内部氢聚变过程的寿命约为50亿年，从这个意义上讲，太阳的寿命大大长于地球。

2. 太阳辐射波谱

太阳发生的电磁辐射在大气顶上随波长的分布叫太阳光谱，它包括紫外线、可见光和红外线，占据电磁波谱中0.3~3μm的波段，其光谱能量分布如图2-3所示，地球大气层外太空中的太阳辐照度与辐射波长的分布见表2-1。根据斯特藩-玻尔兹曼（Stefan-Boltzmann）定律，

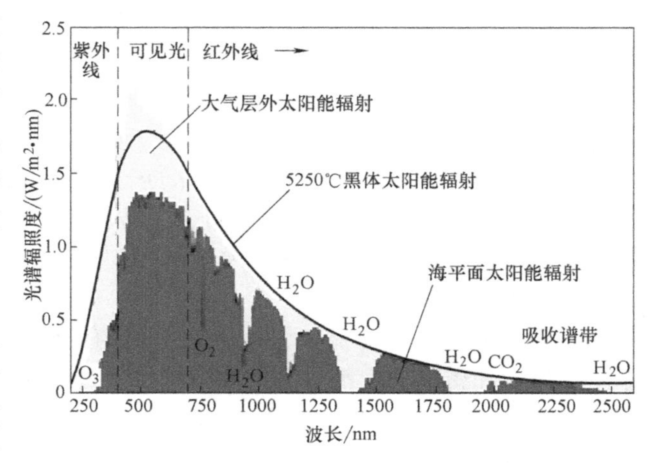

图2-3　太阳辐射光谱能量分布

由已知的太阳辐射总功率和太阳半径，可求出太阳表面的有效温度为5777K。

表 2-1 地球大气层外太空中的太阳辐照度与辐射波长的分布

光谱段	波长范围	辐照度/(W/m^2)	占总辐射能的百分数(%)	
			分区	总计
宇宙射线	<0.001nm	6.978×10^{-5}		
X射线	0.1~10nm	6.978×10^{-7}		
超紫外线	10~150nm	6.978×10^{-4}		
紫外线				
紫外线—C	0.20~0.28μm	7.864×10^{8}	0.57	8.02
紫外线—B	0.28~0.32μm	20122	1.55	
紫外线—A	0.32~0.40μm	80.73	5.90	
可见光				
可见光—A	0.40~0.52μm	2.240×10^{2}	16.39	46.43
可见光—B	0.52~0.62μm	1.827×10^{2}	13.36	
可见光—C	0.62~0.78μm	2.280×10^{2}	16.68	
红外线				
红外线—A	0.78~1.40μm	4.125×10^{2}	30.18	45.54
红外线—B	1.40~3.00μm	1.836×10^{2}	13.43	
红外线—C	3.00~100.00μm	2.637×10^{1}	1.93	
无线电波				
厘米波段	0.1~10.0cm	6.978×10^{-9}		
分米波段	10.0~100.0cm	6.978×10^{-10}		
米波段	1.0~20.0m	6.978×10^{-11}		

由此可见，地球大气层外太空中的太阳辐射，其辐射能能量主要分布在可见光（0.4~0.78μm）和红外区（>0.78μm），分别是46.43%和45.54%，紫外区（<0.4μm）只占8.02%，即集中于短波波段，故将太阳辐射称为短波辐射。

太阳光谱属于G2V光谱型，可见光的波长范围在0.76~0.4μm之间，不可见光的波长大于0.78μm。波长不同的电磁波引起人眼的颜色感觉不同，0.62~0.78μm感觉为红色，0.59~0.62μm为橙色，0.57~0.59μm为黄色，0.49~0.57μm为绿色，0.45~0.49μm为蓝靛色，0.4~0.45μm为紫色。太阳电磁辐射中99.9%的能量集中在红外区、可见光区和紫外区。太阳辐射主要集中在可见光部分，波长大于可见光的红外线和小于可见光的紫外线的部分少。在全部辐射能中，波长在0.15~4μm之间的占99%以上，且主要分布在可见光区和红、紫外区。

太阳辐射试验是评定户外无遮蔽使用和储存的设备经受太阳辐射热和光学效应的能力。太阳辐射试验标准主要有：GB/T 5170.9—2017《环境试验设备检验方法 第9部分：太阳辐射试验设备》，GB/T 4797.4—2019《环境条件分类 自然环境条件 太阳辐射与温度》，GB/T 2423.24—2013《环境试验 第2部分：试验方法 试验Sa：模拟地面上的太阳辐射及其试验导则》。

2.3 日地距离与太阳角的计算

2.3.1 日地距离

日地距离又称太阳距离，指的是日心到地心的直线长度。由于地球绕太阳运行的轨道是个椭圆，太阳位于一个焦点上，所以这个距离是时刻变化着的，有近日点和远日点之分。

Spencer研究了计算日地距离的轨道修正系数，提出修正项的计算式，称为地球轨道的偏心修正系数，即

$$\delta_0=\left(\frac{r_0}{r}\right)^2=1.000110+0.034221\cos\tau+0.001280\sin\tau+0.000719\cos2\tau+0.000077\sin2\tau \quad (2\text{-}1)$$

式中，r_0为日地平均距离；r为观察点的日地距离；τ为一年中某一天的角度，称为日角，按式（2-2）计算，单位为rad（弧度）。

$$\tau=\frac{2\pi(d_n-1)}{365} \quad (2\text{-}2)$$

式中，d_n为一年中某一天的顺序数，1月1日为1，12月31日为365，以此类推。2月通常按28天计算。对于闰年，式（2-1）的计算结果将有微小的变化。对太阳能工程设计，可以采用以下更简便的计算式，即

$$\delta_0=\left(\frac{r_0}{r}\right)^2=1+0.033\cos\left(\frac{2\pi d_n}{365}\right) \quad (2\text{-}3)$$

2.3.2 天球和天球坐标系

1. 天球

所谓天球，就是人们站在地球的表面上，仰望天空，平视四周时看到的这个假想球面。根据相对运动的原理，太阳就好像在这个球面上周而复始地运动一样。要确定太阳在天球上的位置，最方便的方法是采用天球坐标系。

（1）天轴与天极　首先以地平面观测点O为球心，任意长度为半径作一个天球，通过天球中心O作一根直线POP'与地轴平行，这条直线叫作天轴。天轴与天球交于P与P'，其中与地球北极对应的P点，称为北天极；与地球南极对应的P'点，称为南天极，如图2-4所示。

天轴是一条假想的直线。由于地球绕地轴的旋转运动是等速的，所以天球绕天轴旋转也是等速的均匀运动，即每小时转动15°。天球在旋转过程中，只有南、北两个天极点是固定不动的。北极星大致位于天球旋转轴的北天极附近。因此，人们往往利用北极星来判别北极方向。

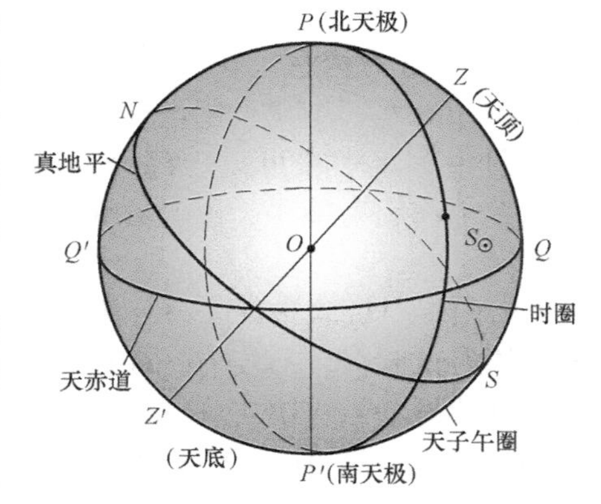

图2-4　天球的基本点和圈

（2）天赤道　通过天球球心O作一个平面与天轴相垂直，显然它和地理赤道面是平行的。这个平面和天球相交所截出的大圆QQ'，叫作天赤道。

（3）时圈　通过北天极P和太阳$S_\odot$的大圆$PS_\odot P'$，叫作时圈。

（4）天顶和天底 通过天球球心O作一根直线和观测点铅垂线平行，它和天球的交点为Z和Z'，其中Z恰好位于观测者头顶上，称为天顶，和Z相对应的另一个点Z'，位于观测者的脚底下，称为天底。

（5）真地平 通过天球球心O与ZZ'相垂直的平面在天球上所截出的大圆SN，叫作真地平。

（6）经圈与天子午圈 通过观察者天顶Z的大圈，称为地平经圈，简称经圈。它与真地平是相垂直的，因此也叫垂圈。

通过天顶Z和北天极P的特殊的经圈$PZSN$，通常称为天子午圈。它和真地平交于点N和S。靠近北极的点N叫作北点，而与北极正相对的点S叫作南点；若观测者面向北，其右方距南、北两点各为90°的点E，叫作东点，而与东点正相对的点W叫作西点，且东、西两点正好是天赤道和真地平的交点。

2. 赤道坐标系

赤道坐标系是以天赤道QQ'为基本圈，以天赤道和天子午圈的交点Q为原点的天球坐标系。在这个坐标系中，北天极P是基本圈的极，所以经过P点的大圆都垂直于天赤道。显然，通过P点和球面上的太阳（点$S_{\odot}$）的大圆（时圈）亦垂直于天赤道，两者交于B点，如图2-5所示。

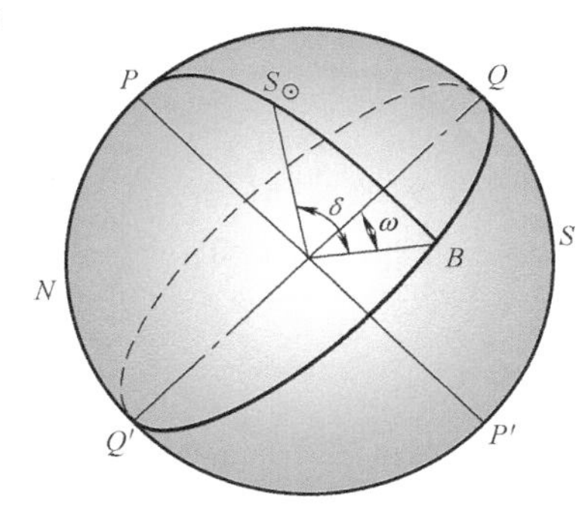

图2-5 赤道坐标系

在赤道坐标系中，太阳$S_{\odot}$的位置由以下两个坐标确定：

第一个坐标是圆弧$\widehat{QB}$，称为时角，以ω表示。时角是从天子午圈上的Q点算起，即从太阳时的正午算起（0），按顺时针方向（下午）为正，逆时针方向（上午）为负。它的数值等于离正午的时间（单位为h）乘以15°。第二个坐标是圆弧$\widehat{BS}_{\odot}$，称为赤纬，以δ表示，赤纬δ自天赤道算起，对于太阳来说，向北天极由两分日（春分和秋分）的0°变化到夏至日的+23°27′，向南天极则由两分日的0°变化到冬至日的−23°27′。

按照库珀（Cooper）方程，赤纬δ值可由下式计算：

$$\delta = 23.45^{\circ}\sin\left(360^{\circ} \times \frac{284 + d_n}{365}\right) \tag{2-4}$$

3. 地平坐标系

地平坐标系是以真地平为基本圈，以南点S为原点的天球坐标系。在地平坐标系中，天顶Z是基本的极，所有经过天顶Z的大圆都垂直于真地平。在如图2-6所示的地平坐标系中，太阳$S_{\odot}$的位置是由下面两个坐标确定：

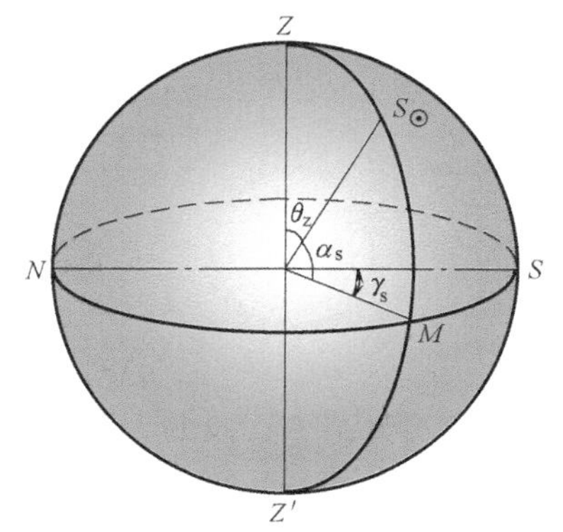

图2-6 地平坐标系

第一个坐标是圆弧$\widehat{ZS}_{\odot}$，称为天顶角，以θ_z表示；也可用圆弧$\widehat{S_{\odot}M}$，称为太阳高度角，以α_s表示。天顶角θ_z和太阳高度角有以下关系：

$$\theta_z + \alpha_s = 90^{\circ} \tag{2-5}$$

第二个坐标是圆弧$\widehat{SM}$，称为方位角，以γ_s表示，并取南S为起点，向西（顺时针方向）计算为正，向东（逆时针方向）计算为负。

2.3.3 太阳角的计算

无论哪种形式的太阳能利用装置，都必然要涉及太阳高度角、方位角、日照时间等计算问题。如图2-7所示，指向太阳的向量$\boldsymbol{s}$与天顶Z的夹角θ_z，就是太阳天顶角；向量$\boldsymbol{s}$与地平面的夹角α_s，就是太阳高度角；$\boldsymbol{s}$在地平面上的投影线与南北方向线之间的夹角γ_s，就是太阳方位角。根据球面三角形的有关定理，可以推导出太阳高度角和方位角的计算式，以及日出日落时角和方位角的计算式。

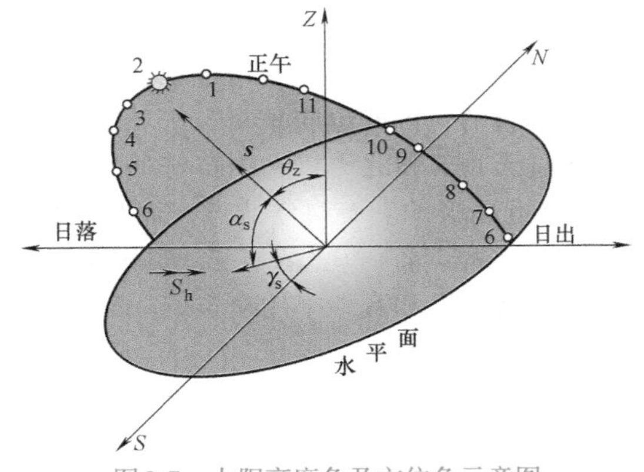

图2-7 太阳高度角及方位角示意图

1. 太阳高度角的计算

计算太阳高度角α_s的表达式为

$$\sin\alpha_s = \sin\varphi\sin\delta + \cos\varphi\cos\delta\cos\omega \tag{2-6}$$

式中，φ为地理纬度；δ为太阳赤纬角；ω为太阳时角。

在正午时，$\omega=0$，$\cos\omega=1$，式（2-6）可简化为

$$\begin{aligned}\sin\alpha_s &= \sin\varphi\sin\delta + \cos\varphi\cos\delta = \cos(\varphi-\delta)\\ &= \sin\left[90° \pm (\varphi-\delta)\right]\end{aligned} \tag{2-7}$$

当正午太阳在天顶以南，即$\varphi > \delta$时，有

$$\alpha_s = 90° - (\varphi-\delta) \tag{2-8}$$

当正午太阳在天顶以北，即$\varphi < \delta$时，有

$$\alpha_s = 90° + (\varphi-\delta) \tag{2-9}$$

2. 太阳方位角的计算

太阳方位角为地球表面上的某点和太阳的连线在地平面上的投影与南向（当地子午线）之间的夹角，表示为γ_s。从北向东为正，相反方向为负。

$$\sin\gamma_s = \frac{\cos\delta\sin\omega}{\cos\alpha_s} \tag{2-10}$$

利用式（2-10），再根据地理纬度、太阳赤纬及观测时间，即可算出任何地区、任何季节、任何时刻的太阳方位角。

（1）日出、日没的时角　当太阳高度角α_s=0°时，不考虑地表面曲率及大气折射的影响，由式（2-6）可得

$$0 = \sin\varphi\sin\delta + \cos\varphi\cos\delta\cos\omega \tag{2-11}$$

可得日出、日没的时角表达式为

$$\cos\omega_0 = -\tan\varphi\tan\delta \tag{2-12}$$

式中，ω_0为日出或日没的时角。时角ω_0为正时，为日没时角，时角ω_0为负时，为日出时角。

（2）日出、日没的太阳方位角　日出、日没时，太阳高度角α_s=0°，即有

$$\cos\alpha_s = \cos 0° = 1；\quad \sin\alpha_s = \sin 0° = 0 \tag{2-13}$$

代入式（2-10），得日出、日没的太阳方位角表达式为

$$\cos\gamma_{s,0} = -\frac{\sin\alpha_s\sin\varphi - \sin\delta}{\cos\alpha_s\cos\varphi} \tag{2-14}$$

式中，$\gamma_{s,0}$为日出、日没的太阳方位角。

当太阳赤纬δ>0°时，太阳升起和降落均在北面的象限（即数学上的第一、二象限）；当太阳赤纬δ=0°时，太阳从正东升起，朝正西降落；当太阳赤纬δ<0°时，太阳升起和降落均在南面的象限（即数学上的第三、四象限）。

3. 太阳入射角的计算

太阳入射角θ_T是太阳入射线与倾斜面法线之间的夹角，满足

$$\begin{aligned}\cos\theta_T = &\sin\delta\sin\varphi\cos\beta - \sin\delta\cos\varphi\sin\beta\cos\gamma + \\ &\cos\delta\cos\varphi\cos\beta\cos\omega + \cos\delta\sin\varphi\sin\beta\cos\gamma\cos\omega + \\ &\cos\delta\sin\beta\sin\gamma\sin\omega\end{aligned} \tag{2-15}$$

或

$$\cos\theta_T = \cos\theta_z\cos\beta + \sin\theta_z\sin\beta\cos(\gamma_s - \gamma) \tag{2-16}$$

式中，β为斜面倾角；γ为倾斜面方位角。如果是水平面，β=0°，则

$$\cos\theta_T = \cos\theta_z = \cos\varphi\cos\delta\cos\omega + \sin\varphi\sin\delta \tag{2-17}$$

对于北半球，朝向赤道的倾斜面，γ=0°

$$\begin{aligned}\cos\theta_T &= \sin\delta\sin\varphi\cos\beta - \sin\delta\cos\varphi\sin\beta + \\ &\quad\cos\delta\cos\varphi\cos\beta\cos\omega + \cos\delta\sin\varphi\sin\beta\cos\omega \\ &= \cos(\varphi - \beta)\cos\delta\cos\omega + \sin(\varphi - \beta)\sin\delta\end{aligned} \tag{2-18}$$

对于南半球，朝向赤道的倾斜面，γ=180°

$$\begin{aligned}\cos\theta_T &= \sin\delta\sin\varphi\cos\beta - \sin\delta\cos\varphi\sin\beta + \\ &\quad\cos\delta\cos\varphi\cos\beta\cos\omega + \cos\delta\sin\varphi\sin\beta\cos\omega \\ &= \cos(\varphi + \beta)\cos\delta\cos\omega + \sin(\varphi + \beta)\sin\delta\end{aligned} \tag{2-19}$$

如果是水平面，β=0°，则

$$\cos\theta_T = \cos\theta_z = \cos\varphi\cos\delta\cos\omega + \sin\varphi\sin\delta \tag{2-20}$$

2.4 地球的自转与公转

地球上，一天中有昼夜之分，一年中又有春夏秋冬四季之分。这些自然现象，都是地球自转以及地球绕太阳公转而引起的。

贯穿地球中心与南北极相连的线称为地轴，这是一根假想轴。地球的自转和公转是同时进行的，地球除绕地轴自转以一日（24h）为一个周期外，同时又沿椭圆轨道环绕太阳进行公转，运行周期约为一年（365天）。地球公转的轨道称为黄道，公转轨道所在的平面称为黄道平面。地球的赤道平面与黄道平面的夹角称为赤黄角。它就是地轴与黄道平面法线间的夹角，在一年中的任一时刻都保持为23°27′。地球运行到不同的位置时，阳光投射到地球上的方向也就不同，形成地球上一年四季的变化。

图2-8所示是以春分、夏至、秋分、冬至4个典型季节日代表地球公转的行程图。春分日，阳光垂直照射在地球的赤道位置上，地面上昼夜相等；夏至日，阳光垂直照射在北纬23°27′的地区表面上，在南极圈（南纬66°33′）内的地区整天见不到太阳，而北极圈内的地

区则整天太阳不落；秋分日，阳光又垂直照射在地球的赤道位置上，地面上昼夜相等；冬至日，阳光则垂直照射在南纬23°27′的地球表面上，在北极圈（北纬66°33′）内的地区整日不见阳光，而南极圈内的地区则整天太阳不落。

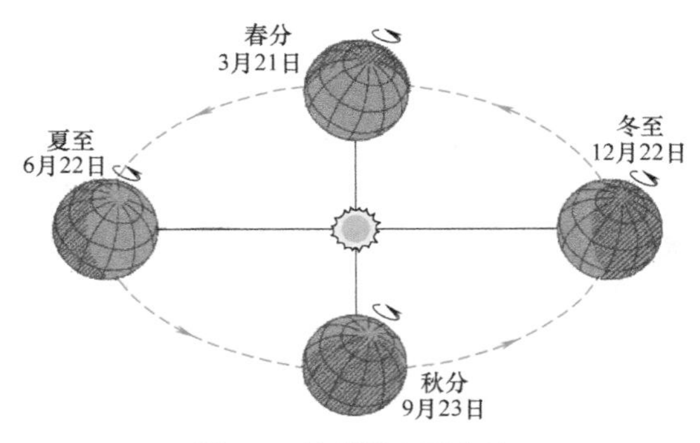

图2-8　地球绕太阳公转

地球绕太阳运行一周，历时一年，计365天5小时48分46秒，这一周期在天文学上称为一个“回归年”。在实际日历中，规定一年为365天，称为“平年”；每4年增加一天至366天，称为“闰年”。

由于地球绕太阳运行的轨道是一个椭圆，所以地球和太阳之间的距离在一年之内是变化的。由表2-2可知，一月初地球过近日点，此时它离太阳比日地平均距离小1.7%；七月初地球过远日点，此时它离太阳比日地平均距离大1.7%；四月初和十月初，地球和太阳的距离等于日地平均距离。

表2-2　日地距离的变化

日期	距离/km
1月初	147096000(最小)
4月初	149601000
7月初	152105000(最大)
10月初	149601000

所谓“日地平均距离”是指地球公转的半长轴，它等于1.496×10^8km。天文学常用它作为计量天体距离的单位，称为一个“天文单位”。由表2-2可以看出，一年中的日地距离变动大约为5×10^6km。

由于到达地球表面的太阳辐照度与距离的二次方成反比，它所引起太阳辐射能量的变化为年平均值的±3.5%之内。

太阳辐射功率或辐射能通量指单位时间内，太阳以辐射形式发射的能量，单位为瓦（W）；辐照度指太阳投射到单位面积上的辐射功率，单位为瓦/平方米（W/m^2）。

正因为如此，严格地说，不同日期测到的日射数值是不能相互比较的，尤其是对于太阳辐射能量的精确测定。为了克服这一点，日射测定学中规定，以日地平均距离所对应的日射数值为标准值，其他任何时间测定的日射数值，都统一修正到日地平均距离的情况下去进行比较。根据二次方反比定律，可以有以下公式：

$$I_{r_0}=\left(\frac{r}{r_0}\right)^2 I_r \tag{2-21}$$

式中，I_{r_0}为日地平均距离所对应的日射数值；I_r为任何时间测定的日射数值。

实际应用中可以使用日地距离按式（2-1）进行计算，也可以根据事先做好的表格（见表2-3），按日历的日期去查找（r/r_0）^{2}。

表 2-3 日地距离 $(r/r_0)^2$ 修正值

日期		月份											
平年	闰年	1	2	3	4	5	6	7	8	9	10	11	12
1	2	0.9669	0.9708	0.9816	0.9984	1.0151	1.0282	1.0336	1.0303	1.0187	1.0026	0.9853	0.9724
2	3	0.9669	0.9711	0.9821	0.9990	1.0156	1.0285	1.0337	1.0300	1.0182	1.0020	0.9848	0.9721
3	4	0.9669	0.9714	0.9826	0.9995	1.0161	1.0288	1.0337	1.0298	1.0177	1.0014	0.9842	0.9718
4	5	0.9669	0.9718	0.9831	1.0001	1.0166	1.0291	1.0337	1.0295	1.0172	1.0008	0.9837	0.9715
5	6	0.9669	0.9721	0.9836	1.0007	1.0171	1.0294	1.0337	1.0292	1.0167	1.0003	0.9832	0.9712
6	7	0.9669	0.9724	0.9841	1.0013	1.0176	1.0297	1.0337	1.0289	1.0162	0.9997	0.9827	0.9709
7	8	0.9670	0.9727	0.9847	1.0019	1.0181	1.0300	1.0337	1.0286	1.0157	0.9991	0.9822	0.9706
8	9	0.9670	0.9731	0.9852	1.0025	1.0186	1.0303	1.0337	1.0283	1.0152	0.9985	0.9817	0.9704
9	10	0.9671	0.9734	0.9857	1.0030	1.0191	1.0305	1.0337	1.028	1.0147	0.9979	0.9812	0.9701
10	11	0.9671	0.9737	0.9862	1.0036	1.0196	1.0307	1.0336	1.0277	1.0141	0.9973	0.9808	0.9698
11	12	0.9672	0.9741	0.9868	1.0042	1.0200	1.0310	1.0336	1.0273	1.0136	0.9968	0.9803	0.9696
12	13	0.9673	0.9745	0.9873	1.0048	1.0205	1.0312	1.0335	1.0270	1.0131	0.9962	0.9798	0.9694
13	14	0.9674	0.9748	0.9878	1.0053	1.0209	1.0314	1.0334	1.0266	1.0125	0.9956	0.9793	0.9691
14	15	0.9675	0.9752	0.9883	1.0059	1.0214	1.0316	1.0333	1.0262	1.0120	0.9950	0.9789	0.9689
15	16	0.9676	0.9756	0.9889	1.0064	1.0218	1.0318	1.0332	1.0258	1.0114	0.9944	0.9784	0.9687
16	17	0.9677	0.9759	0.9894	1.0070	1.0222	1.0319	1.0331	1.0255	1.0109	0.9939	0.9780	0.9685
17	18	0.9678	0.9763	0.9899	1.0075	1.0226	1.0321	1.0330	1.0251	1.0103	0.9933	0.9776	0.9683
18	19	0.9679	0.9767	0.9905	1.0087	1.0230	1.032	1.0328	1.0247	1.0098	0.9927	0.9771	0.9682
19	20	0.9681	0.9771	0.9910	1.0086	1.0234	1.0324	1.0327	1.0243	1.0092	0.9922	0.9767	0.9660
20	21	0.9682	0.9775	0.9916	1.0092	1.0238	1.0325	1.0326	1.0239	1.0087	0.9916	0.9763	0.9679
21	22	0.9684	0.9780	0.9921	1.0097	1.0242	1.0327	1.0324	1.0235	1.0081	0.9911	0.9759	0.9677
22	23	0.9685	0.9784	0.9927	1.0102	1.0246	1.0328	1.0322	1.0231	1.0076	0.9905	0.9756	0.9676
23	24	0.9687	0.9788	0.9932	1.0108	1.0250	1.0329	1.0321	2.0277	1.0070	0.9900	0.9752	0.9675
24	25	0.9689	0.9793	0.9938	1.0113	1.0254	1.0330	1.0319	1.0222	1.0065	0.9894	0.9748	0.9674
25	26	0.9661	0.9797	0.9943	1.0119	1.0257	1.0331	1.0317	1.0218	1.0059	0.9889	0.9745	0.9673
26	27	0.9663	0.9802	0.9949	1.0124	1.0261	0.0332	1.0315	1.0214	1.0054	0.9884	0.9741	0.9672
27	28	0.9695	0.9806	0.9955	1.0129	1.0265	1.0333	1.0314	1.0209	1.0048	0.9878	0.9738	0.9672
28	29	0.9698	0.9811	0.9960	1.0135	1.0268	1.0334	1.0312	1.0205	1.0042	0.9873	0.9734	0.9671
29	30	0.9700		0.9966	1.0140	10.272	1.0335	1.0309	1.0201	1.0037	0.9868	0.9731	0.9670
30	31	0.9703		0.9972	1.0145	1.0275	1.0336	1.0307	1.0196	1.0031	0.9863	0.9728	0.9670
31	1	0.9706		0.9978		1.0279		1.0305	1.0191		0.9858		0.9670

注：闰年日期一栏，只在闰年的1月和2月内使用，其他月份仍按平年日期，闰年1月1日之值取自平年12月31日之值。

2.5 地表辐射

地球外太阳辐射在各光谱段内能量的分布情况见表2-1。太阳光谱是以太阳发射的电磁波辐射能量的。电磁波是由同时存在又互相联系且周期性变化的电波和磁波构成的。电波和磁波彼此互相垂直，并且它们均垂直于电磁波传播方向。不同的辐射源所发射的电磁波的波长范围是不同的。太阳辐射进入地球大气层，在大气层中被空气的各种成分吸收和散射，将影响太阳辐照度和太阳光谱。大气成分随在地球的高度和方位的不同而变化，从大气成分着手，分析它们对太阳辐照度和太阳光谱的影响。

2.5.1 大气成分

地球上的大气，有氮、氧、氩等常定的气体成分，有二氧化碳、一氧化二氮等含量大体上比较固定的气体成分，也有水蒸气、一氧化碳、二氧化硫和臭氧等变化很大的气体成分。其中还常悬浮有尘埃、烟粒、盐粒、水滴、冰晶、花粉、孢子、细菌等固体和液体的气溶胶粒子。100km以下标准大气的气体成分列于表2-4中，水蒸气的相对分子质量为18.02，它在空气分子总量中所占的比例不是一个定值，在0~0.4%之间变化。

表2-4 100km以下标准大气的气体成分

成分	相对分子质量	含量(分子总数的比率)
氮(N_2)	28.01	0.7808(质量的75.51%)
氧(O_2)	32.00	0.2095(质量的23.14%)
氩(Ar)	39.95	0.009(质量的31.28%)
二氧化碳(CO_2)	44.01	340×10^{-6}
氖(Ne)	20.18	18×10^{-6}
氦(He)	4.00	5×10^{-6}
氪(Kr)	83.80	1×10^{-6}
氢气(H_2)	2.02	0.5×10^{-6}
臭氧(O_3)	48.00	$0\sim12\times10^{-6}$(变化的)

从高度100km至高度大约85km的大气层，这些气体都是均匀混合的，在85km的高度附近，光分解和引力扩散分解都随着高度的增加逐渐变得重要起来。在对流层，CO_2的含量随着季节的变化只有百分之几。主要富集于平流层中下层（15~35km）的O_2也有较大的季节和地理变化，另外，气态、液态和固态的水，在大气中均有存在。

土壤颗粒、灰尘和海盐形成了气溶胶。它们活跃的直接表现是对辐射的吸收和散射，间接表现则是凝结核，它使云粒子浓度增加，进而使云的光学厚度增加。

气溶胶对辐射的散射和吸收，与它们本身的大小及其分布（及粒子谱）关系密切。根据粒子来源的不同，其粒子半径最大值处于1nm~1μm之间。吸湿空气溶胶，如海盐晶粒，随着水蒸气浓度的不同改变着自身大小。最大的气溶胶浓度出现在工业区和海洋上的行星边界层中。强烈的火山爆发后，在平流层的低层可发现一个气溶胶最大值。

在对流层的各个层次中，均可出现云，它包含着水的一种或者两种状态，即液态和（或）固态粒子。通常把半径小于100μm的水滴称为云滴，半径大于100μm的水滴称雨滴。标准云滴半径为10μm，标准雨滴半径为1000μm，从体积来说，半径1mm的雨滴约相当于100万个半径为10μm的云滴。水成云内如果具备了云滴增大为雨滴的条件，并使雨滴具有一定的下降速度，这时降落下来的就是雨或毛毛雨。在热带和温带的对流云系中，最大的粒子，如冰雹，直径可达到10cm。

2.5.2 均质大气

均质大气是一个气象学专业术语，是指假设密度不随高度变化的一种模式大气。大家知道，当辐射通过某种介质时，必然会由于受到介质的吸收和散射而减弱。

1729年法国物理学家布格尔（Bouguer）用实验的方法研究得到辐射受介质衰减的一般规律，它的数学表达式是：

$$\Phi = \Phi_0 \tau^L \tag{2-22}$$

式中，Φ_0为初始的辐射通量；Φ为通过介质后的辐射通量；L为介质的相对厚度；τ为介质的透射比。当L=1时，$\tau = \Phi/\Phi_0$。

1760年德国物理学家朗伯（Lambert）进一步研究了此类问题，指出辐射通量的相对变量$\mathrm{d}\Phi/\Phi$应与吸收介质层的厚度$\mathrm{d}L$成正比，即

$$\mathrm{d}\Phi/\Phi = -\mu \mathrm{d}L \tag{2-23}$$

式中，μ为线性衰减系数。

将式（2-23）积分，当L=0时，Φ=Φ_0，整理后可得

$$\Phi = \Phi_0 \mathrm{e}^{-\mu L} \tag{2-24}$$

式（2-24）实际上就是式（2-22），因此通常称为布格尔-郎伯定律。

布格尔-郎伯定律是在均匀介质条件下得到的，这意味着，在气体介质中，各处的温度、湿度、气压等参数都应是相同的。而这样的条件在实际大气中是无法满足的。为了说明布格尔-郎伯定律对地球大气的适用性，必须将实际上物理不均匀的大气看作是均质大气。

在这里需要引入“均质大气”的概念。均质大气是有条件的大气；此大气中空气的密度到处都相同，成分也与实际大气相差无异，而当地的气压与实际大气相同，均质大气与实际大气的区别在于，均质大气的高度是一个完全确定的数值，并满足

$$H = b/\rho g \tag{2-25}$$

式中，H为大气离地面的高度（m）；b为当地的气压（$\mathrm{N/m^2}$）；ρ为大气中空气的密度（$\mathrm{kg/m^3}$）；g为重力加速度（$\mathrm{m/s^2}$）。

根据式（2-25）可知，在密度ρ不变的情况下，某一海拔的均质大气高度与当地的气压成正比，将气温t_0=0℃，重力加速度g_0=9.806m/s^2，气压b_0=1.01325×10^{5}Pa条件下的均质大气，定为标准均质大气。在上述条件下，空气密度ρ_0=1.2923kg/m^3，将各有关值代入式（2-25）中，求出H_0=7.996km。在进行日射计算时，通常取H_0=8km，在精度上是完全够用的。

2.5.3 大气透明度

大气透明度是太阳光沿铅直方向由大气外界传播至某一高度的过程中，透过的发光强度占入射发光强度的比率，一般用P表示。太阳辐射进入地球大气层之后，将被空气中的各种成分（如臭氧、二氧化碳、水蒸气、灰尘等）所吸收、反射和散射，这使得到达地球表面的太阳辐射受到显著的影响，如图2-9所示。可见，到达地球表面上的太阳总辐射由直射辐射

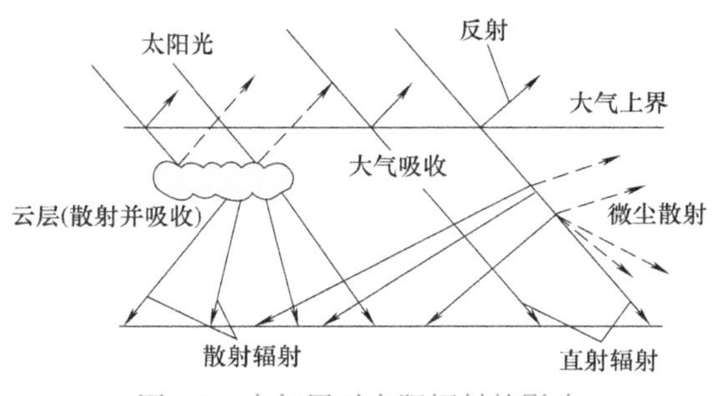

图2-9 大气层对太阳辐射的影响

和散射辐射两部分组成。

夏季空气流运动比较强烈，使大气中的尘埃含量较高，水气含量增大，而冬季就相对稳定。无论冬季或夏季，一天中下午的透明度都低于上午。夏季中午前后对流扰动较大，低层大气中的水蒸气和尘粒增加，大气透明度最小；冬季大气透明度在一天之内变化很小，中午前后由于太阳高度增大，天气又较稳定，透明度反而增加。大气透明度随纬度的降低而降低，随海拔的增高而增大。

2.5.4 大气质量

大气质量是太阳光线穿过地球大气的路径与太阳光线在天顶角方向时穿过大气路径之比，一般用m表示，是无量纲的量，其物理意义如图2-10所示。A为地球海平面上一点，当太阳在天顶位置S时，太阳辐射穿过大气层到达A点的路径为OA，而太阳位于任一点S'时，太阳辐射穿过大气层的路径为$O'A$，则大气质量定义为

$$m=\frac{O'A}{OA}=\frac{1}{\sin\alpha_s} \tag{2-26}$$

式中，α_s是直射入地球的太阳光线与地球水平面之间的夹角，称为太阳高度角。

在地球大气层上界的太阳辐射都是直射辐射。太阳与天顶轴重合时，太阳光线穿过一个地球大气层的厚度，路程最短。太阳光线的实际路程与此最短路程之比称为大气质量。并假定在1个标准大气压和0℃时，海平面上太阳光线垂直入射时的路径为m=1。因此，大气层上界的大气质量m=0。太阳在其他位置时，大气质量都大于1。地面光伏应用中统一规定大气质量为1.5，通常写成AM1.5。

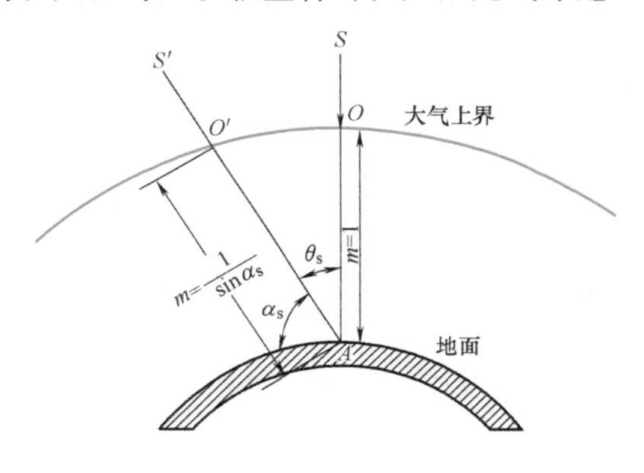

图2-10 大气质量m的计算示意图

太阳辐射的衰减程度不仅跟大气质量m有关，而且还跟大气透明度P_m有关。实际上，大气透明度P_m本身也与大气质量有明显的关系，它随着m值的增大而增加。因而，为了比较不同大气质量情况下所获得的大气透明度值，就必须首先消除大气透明度与大气质量之间的依赖关系。为此，可将大气透明度P_m修正到某一个设定的大气质量。例如，P_m修正到m=2的大气透明度P_2，或者修正到m=1的大气透明度P_1。

总之，一年中大气透明度在夏季最小，冬季最大。臭氧、水蒸气和灰尘颗粒的散射，使到达地球表面的直射辐射显著减少；同时，太阳辐射中某些波长的辐射被大气所吸收，其中主要是大气中的H_2O对近红外区辐射的吸收，O_3对紫外区辐射的吸收，此外还有CO_2、NO_2、CO、O_2、CH_4和N_2等对辐射的吸收。因此，到达地面的直射辐射和散射辐射，必定小于大气层上界的太阳辐射。

2.6 地面太阳辐射量中的太阳直射辐射

由于太阳辐射穿过大气时被吸收和散射，故到达地球表面的太阳辐射就包括直射辐射和散射辐射两部分。太阳辐射在通过大气层时会产生一定的衰减，其值受大气透明度

的影响。

1. 大气透明度的计算

根据布克-兰贝特定律，波长为λ的太阳辐照度$I_{\lambda,\ n}$，经过厚度为dm的大气层后，辐照度衰减为

$$dI_{\lambda,\ n} = -C_\lambda I_{\lambda,\ n}dm \tag{2-27}$$

将式（2-27）积分得

$$I_{\lambda,\ n} = I_{\lambda,\ 0}e^{-C_\lambda m} \tag{2-28}$$

式中，$I_{\lambda,\ n}$为到达地表的法向太阳辐照度（W/m²）；$I_{\lambda,\ 0}$为大气层上界的太阳辐照度（W/m²）；C_λ为大气的消光系数；m为大气质量。

将式（2-28）写成

$$I_{\lambda,\ n} = I_{\lambda,\ 0}P_\lambda^m \tag{2-29}$$

式中，P_λ为单色光谱透明度，$P_\lambda = e^{-C_\lambda}$。

将式（2-29）从波长0到波长∞的整个波段内积分，就可以得到全色太阳辐照度I_n：

$$I_n = \int_0^\infty I_{\lambda,\ 0}P_\lambda^m d\lambda \tag{2-30}$$

采用整个太阳辐射光谱范围内的单色透明度的平均值P_m，式（2-30）积分后为

$$I_n = \delta_0 I_{SG}P_m^m \tag{2-31}$$

或

$$P_m = \sqrt[m]{\frac{I_n}{\delta_0 I_{SG}}} \tag{2-32}$$

式中，P_m为复合透明度；δ_0为日地距离修正值；I_{SG}为太阳常数，I_{SG}=1367W/m²。

2. 到达地表的法向太阳直射辐射

确定大气透明度后，就可以利用它来计算到达地球表面的法线方向的太阳直射辐照度。当P_m值修正到m=2时，式（2-31）可以改写为

$$I_n = \delta_0 I_{SG}P_2^m \tag{2-33}$$

式中，δ_0为日地距离修正值；P_2为修正到m=2时的P_m值。

式（2-33）是用于计算到达地表法向太阳直射辐照度的常用公式之一。

3. 水平面上的太阳直射辐射以及日总量的计算

到达地表水平面上的太阳直射辐射通量等于垂直于太阳光线表面上的直射辐射通量，其关系如图2-11所示，图中，AB代表水平面，AC代表垂直于太阳光线的表面，BC平行于太阳光线，AD是斜面，$\angle DAB$是斜面AD的倾斜角。

在$\triangle ABC$中，有

$$AC = AB\sin\alpha_s \tag{2-34}$$

由于太阳直接辐射入射到AB和AC平面上的能量是相等的，如用H表示，则为

$$I_n = \frac{H}{AC} \text{和} I_b = \frac{H}{AB}$$

代入上式可得

$$I_b = I_n\sin\alpha_s = I_n\cos\theta_s \tag{2-35}$$

式中，I_b为水平面上直射辐照度（W/m²）；I_n为垂直于太

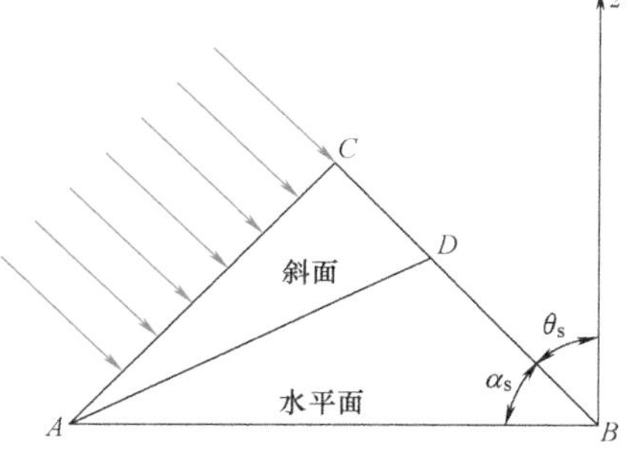

图2-11 太阳直射辐射通量的计算

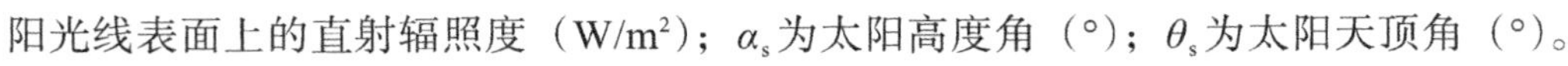

阳光线表面上的直射辐照度（W/m²）；α_s为太阳高度角（°）；θ_s为太阳天顶角（°）。

将式（2-31）代入式（2-35）可得

$$I_b = \delta_0 I_{SG} P_m^m \sin\alpha_s \tag{2-36}$$

如果计算日总量，可将式（2-36）从日出至日没的时间t内积分，即

$$H_b = \int_0^t \delta_0 I_{SG} P_m^m \sin\alpha_s dt = \delta_0 I_{SG} \int_0^t P_m^m \sin\alpha_s dt \tag{2-37}$$

式中，H_b为水平面直接辐射日总量（W/m²）。

4. 倾斜面上的太阳直射辐射

通常，太阳能收集器总是以某一倾斜角度朝向太阳的。因此，在太阳能应用中，必须确定倾斜面上的太阳辐照度。由图2-11可知，太阳直接辐射入射到斜面AD和AC平面上的能量是相等的，太阳光线垂直于表面AC入射，其辐照度为I_n，现把它换成倾斜面AD上的直射辐照度$I_{r,b}$。在△ABD中，显然有

$$I_n/I_{r,b} = AC/AD = \cos\theta_r$$

即

$$I_{r,b} = \frac{I_n}{\cos\theta_r} \tag{2-38}$$

式中，θ_r为斜面上AD上太阳光线的入射角。

2.7 地面太阳辐射量中的散射辐射

散射辐射就是因地球大气以及云层的反射和散射作用改变了方向的太阳辐射。平板集热器不仅能利用直射辐射，也能利用散射辐射。对于晴天来说，散射辐射的方向可以近似地认为与直接辐射相同。但是，当天上布满云层时，散射辐射对水平面的入射角当作60°处理。

1. 水平面上的散射辐射

晴天时，到达地表平面上的散射辐照度，主要取决于太阳高度和大气透明度，可以用下式表示：

$$I_d = C_1 \left(\sin\alpha_s\right)^{C_2} \tag{2-39}$$

式中，I_d为水平面上的散射辐照度（W/m²）；α_s为太阳高度角（°）；C_1、C_2为经验系数。

表2-5中给出C_1、C_2的经验值，虽然有些差别，但用式（2-39）计算时影响不大。

表2-5　系数C_1、C_2的值

透明度	西夫科夫		卡斯特罗夫		阿维尔基耶夫	
P_2	C_1	C_2	C_1	C_2	C_1	C_2
0.650	0.271	0.50	0.281	0.55	0.275	0.53
0.675	0.248		0.259	0.56	0.252	
0.700	0.225		0.236	0.56	0.229	
0.725	0.204		0.215	0.58	0.207	
0.750	0.185		0.195	0.57	0.188	
0.775	0.165		0.175	0.58	0.168	
0.800	0.146		0.155	0.58	0.149	

按照柏拉治（Berlage）在晴天时观测的天空日射量导出的假定天空是等辉度扩散的理论得出的水平面上的散射辐射，有

$$I_{\mathrm{d}}=\frac{1}{2}I_{\mathrm{SG}}\frac{1-P^{1/\sin\alpha_{\mathrm{s}}}}{1-1.4\ln P}\sin\alpha_{\mathrm{s}} \tag{2-40}$$

纽（Liu）和佐顿（Jordan）从实验结果得出下列经验式：

$$I_{\mathrm{d}}=I_{\mathrm{SG}}\left(0.2710-0.2913P^{1/\sin\alpha_{\mathrm{s}}}\right)\sin\alpha_{\mathrm{s}} \tag{2-41}$$

式中，α_{s}为太阳高度角；P为大气透明度。

考虑云量直接影响散射辐射的因素，科拉德尔（Kreider）提出如下公式计算散射辐照度（单位为$\mathrm{W/m^2}$）：

$$I_{\mathrm{d}}=0.78+1.07\alpha_{\mathrm{s}}+6.17C.C. \tag{2-42}$$

式中，α_{s}为太阳高度角（°）；$C.C.$为天空云总量。

晴天时，$C.C.=0$；完全云遮时，$C.C.=10$。

利用式（2-42）可以计算一天中各小时散射辐照度，还可以将月平均总云量代入式（2-42），计算月平均的小时散射辐照度。需要指出，采用式（2-42）计算的散射辐照度偏差较大。

2. 倾斜面上的散射辐射

假定天空为各向同性的散射条件下，利用角系数的互换性，有

$$A_{\mathrm{sky}}F_{\mathrm{sky-G}}=A_{\mathrm{G}}F_{\mathrm{G-sky}} \tag{2-43}$$

到达太阳能收集器斜面上单位面积的散射辐照度为

$$I_{\mathrm{T,d}}=I_{\mathrm{d}}A_{\mathrm{sky}}F_{\mathrm{sky-G}}=I_{\mathrm{d}}F_{\mathrm{G-sky}} \tag{2-44}$$

式中，$I_{\mathrm{T,d}}$为倾斜面上的散射辐照度（$\mathrm{W/m^2}$）；I_{d}为水平面上散射辐照度（$\mathrm{W/m^2}$）；A_{sky}为半球天空面积（$\mathrm{m^2}$）；A_{G}为倾斜面的面积（$\mathrm{m^2}$），这里$A_{\mathrm{G}}=1$；$F_{\mathrm{sky-G}}$、$F_{\mathrm{G-sky}}$为半球天空与倾斜面A_{G}间的辐射换热角系数。

集热器中倾角为S的平面对天空的角系数为

$$F_{\mathrm{G-sky}}=\frac{1-\cos S}{2}=\cos^2\left(\frac{S}{2}\right) \tag{2-45}$$

将式（2-45）代入式（2-44）中得

$$I_{\mathrm{T,d}}=I_{\mathrm{d}}\frac{1-\cos S}{2}=I_{\mathrm{d}}\cos^2\left(\frac{S}{2}\right) \tag{2-46}$$

总体上，计算倾斜面上的太阳总辐射量，需要分别计算直接太阳辐射、天空散射辐射和地面反射辐射，然后将这三部分叠加。

习　题

2-1　太阳能辐射受哪些因素影响？

2-2　为什么太阳能利用领域可以将太阳看作6000K的黑体辐射？

2-3　我国评估太阳能辐射试验的标准有哪些？

2-4　提出地球轨道的偏心修正系数意义是什么？

2-5　如何计算太阳赤纬角、太阳时角、太阳天顶角、太阳高度角和太阳能方位角？

2-6　什么是大气透明度？如何计算大气透明度，其随四季如何变化？

2-7　什么是大气质量？大气质量与大气透明度有什么关系？

2-8　如何计算倾斜平面上的太阳能辐照度？

2-9　如何计算倾斜平面上的散射辐照度？

第3章

化合物太阳能电池

3.1 太阳能电池的分类

太阳能电池是用半导体硅，Ⅲ-Ⅴ族、Ⅱ-Ⅵ族化合物等材料将太阳的光能变成电能的器件，具有可靠性高、寿命长、转换效率高等优点。单体电池尺寸从长10mm、宽10mm至长156mm、宽156mm，输出功率为数十毫瓦至数瓦，理论光电转换效率为25%以上，实际已达到22%以上。

太阳能电池的发展历史可以追溯到1839年，法国物理学家Alexander-Edmond Becquerel发现了光生伏打效应（Photovoltaic effect）。1883年，第一个硒制太阳能电池由美国科学家Charles Fritts制造出来。20世纪30年代，硒制电池及氧化铜电池被应用在一些对光线敏感的仪器上，例如光度计、照相机的曝光针。

1946年，Russell Ohl开发出现代化硅制太阳能电池，1954年，科学家将硅制太阳能电池的转换效率提高到4%左右，1955年达到11%。随后，太阳能电池应用于人造卫星。

1973年石油危机后，人类开始将太阳能电池转向民用，最早应用于计算器和手表等。1974年，Haynos等人利用硅的各向异性（Anisotropic）的刻蚀（Etching）特性，在单晶硅太阳能电池表面刻蚀出具有许多金字塔结构的绒面。金字塔绒面结构能有效降低太阳光在电池表面的反射损失，使得当时的太阳能电池转换效率达到17%。1976年以后，如何降低太阳能电池成本成为业内关心的重点。1990年以后，电池成本降低使得太阳能电池进入民间发电领域，太阳能电池开始应用于并网发电。

太阳能电池按结晶状态可分为结晶系薄膜式和非结晶系薄膜式两大类，前者又分为单结晶形和多结晶形；按材料可分为硅薄膜形、化合物半导体薄膜形和有机膜形；根据所用材料的不同，还可分为硅太阳能电池、多元化合物薄膜太阳能电池、聚合物多层修饰电极型太阳能电池、纳米晶太阳能电池、有机太阳能电池、塑料太阳能电池，其中硅太阳能电池是目前发展最成熟的，在应用中居主导地位。

为了提高单体太阳能电池的性能，制备工艺可以采取浅结、密栅、背电场、背反射、绒面和多层膜等措施，增大单体电池面积有利于减少太阳能电池阵的焊接点，提高可靠性。

太阳能电池按发展阶段可分为以下几类：

第一代太阳能电池：晶体硅电池。

第二代太阳能电池：各种薄膜电池，包括非晶硅薄膜电池（a-Si）、碲化镉（CdTe）太阳能电池、铜铟镓硒（CIGS）太阳能电池、砷化镓（GaAs）太阳能电池、纳米二氧化钛染料敏化太阳能电池等。

第三代太阳能电池：各种超叠层太阳能电池、热光伏电池（TPV）、量子阱及量子点超晶格太阳能电池、中间带太阳能电池、上转换太阳能电池、下转换太阳能电池、热载流子太阳能电池、碰撞离化太阳能电池等新概念太阳能电池。

化合物太阳能电池即化合物半导体太阳能电池，是指发电元件（电池单元）不使用硅，而使用化合物半导体的太阳能电池。化合物半导体是指在元素周期表中，由两种以上不同族的原子所组成的半导体。

若以族来区分，化合物太阳能电池可分为以下几类：Ⅱ-Ⅵ族（如CdTe基）、Ⅰ-Ⅲ-Ⅴ族（如CuInSe2基）和Ⅲ-Ⅴ族（如GaAs）。

由于化合物半导体是在玻璃或金属等基板上利用基于蒸镀溅射、化学气相沉积等的薄膜工艺形成的，因此有助于降低成本。目前世界上已实现实用化的化合物类太阳能电池，具有代表性的有砷化镓（GaAs）、碲化镉（CdTe）、铜铟镓硒（CIGS）、染料敏化（DS）和钙钛矿（Perovskite）等太阳能电池。

3.2　砷化镓太阳能电池

Ⅲ-Ⅴ族化合物半导体太阳能电池由于具有许多优越特性，受到人们的重视，它具有较高的转换效率及耐高温等性质。Ⅲ族和Ⅴ族元素有许多种组合可能，因而Ⅲ-Ⅴ族化合物材料的种类繁多。其中最主要的是砷化镓（GaAs）及其相关化合物，其次是以磷化铟（InP）和其相关化合物组成的InP基系Ⅲ-Ⅴ族化合物。

以GaAs为代表的Ⅲ-Ⅴ族化合物电池的研究开发和应用推广已取得很大成功。但目前而言，尽管GaAs系列太阳能电池的效率高、抗辐射性能好，但其生产设备复杂、消耗大、生产周期长，导致生产成本高，难以与其他太阳能电池相比。

3.2.1　砷化镓材料的性质

砷化镓（GaAs）的原子结构是闪锌矿结构，Ga原子、As原子之间主要是共价键，也有部分离子键。作为电子材料，GaAs具有许多优越的性能，GaAs材料的基本性质见表3-1。从表3-1中可以看出，GaAs材料的禁带宽度大、电子迁移率高、电子饱和速度高。与硅器件相比，GaAs的电子器件具有工作速度快、工作温度高和工作频率高的优点，因此，GaAs材料在高速、高频和微波等通信用电子器件方面应用广泛。

表3-1　GaAs材料的基本性质（300K）

密度/(g/cm^3)	5.32	电子有效质量/kg	5.9×10^{-32}
单位立方厘米原子数/$10^{22}cm^{-3}$	4.41	空穴有效质量/kg	7.5×10^{-32}(轻空穴) 4.1×10^{-31}(重空穴)
热膨胀系数/$10^{-6}K^{-1}$	6.6	电子饱和速度/($10^7cm/s$)	2.5

（续）

禁带宽度/eV	1.43	击穿电场强度/(10^5V/cm)	3.5
本征载流子浓度/cm^{-3}	1.3×10^6	器件最高工作温度/℃	470
电子迁移率/[cm^2/(V·s)]	8800	空穴迁移率/[cm^2/(V·s)]	450

作为太阳能电池材料，GaAs具有良好的光吸收系数，图3-1所示为各种Ⅲ-Ⅴ族化合物半导体材料与Si、Ge的光吸收系数。由图3-1可知，GaAs的光吸收系数，随着光子能量的升高而增大，当光子能量从1.43eV上升到1.5eV时，GaAs的光吸收系数急剧增大到10^4cm^{-1}以上，比硅材料要高一个数量级，而这正是太阳光谱中最强的部分。因此，对于GaAs太阳能电池而言，只要厚度达到3μm，就可以吸收太阳光谱中约95%的能量。

由于GaAs材料的禁带宽度为1.43eV，光谱响应特性好，因此，太阳能光电转换理论效率相对较高。图3-2所示为不同材料的禁带宽度与太阳能电池理论效率的关系。从图3-2中可知，GaAs太阳能电池的效率要比硅太阳能电池高。

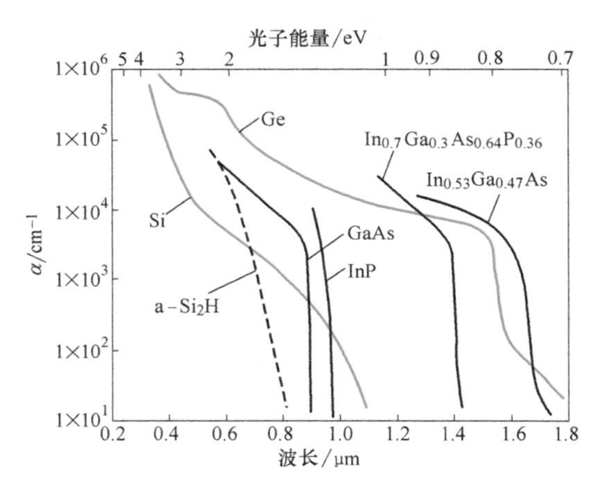

图3-1 Ⅲ-Ⅴ族化合物半导体材料与Si、Ge的光吸收系数

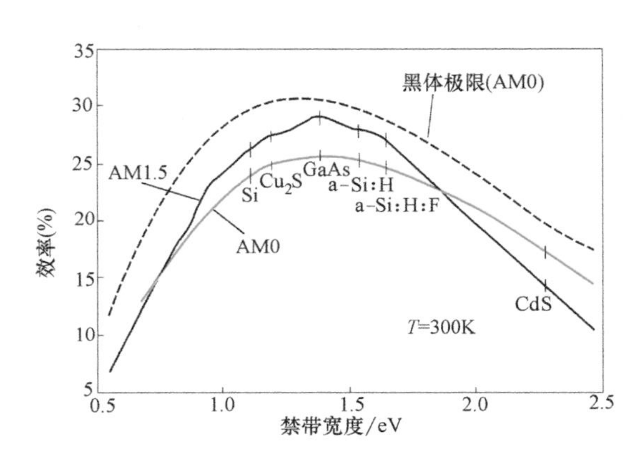

图3-2 不同材料的禁带宽度与太阳能电池理论效率的关系

通常太阳能电池的效率会随温度的升高而下降，例如硅太阳能电池，在200℃左右其太阳能电池效率降低70%。与硅太阳能电池相比，GaAs材料的禁带宽度大，用它制备的太阳能电池的温度系数相对较小。在较宽的范围内，电池效率随温度的变化近似于线性，约只有-0.23%/℃。GaAs太阳能电池随温度升高，效率减低缓慢，具有更高的工作温度范围。同时，GaAs太阳能电池有抗辐射能力强的特点，其在辐照度大的空间飞行器上也有明显优势。

3.2.2 砷化镓太阳能电池的结构

1. 单结砷化镓太阳能电池

单结砷化镓太阳能电池是最早进行研究的一种Ⅲ-Ⅴ族化合物半导体太阳能电池，以GaAs单晶材料为衬底。在GaAs衬底上生长的GaAs/GaAs同质结构太阳能电池有很高的转换效率，缺点是GaAs衬底材料价格昂贵、密度大、容易碎裂、机械强度不高。这些缺点使得GaAs/GaAs同质结构太阳能电池的应用受到限制。为了克服这些缺点，人们试图寻找各种廉价衬底，以取代GaAs衬底，形成异质结构的GaAs太阳能电池。目前GaAs/Ge异质结构太阳能电池最为成功。图3-3所示为单结GaAs/Ge太阳能电池的结构示意图。

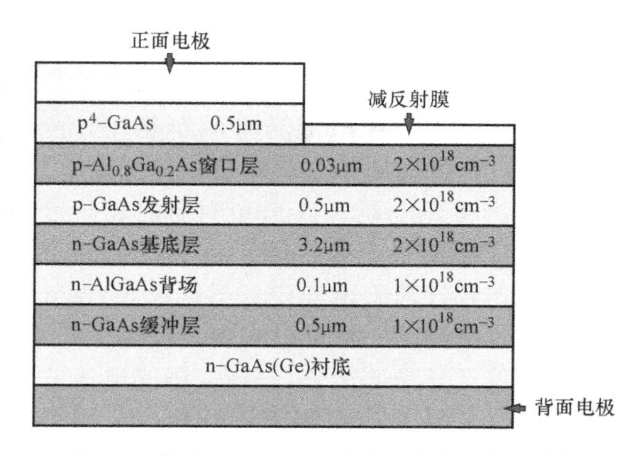

图3-3 单结GaAs/Ge太阳能电池的结构示意图

单结砷化镓太阳能电池作为最初应用于空间的Ⅲ-Ⅴ族太阳能电池，在世界航天领域占有一定的地位，但是单结太阳能电池无法吸收长波段的太阳光，制约了其光电转换效率的提高。故而，随着技术的不断发展，其渐渐被多结叠层太阳能电池所取代。

2. 多结砷化镓太阳能电池

多结砷化镓太阳能电池是用不同禁带宽度（E_g）的Ⅲ-Ⅴ族化合物的材料制备而成。多结GaAs太阳能电池是将各子电池按E_g大小从上到下叠合起来（见图3-4a、b），各个子电池可选择性地吸收太阳光谱中各个波段的光子能量，并将它们转换为光电流，这样可以大幅提高太阳能电池的光电转换效率。结果表明，双结GaAs太阳能电池的极限效率可达到30%；三结GaAs太阳能电池的极限效率可达到33%，在聚光条件下可获得较高的转换效率，因此被广泛使用在聚光光伏系统中；四结GaAs太阳能电池的极限效率可超过40%。因此，多结GaAs太阳能电池是今后太阳能电池发展方向之一。

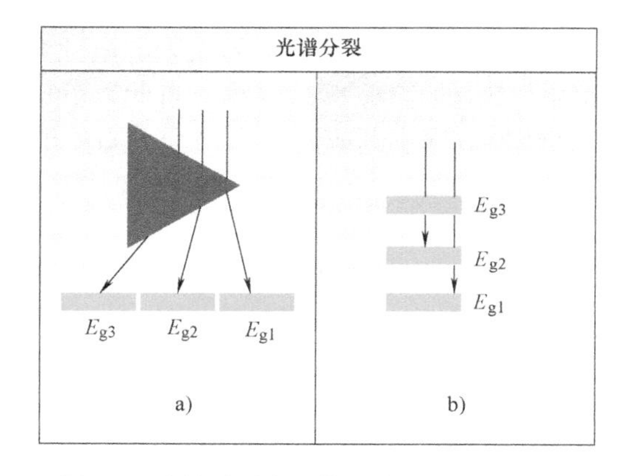

图3-4 多结叠层太阳能电池（$E_{g1}<E_{g2}<E_{g3}$）
a）分离式 b）堆叠式

3.2.3 柔性薄膜砷化镓太阳能电池

GaAs基系的多结叠层太阳能电池以其高效率、高可靠性和长寿命的特点已成为航天飞行器空间电源的主要材料。衬底材料的重量严重制约了电池比功率的提高。近年来研究表明，采用超薄柔性衬底材料，研制柔性薄膜GaAs太阳能电池可以在保证较高转换效率的同时，大幅度提高太阳能电池重量比功率，裸电池比功率可由400~500W/kg提升到2500W/kg以上。

柔性薄膜GaAs太阳能电池主要是将电池有效结构转移到柔性衬底上，从而实现电池重量下降和具有可弯曲性。图3-5a、b为刚性衬底GaAs电池和柔性衬底GaAs薄膜电池的结构对比图。由图可见，柔性薄膜电池的厚度大大减少，重量也大大降低，从而显著提高电池的重量比功率。同时，由于使用了柔性衬底，GaAs薄膜电池还具有一定的可弯曲性，可以封装后做成柔性太阳方阵。而且，这种超薄型太阳能电池的抗辐射性能很好。

柔性薄膜太阳能电池具有可卷曲、方便携带等特点，可应用于光伏建筑一体化发电、便携式可折叠充电器、汽车和舰船的表面等场合，其应用前景十分广阔，也有巨大的市场潜力。在各种薄膜电池中，柔性薄膜GaAs电池转换效率最高，且可以实现大规模生产。未来研究重点是降低薄膜GaAs太阳能电池的制造成本，并针对应用需求展开相应应用场景研究。

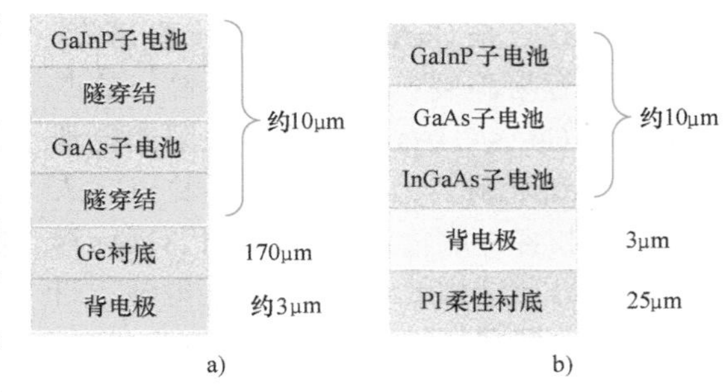

图3-5 刚性衬底和柔性衬底GaAs太阳能电池示意图
a）刚性衬底 b）柔性衬底

3.3 碲化镉太阳能电池

Ⅱ-Ⅵ族中的太阳能电池材料，主要是以镉形成二元及三元化合物半导体，包括硫化镉（CdS）和碲化镉（CdTe）、硫化锌（ZnS）等，都具有直接禁带跃迁的能带结构，吸收系数大，结构稳定。现今该类型的太阳能电池主要以碲化镉为主。1959年，Rappaport得到转换效率约为2%的CdTe单晶电池。自此以后，通过对CdTe电池结构工艺及制备工艺的不断优化，其转换效率不断提升，在当今太阳能电池市场中占据一定份额。

3.3.1 碲化镉材料的性质

CdTe直接禁带宽度几乎与太阳光谱光伏能量转换最优值相匹配，这意味着从紫外区到CdTe的带隙这样一个很宽的波长范围内都有高量子产率，且能量高于E_g的短波光子在CdTe的近表面被吸收，这使得CdTe成为薄膜太阳能电池中引人注目的吸收层材料。

CdTe的基本性质见表3-2，电学上，CdTe表现出两性半导体特性，这使得本征和外掺杂n型与p型都成为可能。

表3-2 CdTe的基本性质（298K）

带隙形式	直接带隙	光吸收系数/cm^{-1}	~5×10^5
晶体结构	闪锌矿	禁带宽度/eV	1.45
晶格常数/nm	0.648	电子迁移率/$cm^2\cdot V^{-1}\cdot s^{-1}$	1050
键合方式	共价键为主，离子键为辅	空穴迁移率/$cm^2\cdot V^{-1}\cdot s^{-1}$	80
热膨胀系数/$10^{-6}K^{-1}$	4.9	折射率	2.7

CdTe与其他薄膜材料相比有如下特点：

1）CdTe的禁带宽度与太阳能光谱相匹配，其理论转化率高达29%，适合制备高效薄膜太阳能电池。

2）功率温度系数低、弱光性好，更适合沙漠、高温等复杂的地理环境，且在弱光环境下也能发电。

3）CdTe薄膜组件的生产成本极具竞争力［美国第一太阳能（First Solar）公司的生产成本约为0.34美元/W］。

3.3.2 碲化镉太阳能电池的结构

CdTe薄膜太阳能电池的结构如图3-6所示，包括窗口层、吸收层、背接触层等，结构简单。

其中窗口层是n型的CdS层。该层不以产生光电流为主，而主要是形成pn结的内建电场，并且让光尽可能地通过，因此称为窗口层。吸收层是p型的CdTe层，主要产生光生载流子，所以被称为吸收层。

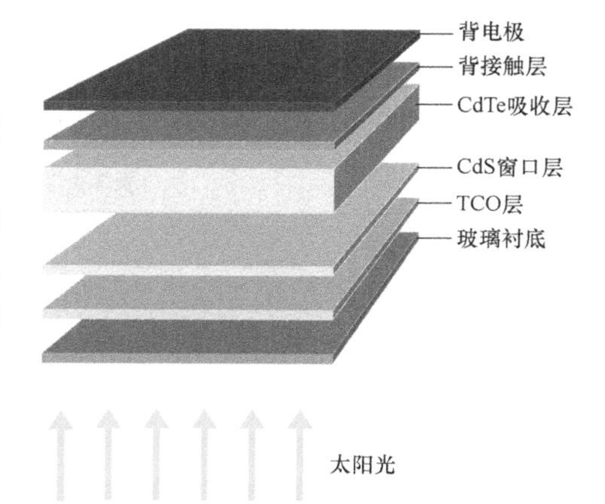

图3-6 CdTe薄膜太阳能电池的结构

3.3.3 碲化镉太阳能电池的发展

国际上对CdTe薄膜电池的研究取得了很大进展。随着短路电流密度接近理论极限值，研究重点已转移到提高CdTe多晶薄膜电池的开路电压。2016年初，世界领先的太阳能光伏模块制造商之一First Solar宣布其CdTe太阳能电池转换效率达到22.1%，并还有进一步提升的空间。2016年来，多家机构的单晶CdTe电池开路电压已超过1V。接下来对开路电压的研究主要包括两个方向：一是提高CdTe薄膜p型掺杂浓度，达到10^{16}~10^{17}/cm^3，比效率为22.1%的CdTe电池掺杂浓度高2个数量级；二是提高多晶薄膜的载流子寿命，有人制备的CdSeTe，载流子寿命达到490~770ns，与单晶CdTe的相当。

由于历史原因，中国光伏行业长期以产业化技术相对成熟的晶硅太阳能电池为主，而在需要大量自主创新投入的薄膜太阳能电池技术，特别是CdTe薄膜太阳能电池技术上，产业化发展速度相对缓慢。中国太阳能电池产业化需要战略型、健康发展。接下来要充分利用CdTe薄膜太阳能电池的独特优势，依托“建筑为主、农业为主”的发展方针，以高度定制化为抓手，深度挖掘CdTe薄膜太阳能电池技术在包括建筑光伏一体化、农业光伏一体等新型应用市场的发展潜力，建立市场竞争优势。同时，引入有实力的光伏企业，共同建设组件生产基地和开发应用系统，实现CdTe薄膜太阳能电池产业化，为人类的绿色可持续发展做出贡献。

3.4 铜铟镓硒薄膜太阳能电池

铜铟镓硒（CIGS）薄膜是由铜、铟、硒等金属元素组成的直接带隙化合物半导体材料，其对可见光的吸收系数为所有薄膜电池材料中最高的，其原材料消耗远低于传统晶体硅太阳能电池。CIGS基太阳能电池通常被认为是最有前景的、高效低成本的太阳能光伏发电技术之一。CIGS薄膜太阳能电池具有生产成本低、污染小、不衰退、弱光性能好等特点，光电转换效率居各种薄膜太阳能电池之首，接近晶体硅太阳能电池，成本约为晶体硅电池的1/3，被国际上称为“下一时代非常有前途的新型薄膜太阳能电池”。此外，该电池具有柔和、均匀的黑色外观，是对外观有较高要求场所的理想选择，可作为大型建筑物的玻璃幕墙，在现代化高层建筑等领域有很大市场。

3.4.1 铜铟镓硒材料的特性

表3-3所示为CIGS的基本性质。与高效率、高成本的晶体硅太阳能电池和低效率低成

本的非晶硅太阳能电池相比，CIGS太阳能电池具有效率高、成本低和寿命长等多重优势，是最有希望降低光伏发电成本的高效薄膜太阳能电池，并且它可以充分利用我国丰富的铟资源，符合国家法规鼓励条款，适合中国国情，具有广阔的发展前景。

表3-3　CIGS的基本性质（300K）

带隙形式	直接带隙	光吸收系数/cm^{-1}	10^5
晶体结构	黄铜矿	光学介电常数	15.2
晶格常数	a=0.577nm c=1.154nm	电子迁移率/$cm^2 \cdot V^{-1} \cdot s^{-1}$	320
禁带宽度/eV	1.04	空穴迁移率/$cm^2 \cdot V^{-1} \cdot s^{-1}$	10
热膨胀系数/$10^{-6}K^{-1}$	2.9	折射率(1.4μm)	2.7

相比较其他太阳能电池，CIGS的竞争优势有以下几点：

1）通过掺入适量Ga替代部分同族的In，通过调节Ga/（Ga+In）比率进而可以调节CIGS的禁带宽度，调整范围为1.04~1.68eV，这是一个非常宽的范围，适合制备最佳禁带宽度的半导体化合物材料，这是CIGS材料相对于硅系光伏材料的最特殊优势。

2）CIGS材料的光吸收特性非常好，具有较高的光吸收系数（约10^5cm^{-1}，同时还具有较大范围的太阳光谱的响应特性。于可见光区，厚度约1μm即可吸收95%以上的太阳光。

3）利用CdS作为缓冲层（具有闪锌矿结构），它和具有黄铜矿结构的CIGS吸收层可以形成良好的晶格匹配，失配率不到2%。

4）在光电转化过程中，作为直接能隙半导体材料，CIGS的厚度可以很小（约2μm），当有载流子注入时，会产生辐射复合过程，辐射过程产生的光子可以被再次吸收，即所谓的光子再循环效应。

5）CIGS系半导体可直接由其化学组成的调节得到P型或N型不同的导电形式，不必借助外加杂质，不会产生Si系太阳能电池很难克服的光致衰退效应，使用寿命可以长达30年以上。

6）CIGS薄膜的制备过程具有一定的环境宽容性，使得CIGS太阳能电池在选择衬底时，具有较大的选择空间。

综合比较分析，CIGS薄膜太阳能电池具有转换效率高、材料来源广泛、生产成本低、污染小、无光衰、弱光性能好的显著特点。2011年德国氢能和可再生能源研究中心（ZSW）研制的小面积CIGS太阳能电池的转换效率已达到20.3%，居各种薄膜太阳能电池之首，CIGS太阳能电池已成为各国争相研究的重点领域。

3.4.2　铜铟镓硒太阳能电池的结构

CIGS薄膜太阳能电池是在玻璃或金属箔、塑料等衬底上，经过真空沉积或化学方法，分别沉积若干层半导体及金属薄膜，以及封装引线而构成的光伏器件，薄膜总厚度为3~5μm，其典型结构为：铜铟镓硒（CIGS）薄膜太阳能电池具有多层膜结构（见图3-7），包括金属栅状电极、减反射膜、窗口层（ZnO）、过渡层（CdS）、光吸收层（CIGS）、金属背电极（Mo）、玻璃衬底等。其中，吸收层是由Cu、In、Ga、Se 4种元素组成的具有黄铜矿结构的化合物半导体，是薄膜电池的关键材料。

CIGS薄膜太阳能电池为典型的异质结结构电池，主要利用半导体带隙递减而自动实现太阳光谱分离并逐层吸收，在空间电荷区的光生载流子即被其内建电场分离和扫出，并通过电池两端的金属电极所收集。当太阳光通过宽带隙ZnO窗口层入射时，其中一部分光子被表面反射掉，其余部分则被半导体吸收或透过，只有入射光子能量介于ZnO和CIGS带隙间区域时，异质结才有光响应，存在着异质结窗口效应。因此n侧ZnO和CdS材料厚度要尽可能薄化，使得能量高于ZnO带隙的光子仍能透过宽带材料窗口区而被窄带区所吸收，以提高电池效率。

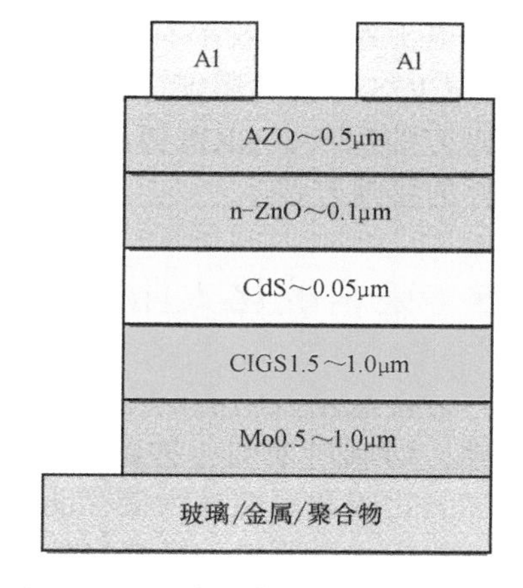

图3-7 CIGS太阳能电池的结构示意图

3.4.3 CIGS薄膜太阳能电池的发展

CIGS薄膜太阳能电池的底电极Mo和上电极n-ZnO一般采用磁控溅射的方法，工艺路线比较成熟。最关键的吸收层的制备必须克服许多技术难关，目前主要方法包括共蒸发法、溅射后硒化法、电化学沉积法、喷涂热解法和丝网印刷法等。现在研究最广泛、制备出电池效率比较高的是共蒸发法和溅射后硒化法，被行业广泛采用。

本征缺陷、杂质、错配等均可影响CIGS材料的性能。制备性能优良的CIGS薄膜太阳能电池，要尽量提高电池器件的短路电流、开路电压、填充因子等。CIGS吸收层具有优异的光电特性，其短路电流一般可达30~40mA/cm^2。短路电流的另一个主要影响因素是电池器件的串联电阻，其主要由上、下电极的体电阻和各层接触电阻构成。制备器件工艺研究主要需要优化Mo电极、低阻ZnO的制备工艺，优化各层之间的匹配。

CIGS薄膜太阳能电池作为异质结薄膜太阳能电池，控制其结特性是制备高效电池的核心。制备性能优良CIGS薄膜太阳能电池的关键是提高器件的开路电压，目的是尽可能减少器件的短路现象（漏电），要点是提高器件的并联电阻。影响并联电阻的主要因素有电池内部缺陷、晶粒小、晶界过多、晶粒排列不紧密、层间晶格不匹配、复合中心多、电池周界的漏电流等。在器件制备中，主要是要控制CIGS吸收层化学成分比，制备晶粒大、排列紧密、表面平整的吸收层；优化过渡层CdS、缓冲层高阻ZnO的制备工艺；避免杂质、缺陷引起的复合等。

玻璃和聚酰亚胺衬底上制备的小面积CIGS薄膜太阳能电池的效率已分别达到21.7%、20.4%，大面积电池组件最高效率也均超过15%。目前CIGS薄膜太阳能电池的转换效率不但在薄膜类电池中遥遥领先，甚至已与多晶硅电池不相上下。目前，电池产品在地面电站、光伏建筑一体化等领域已逐步得到应用；在空间环境考核验证中，表现出性能稳定、抗辐射能力强等特点。CIGS薄膜太阳能电池已成为光伏家族的一个重要成员。

最近几年，原子层沉积技术（ALD）快速发展，它是一种类似化学气相沉积（CVD）的化学沉积制备薄膜的方法，主要优点是制备的薄膜更加致密，缺陷更少，对衬底表面没有任何要求。如果用这种方法制备CIGS薄膜太阳能电池的缓冲层ZnS，不仅可以实现电池的无镉化，避免废水处理等不利因素，还可以实现电池制备工艺的流水化。整个工艺过程可以实现全真空化，提高电池转换效率，同时提高电池的生产效率。按照这一技术路线，电池组件的效率有希望达到15%~18%的水平。IBM公司的研究部门正在开发常温下制造CIGS薄膜太阳能电池的工艺，光电转换效率的目标也在15%以上。随着技术的发展和研究的深入，CIGS薄膜太阳能电池的性能将会快速提高，它即将成为未来薄膜太阳能组件的主流产品。

3.5 染料敏化太阳能电池

染料敏化太阳能电池（Dye-Sensitized Solar Cell，DSSC）主要是通过模仿光合作用的原理，研制出来的一种新型太阳能电池。光合作用是指绿色植物通过叶绿素，利用光能，把二氧化碳和水转换为储存能量的有机物。DSSC是以低成本的纳米二氧化钛（TiO_2）和光敏染料为主要原料，模拟自然界中的植物利用太阳能进行光合作用，将太阳能转化为电能。自从1991年瑞士洛桑高工（EPFL）M. Gratzel教授领导的研究小组在该技术上取得突破以来，DSSC便引起国际广泛关注。其主要优势是：原材料丰富、成本低、工艺技术相对简单，在大面积工业化生产中具有较大的优势，同时所有原材料和生产工艺都是无毒、无污染的，部分材料可以得到充分的回收，对保护人类环境具有重要的意义。

DSSC与传统的太阳能电池相比有以下一些优势：

1）寿命长：使用寿命可达15~20年。

2）结构简单、易于制造，生产工艺简单，易于大规模工业化生产。

3）制备电池耗能较少，能源回收周期短。

4）生产成本较低，仅为硅太阳能电池的1/10~1/5，预计每峰瓦电池的成本在10元以内。

5）生产过程无毒无污染。

3.5.1 染料敏化太阳能电池的结构

染料敏化太阳能电池的基本结构如图3-8所示，它主要由以下部分构成。

（1）导电基底材料　又称导电电极材料，分为光阳极材料和光阴极材料，用作导电基底材料的有透明导电玻璃、金属箔片、聚合物导电基底材料等。目前导电基底材料一般采用涂有ITO（氧化铟锡）或FTO（含氟氧化锡）等导电薄膜的玻璃或高性能透明聚合物薄膜。导电基底材料的方块电阻一般要求越小越好（如小于20Ω/m），光阳极和光阴极基底中至少要有一种是透明的，透光率一般要在85%以上。光阳极和光阴极衬底的作用是收集和传输从光阳极而来的电子，通过外回路传输到光阴极，并将电子提供给电解质中的电子受体。

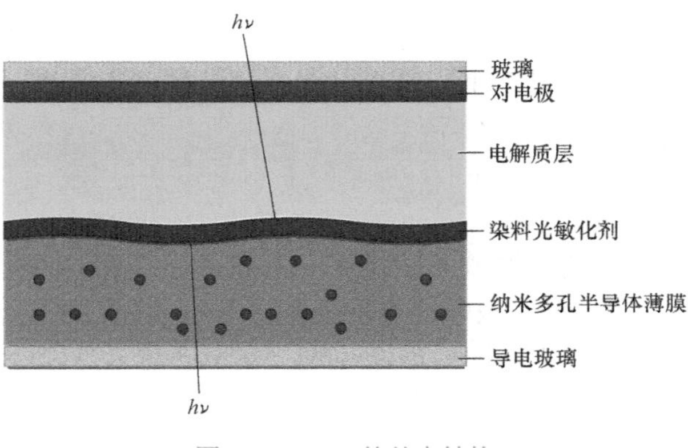

图3-8　DSSC的基本结构

（2）纳米多孔半导体薄膜　应用于染料敏化太阳能电池的半导体薄膜主要是纳米TiO_2薄膜，它是染料敏化太阳能电池的核心之一，主要起到电荷分离和电子传输载体的作用。不同制备方法得到的TiO_2薄膜对电池的光电性能影响区分明显，用新型制备方法获得有序的纳米管、线、杆阵列膜，可以提高薄膜的比表面积，增加染料在电极表面的吸附数量和电子传输能力，提高电池的光电转换效率。此外，通过化学修饰、增加表面层或掺杂等方法也能提高电池的光电转换效率。

（3）染料光敏化剂　染料光敏化剂是影响电池对可见光吸收效率的关键，其性能的优劣直接决定电池的光利用效率和光电转换效率。敏化剂吸附于纳米多孔TiO_2薄膜的空隙中，其作用是吸收太阳光，产生激子，并将电子注入TiO_2导带中。染料光敏化剂的种类很多，根据其中是否含有金属离子可分为无机和有机两大类。无机染料敏化剂主要是联吡啶钌配合物，目前这类电池的实验室最高光电转换效率已经达到11%。但在实际应用方面，还需要解决染料纯化工艺以及贵金属钌的价格等问题。有机敏化剂是天然的和化学合成的有机染料化合物，不含贵重金属。由于有机染料化合物具有种类多、成本低、吸光系数高等优点，近年来，结构多样的有机染料敏化剂的研究发展非常迅速，成为敏化剂的重点研究领域。

（4）电解质　电解质是染料敏化太阳能电池的重要组成部分之一，其主要作用是在光阳极将处于氧化态的染料还原，同时自身在对电极接受电子并被还原，以构成闭合循环回路。根据电解质的种类，染料敏化太阳能电池又可分为液态电解质电池、准固态电解质电池和固态电解质电池。液态电解质中常见的机溶剂有腈类（如乙腈、甲氧基丙腈等）、酯类（碳酸乙烯酯、碳酸丙烯酯和γ-丁内酯等）。虽然光电转换效率最好的结果是在有机溶剂电解质中获得的，但该类电解质存在着有机溶剂易挥发、电解质易泄漏、电池不易密封和电池在长期工作过程中性能下降等问题，缩短了太阳能电池的使用寿命。采用以烷基咪唑类为代表的离子液体代替有机溶剂，可以避免溶剂挥发、电解质泄漏问题，提高电池的稳定性。但离子液体影响了氧化-还原电对的迁移速度，从而影响电池的光伏性能。准固态电解质在有机溶剂或离子液体中加入胶凝剂形成网络结构的凝胶，似海绵一样吸收有机溶剂，达到固化电解质的目的，可以有效地防止电解质的泄漏和减缓有机溶剂的挥发。准固态电解质与液态电解质几乎取得一致的结果，胶凝剂对电池的光伏性能影响很小，是一类很有应用潜力的电解质。固态电解质电池是采用有机空穴传输材料或无机p型半导体材料作为电解质，可以从根本上解决电解质泄漏问题。但目前固态电解质的许多自身因素限制了电子的传输，影响了充电转换效率。

（5）对电极　对电极又称光阴极或反电极，它是在导电玻璃等导电基底上沉积一层金属铂（5~10mg/cm^2）或碳等材料，其作用是收集从光阳极经外回路传输过来的电子并将电子传递给电解质中的电子受体，使其还原再生完成闭合回路。对电极除了收集电子外，还能加速电解质中氧化-还原电对与阴极电子之间的电子交换速度，起到催化剂的作用。目前最常用的对电极材料为铂和碳。铂可以大幅度提高电子的交换速度，另外厚铂层还能反射从光阳极方向照射过来的太阳光，提高太阳光的利用效率。虽然使用铂效果最好，但为降低成本，也可以用碳素材料等代替。

3.5.2 染料敏化太阳能电池的工作原理

DSSC的工作原理可参考图3-9。吸附在TiO_2上的染料分子吸收光子能量后由基态（D）跃迁到激发态（D*），但激发态不稳定，故快速将电子注入紧邻的TiO_2导带，在染料中失去的电子则很快可从电解质中得到补偿，进入TiO_2导带中的电子最终进入导电膜，然后通过外部回路形成电流，而电解质虽被染料氧化，但最后将被反电极上的电子还原形成循环。

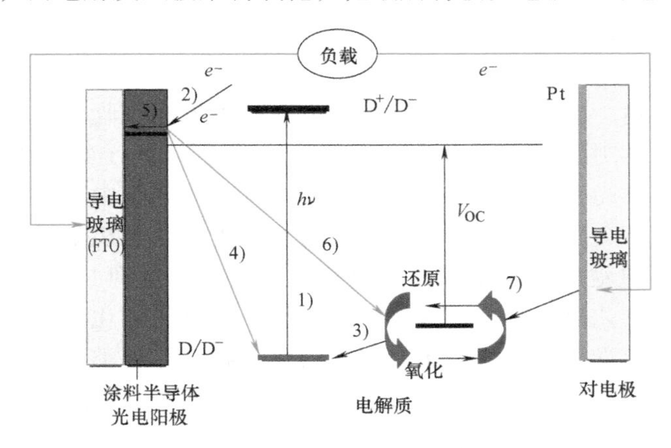

图3-9　DSSC的原理图

如图3-9所示，在光电流产生过程中电子通常经历以下7个步骤：

1）染料分子受太阳光照射后由基态（D）跃迁至激发态（D*）：

$$D+h\nu \rightarrow D^* \tag{3-1}$$

2）处于激发态的染料分子将电子注入工作电极的导带（CB）中：

$$D^* \rightarrow D+e^-\ (CB) \tag{3-2}$$

3）处于氧化态的染料被还原态的电解质还原再生：

$$3I^-+2D^+ \rightarrow I^{3-}+D \tag{3-3}$$

4）工作电极导带中的电子与氧化态染料之间的复合：

$$D^++e^-\ (CB) \rightarrow D \tag{3-4}$$

5）工作电极导带中的电子传输到导电玻璃（Conducting Glass，CG）后流到外电路中：

$$e^-\ (CB) \rightarrow e^-\ (CG) \tag{3-5}$$

6）导带中传输的电子与进入二氧化钛膜孔中的I^{3-}离子复合：

$$I^{3-}+2e^-\ (CB) \rightarrow 3I^- \tag{3-6}$$

7）I_3^-离子扩散到反电极（CE）使得电子再生：

$$I^{3-}+2e^-\ (CE) \rightarrow 3I^- \tag{3-7}$$

3.5.3　染料敏化太阳能电池的进展

近年来，澳大利亚STA公司、德国INAP研究所、欧盟ECN研究所、日本日立（Hitachi）和富士（Fuji）公司等在DSSC的研究和产业化方面做了大量工作，并取得很大进展，实验室最高效率已经达到12%以上。我国在DSSC的研究方面也取得了很多成果。最近几年，我国研制成功了效率在10%以上的DSSC。

经过短短十几年时间，DSSC研究在染料、电极、电解质等各方面取得了很大进展，同时在高效率、稳定性、耐久性等方面还有很大的发展空间。但真正使之走向产业化，服务于人类，还需要全世界各国科研工作者的共同努力。2019年，全球染料敏化太阳能电池市场规模近1亿美元，市场规模较小，但是预计今后几年全球染料敏化太阳能电池市场将会以超过10%的增速发展。这一新型太阳能电池有着比硅电池更为广泛的用途：如可用塑料或金属薄板使之轻量化、薄膜化，可使用各种色彩鲜艳的染料使之多彩化，另外，还可设计成各种形状的太阳能电池使之多样化。总之，DSSC有着十分广阔的产业化前景，是具有相当广泛应用前景的新型太阳能电池。相信在不久的将来，DSSC将会走进人们的生活。

目前，太阳能电池市场大体可以分为两部分：一部分用于大规模工业用电，另一部分用于小规模的便携式电子器件供电。DSSC在这两部分中都可以得到应用，尤其在室内等人工环境照明条件下具有优异的光电转换效率，是便携式电子器件和无线电子设备的新一代电源技术。

问题在于：前人对DSSC在人工照明条件下的研究不多，且光电化学效率（PEC）普遍偏低，性能最好的也不过10%（$100mW \cdot cm^{-2}$，AM 1.5G）左右。华东理工大学的花建丽教授课题组利用两种生色团：D-π-A敏化剂（编号D35）和D-A-π-A敏化剂（编号XY1），在400~650nm可见光区实现了高效的光捕获，开路光生电压高达1.1V，将光子转化成电子的外部量子效率高达90%。

利用这种敏化剂，加上铜基$Cu_{(II/I)}(tmby)_2TFSI_{2/1}$作为氧化还原媒介，研究人员在AM 1.5G模拟太阳光条件下实现了11.3%的光电转换效率，打破了铜基电解液的光电化学效率记录。更重要的是，实现了28.9%的光电转换效率（1000lx，室内白色荧光灯模拟照明），输出功率可达到$88.5\mu W \cdot cm^{-2}$。而且，这种电池可在较大光谱范围和光照强度范围下维持高效转换能力。

3.6　钙钛矿太阳能电池

钙钛矿太阳能电池（PerovSkite Solar Cell，PSSC）是利用钙钛矿型的有机金属卤化物半导体作为吸光材料的太阳能电池，是最近几年发展起来的新型化合物薄膜太阳能电池，其光电转换效率飞速提升，已经成为全球太阳能电池的研究热点。根据一些研究机构近几年发表的数据，钙钛矿太阳能电池（PSSC）、染料敏化太阳能电池（DSSC）和铜铟镓硒（CIGS）太阳能电池三种薄膜太阳能电池的效率提升对比如图3-10所示，在短短8年多时间内，PSSC的实验室效率已经从14.12%提高到25.46%，比DSSC和CIGS电池的进展速度快得多。一些理论研究认为其效率将来有可能达到30%以上，因此是一种很有前途的太阳能电池。但是，目前这种电池制造技术还不成熟，性能不够稳定，尚未达到规模生产水平。

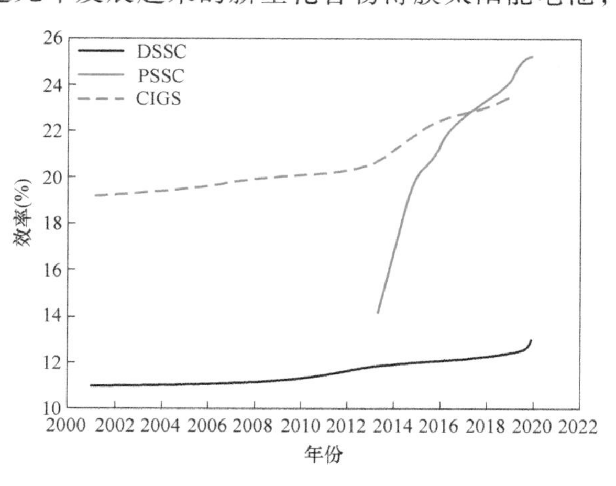

图3-10　三种薄膜太阳能电池的效率提升对比图

3.6.1　钙钛矿太阳能电池的基本结构

钙钛矿太阳能电池（PSSC）具有与染料敏化太阳能电池（DSSC）相似的结构，是从染料敏化太阳能电池发展而来的。钙钛矿材料是一类有着与钛酸钙（$CaTiO_3$）相同晶体结构的材料。1839年德国科学家Gustav Rose在俄国考察时在乌拉尔山脉发现元素组成为$CaTiO_3$的矿物，并将其命名为“Perovskite”，以纪念同名的俄国矿物学家L.A.Perovski。钙钛矿材料结构式一般为ABX_3，其中A和B是两种阳离子，X是阴离子。其中A通常为铷（Rb）、铯（Cs）、甲基铵（MA）或甲脒（FA）；B一般是锡（Sn）或铅（Pb）；X代表氯（Cl）、溴（Br）、碘（I）等卤素元素。钙钛矿晶体一般为立方体或八面体结构，在钙钛矿晶体中，A离子位于立方晶胞的中心，被12个X离子包围成配位立方八面体，配位数为12；B离子位于立方晶胞的角顶，被6个X离子包围成配位八面体，配位数为6，其中，A离子和X离子半径相近，共同构成立方密堆积。钙钛矿有两种不同的晶体结构，其结构如图3-11所示。

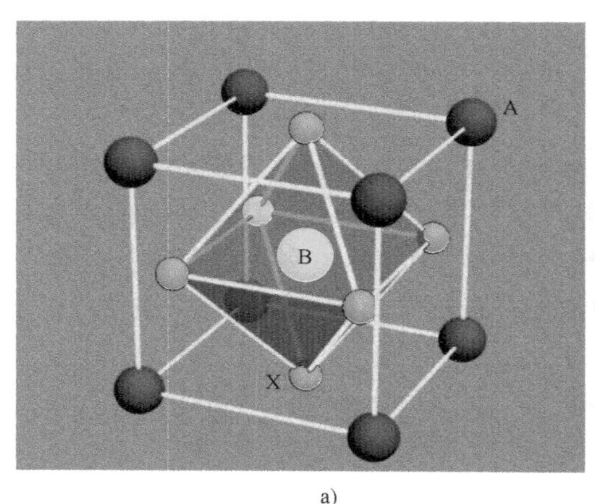

a)

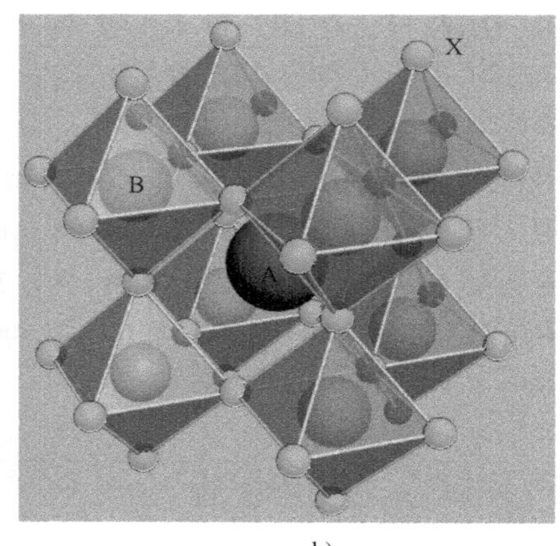

b)

图3-11　钙钛矿的晶体结构

a）钙钛矿晶体BX_6八面体　b）钙钛矿晶体AX_{12}立方八面体

目前研制的钙钛矿太阳能电池大多是依靠钙钛矿有机金属卤化物与TiO_2等的异质结势垒工作的，典型的钙钛矿太阳能电池由6部分组成，其基本结构从受光面到背电极依次为玻璃、透明导电氧化物（TCO）薄膜、电子传输层（ETM）、钙钛矿型光敏层、空穴传输层（HTM）和金属电极。电子传输层一般为致密的TiO_2或AlO纳米颗粒制成的介孔材料。光敏层一般为钙钛矿有机金属卤化物半导体材料，这一层既可采用平面结构，也可采用有机金属卤化物填充的介孔结构。

钙钛矿太阳能电池有多种不同的结构，比较典型的3种结构如图3-12所示。多孔型介观太阳能电池中，钙钛矿材料作为光敏化剂覆盖在多孔结构的TiO_2上，其结构为FTO/TiO_2致密层/钙钛矿敏化的多孔TiO_2层/空穴传输层/金属电极，如图3-12a所示。钙钛矿太阳能电池主要包括金属电极（Ag）、由HTM（Hole Transport Materials，空穴传输材料）构成的空穴传输层、TiO_2致密层（PVK：m-TiO_2）、钙钛矿敏化的多孔TiO_2层（c-TiO_2）、导电玻璃（FTO）、玻璃。

平面异质型薄膜太阳能电池中的钙钛矿既是光吸收层，又是电子和空穴的传输层。透明电极上的电子传输层（TiO_2/ZnO）与后续制备的$CH_3NH_3PbI_3$形成平面异质结构，如图3-12b、c所示。TiO_2/ZnO作为电子传输层，$CH_3NH_3PbI_3$既是光吸收层，又是空穴传输层。与多孔型介观太阳能电池相比，这一结构不需要多孔金属氧化物骨架，因此简化了电池的制备工艺。

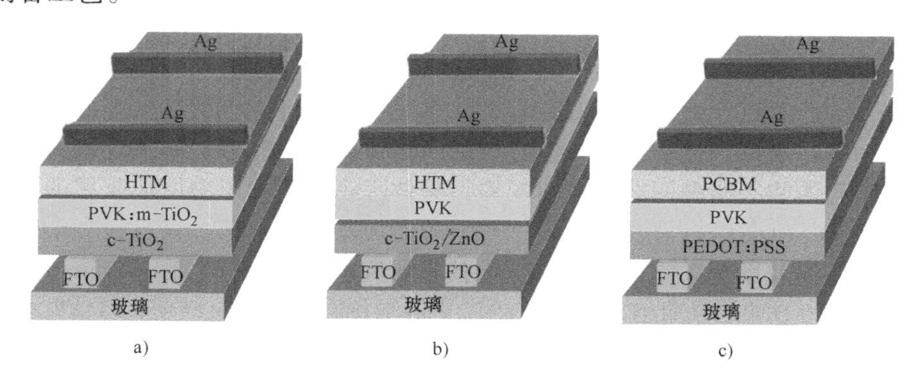

图3-12 钙钛矿太阳能电池的结构示意图
a）介观结构 b）平面异质结构 c）倒置平面异质结构

3.6.2 钙钛矿太阳能电池的工作原理

钙钛矿太阳能电池的工作原理用图3-13来说明。当阳光透过玻璃照射到电池上时，大量光子被钙钛矿层吸收，产生电子-空穴对。在钙钛矿型材料中，电子-空穴对的束缚能很小（约为0.03eV），在室温下就能分离成为电子和空穴，并且它们的有效质量很小，迁移率比较大，有较长的扩散长度（100~1000nm），这些因素使钙钛矿电池能有很高的效率。

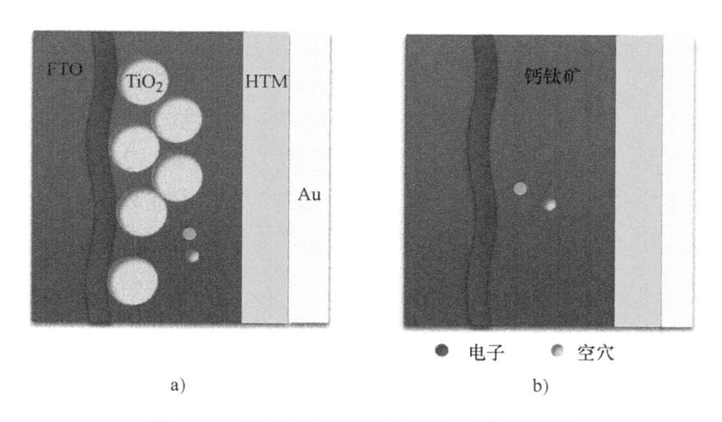

图3-13 钙钛矿太阳能电池的工作原理图

电子和空穴被异质结分离后，电子通过TiO_2层被FTO收集，而空穴通过空穴传输层后被金属电极收集。电子在FTO端积累，形成负极；空穴在金属电极积累，形成正极，用导线连接FTO和金属电极就能产生光电流。

3.6.3 钙钛矿太阳能电池的发展

钙钛矿（Perovskite）的化学成分是钛酸钙（$CaTO_3$），其晶体结构是ABO_3型三元化合物的典型结构，属于立方晶系，每个晶胞中含有一个 $CaTiO_3$分子。离子半径比较大的阳离子Ca^{2+}位于立方晶胞的8个角顶上，Ti^{4+}阳离子在晶胞中心，6个O^{2-}阴离子处在晶胞的面中心。研究表明，当这些位置的离子被其他不同的离子代替时，这种钙钛矿结构型晶体的电导率可在很大范围内变化，可以是绝缘体、半导体甚至超导体。用来制造太阳能电池的钙钛矿型卤化物就是半导体。

有机-无机杂化钙钛矿太阳能电池自从2009年被发现以来，效率突飞猛进，其发展之迅猛可谓前所未见。目前，钙钛矿太阳能电池（PSSC）的商业化仍然要求电池拥有高效率和良好的长期环境稳定性。进一步发展性能更好的钙钛矿太阳能电池的关键仍然是空穴传输材料与钙钛矿间的能级匹配问题。目前实验室高效率钙钛矿太阳能电池所用的空穴传输材料主要是spiro-OMeTAD和PTAA，发展一种新的能级适配的空穴传输材料对于突破钙钛矿太阳能电池的最高效率至关重要。韩国化学技术研究所（KRICT）的Jaemin Lee教授等人发展了一种命名为DM的氟端空穴传输材料，并且制备出了效率突破至23.2%的高效稳定钙钛矿太阳能电池。

钙钛矿电池的理论光电转换效率可与单晶硅太阳能电池的转换效率相近，比相同参数的GaAs太阳能电池的光电转换效率要高得多。提高电池的效率和稳定性，寻找低成本高性能的光吸收层、空穴传输层，进一步简化电池结构、改进封装工艺，实现大面积电池的制备是未来的主要研究内容。此外，材料的无铅化和柔性钙钛矿太阳能电池将成为未来的热点研究方向之一。

根据高被引文献分析，在钙钛矿太阳能电池领域，研究重点集中在材料体系、器件结构、薄膜制备方法以及光电机理等方面，其中彻底弄清钙钛矿型太阳能电池的光电转换机理对于指导下一步的研发至关重要。近年来的进展包括通过采用SnO_2作为电子传输材料获得具有高结晶质量的电子传输层，以及通过采用新型梯度异质结结构来提高钙钛矿电池的光伏性能；在钙钛矿激光发射应用领域中，包括组成和结构对钙钛矿光电性能的影响（例如3D、低维多层、不同相态、纳米结构和化学组成等）、器件构建、材料和器件在运行过程中的稳定性、无铅材料的开发在内的一系列问题受到关注。从各年度国际专利申请和公开的数量来看，钙钛矿光电技术从20世纪末才逐渐发展起来，2010年后才逐渐成为热点，进入快速上升期，目前正处于技术成长期。从公开专利的区域分布看，中国和美国是钙钛矿光电技术研究成效和潜力最被看好的地区。日本、韩国、澳大利亚、加拿大等是钙钛矿光电技术发展的热点地区。

钙钛矿太阳能电池可以进行低温处理，使它在需要解决可拉伸问题的下一代低成本光伏工艺中，具有很大的竞争优势。同时，可低温加工性也使钙钛矿太阳能电池与柔性可穿戴电子设备兼容。低温可加工的电子传输层，最近在材料种类和性能方面都取得了很大的进步。但是，目前这些电子传输层还无法与高温处理的TiO_2电子传输层相比。因此，未来的研究中，如何平衡低温制备与维持器件高性能仍然是一个重要关注点。尽管如此，低温加工的电子传输层材料也是传统的TiO_2的重要替代品，在未来，科研人员将研究与开发更多种类的可低温处理的电子传输层材料，以降低成本和简化高效钙钛矿太阳能电池的制造过程。

3.7 量子点太阳能电池

量子点是指三维方向都在数十纳米的微小粒子，所以也可以认为是准零维粒子，金属、半导体和陶瓷材料都可以制成量子点。量子点太阳能电池（Quantum Dot Solar Cell,

DOSC）是指采用半导体量子点制作的太阳能电池。量子点由于尺寸很小，其内部和表面的原子结构都有很大不同，因此其电、光、磁等性能也会发生很大变化，这些变化可归纳为量子表面效应、量子限域效应、量子尺寸效应、量子隧道效应等。而这些效应会对量子点太阳能电池产生重大影响，一些理论研究表明量子点太阳能电池的理论效率可以达到66%左右。目前研究的量子点太阳能电池有以下几种：

（1）肖特基量子点太阳能电池　这种电池是将量子点半导体材料沉积在适当的金属上，然后，在上表面（受光面）制作ITO等透明电极而构成，因此具有ITO/量子点材料/金属的结构。这种量子点太阳能电池的优点是结构简单、易于制备、成本较低；其缺点是依靠金属与半导体之间的肖特基势垒工作，开路电压不可能很高，金属/半导体界面上载流子的界面上载流子的复合损失也很大，因此效率不可能很高。

（2）异质结量子点太阳能电池　这种电池是采用p型和n型量子点材料形成异质结的方法制成，又可细分为许多不同种类，如耗尽层异质结量子点太阳能电池、体相异质结量子点太阳能电池等，研究领域很广。

（3）量子点敏化太阳能电池　量子点敏化太阳能电池的工作原理和主要结构都与染料敏化太阳能电池相似，目前这种电池大多采用窄禁带半导体量子点作为光敏化剂来敏化宽禁带半导体光阳极材料。今后，采用钙钛矿型量子点材料可能获得更高的效率。

量子点太阳能电池虽然在理论上认为可以有很高的效率，但是目前的实验研究得到的效率仍然很低，尚未达到实用水平。

3.8 高效聚光太阳能电池

聚光太阳能电池是利用反射镜、凸透镜等聚光系统将阳光聚集在太阳能电池表面，加大辐照度，从而使其输出功率增加的太阳能电池。聚光太阳能电池的优点是以聚光器面积代替了部分太阳能电池的面积，从而减少了太阳能电池的使用量，减少了半导体材料的消耗。但是，聚光太阳能电池必须配合日光跟随器才能工作，限制了它的应用。

若将标准辐照度1000W/m^{2}称为1个太阳（1sun）的辐照度，则它的10倍就称为10个太阳（10sun）的强度，100倍称为100个太阳（100sun）的强度，目前最高的聚光强度已经可以达到1000个（1000sun）太阳辐照度以上。通常把聚光得到的辐照度与标准辐照度的比称为能量聚光比，并把能量聚光比在10以下的称为低倍聚光，能量聚光比在10~100的称为中倍聚光，能量聚光比在100以上的称为高倍聚光。

聚光太阳能电池主要由太阳能电池、聚光系统、散热器和日光跟随器等部件构成。通常的聚光太阳能电池由数个聚光太阳能电池单元构成一个组件，再由数个组件组成一个方阵，然后将方阵安装在日光跟随器上运行。图3-14所示为某太阳能公司制造的高倍聚光太阳能电池方阵。

图3-14　某太阳能公司制造的高倍聚光太阳能电池方阵

3.9 化合物太阳能电池产业的问题

近年来，我国光伏产业发展迅速，太阳能作为一种可再生资源受到越来越多的关注。虽然硅太阳能电池占据了光伏组件约90%的市场份额，但钙钛矿、碲化镉薄膜太阳能电池发展迅速，且转换效率不断提升，相对硅太阳能电池成本又低，发展前景广阔。专家认为，在光电转换效率方面，与单晶硅25%、多晶硅20%的转化率相比，碲化镉、钙钛矿薄膜太阳能电池分别达到17%和21%，差距在逐步缩小。另外，薄膜太阳能电池在成本、厚度方面优势明显，钙钛矿薄膜太阳能电池的成本较晶硅材料低25%左右；碲化镉、钙钛矿薄膜太阳能电池的厚度分别为3~5μm和0.6μm，而晶硅材料至少为100μm。其中，钙钛矿太阳能电池被视为最有希望取代传统化石能源的新能源电池之一，因制备方法简单、材料易于获取、能耗低等优势，成为国内外太阳能电池研究的热门领域。

钙钛矿、碲化镉薄膜太阳能电池的转换效率不断提升，具有制备成本低、轻薄等优势，发展前景广阔。但稳定性差、大面积制备难等瓶颈阻碍了其大规模产业化。一些专家和学者建议，应加大基础研究，瞄准柔性电池强化研发，打破国外技术垄断，推动薄膜太阳能电池实现产业化，促进我国光伏产业升级换代。

但目前我国的太阳能电池产业化遭遇了发展瓶颈。虽然国内关于碲化镉、钙钛矿薄膜太阳能电池的研究成果不少，但大多停留在实验室和论文里，产业化应用还不够。专家和学者认为，目前我国在碲化镉、钙钛矿薄膜太阳能电池领域还存在诸多短板。碲化镉薄膜太阳能电池经过半个多世纪的发展，技术相对成熟，目前90%的市场由美国薄膜电池制造商FirstSolar垄断，而钙钛矿太阳能电池还停留在实验室里，还需在基础研究方面不断寻求突破。

稳定性对于薄膜太阳能电池而言至关重要，这也是钙钛矿薄膜太阳能电池产业化的一大制约因素。太阳能电池的使用寿命一般在20年左右，而钙钛矿薄膜太阳能电池的稳定性从几个小时提高到现在的5个多月，还远远不能满足现实需求。此外，大面积制备也是当前薄膜太阳能电池发展的一大制约因素。从基础研究到量产、从实验室到中试线是一个复杂的过程，目前研发的钙钛矿太阳能电池面积多为1cm^{2}及以下，研发大面积高效率组件面临很多技术挑战，也是其走出实验室迈向规模化生产的主要障碍。

因此，柔性太阳能电池的开发至关重要。钙钛矿、碲化镉薄膜太阳能电池具有良好的发展前景，应进一步加大在基础研究方面的投入，走差异化发展路子，把重点放在柔性太阳能电池，并加强院企合作，加速试验成果走出实验室。一是加大基础研究投入。我国钙钛矿、碲化镉薄膜太阳能电池研究已取得不小进步，但在各自领域仍存在瓶颈。在注重发展速度的同时，各个研发机构需重视基础研究，并在加大基础研究投入的同时注重人才队伍建设，为后续研发取得突破积蓄力量、储备人才。二是瞄准柔性太阳能电池持续发力。郑世昭认为，短时间内晶硅材料的市场主导地位难以撼动，钙钛矿、碲化镉薄膜太阳能电池应充分发挥自身轻薄的优势，瞄准柔性太阳能电池加强研发。三是加强院企合作，加速科研成果产业化。业内人士认为，大面积制备一直是薄膜太阳能电池产业化的一大瓶颈，由于研发投入大，仅靠科研院所难以实施。国家相关部门应鼓励企业参与进来、共同推进，加速科研成果从实验室走向生产车间，推出适应市场需求的产品。

习 题

3-1 举例说明化合物太阳能电池的分类。

3-2 简述砷化镓太阳能电池的结构和特点。

3-3 简述碲化镉太阳能电池的结构和特点。

3-4 简述铜铟镓硒薄膜太阳能电池的结构和特点。

3-5 简述染料敏化太阳能电池的结构和特点。

3-6 简述钙钛矿太阳能电池的结构和特点。

3-7 简述化合物太阳能电池的效率和行业发展趋势。

第4章

太阳能光热转换和热储存技术

4.1　太阳热辐射传热过程

4.1.1　热辐射规律

太阳辐射是以电磁波传递能量的现象。由于热运动的原因而产生的电磁波辐射称为热辐射（Thermal Radiation）。热辐射的电磁波是物体内部微观粒子的热运动状态改变时激发出来的。只要物体温度高于热力学温度零度（0K），物体就会不断地把热能变为辐射能，向外发出热辐射。

自然界中各个物体都不停地向空间发出热辐射，同时亦不断地吸收其他物体发出的热辐射。辐射传热就是指物体之间相互辐射与吸收的总效果。当物体与周围环境处于热平衡时，其净辐射传热量等于零，但这是处于动态平衡中，辐射与吸收的过程仍在不停地进行。

热辐射区别于导热、对流的两个特点：①热辐射可以在真空中传递，而且在真空中传递效率最高；②在辐射与吸收过程中伴随着能量形式的转变，即辐射时从热能转换为辐射能，吸收时又从辐射能转换为热能。

热辐射一般遵从4个重要规律：基尔霍夫辐射定律、普朗克辐射分布定律、斯特藩-玻尔兹曼定律、维恩位移定律。这4个定律统称为热辐射基本定律。

4.1.2　热辐射特性

1. 传播速度

在真空中，热辐射的传播速度与光速相同（光速 C_0=2.998×10^8m/s），而在介质中的传播速度 C 小于 C_0。为描述在介质中热辐射的传播特性，由频率 ν、波长 λ 及在介质中的光速 C，可知它们之间的关系为

$$C = \lambda\nu \tag{4-1}$$

2. 吸收、反射和透射

当热辐射的能量投射到一个物体表面上时，与可见光一样，也会产生吸收、反射和透

射现象。设物体所吸收、反射和透过的辐射在投射辐射中所占的份额分别为α、ρ和τ，则根据能量守恒定律，有

$$\alpha + \rho + \tau = 1 \tag{4-2}$$

式中，α、ρ、τ分别称为该物体对投入辐射的吸收比、反射比和透射比。

当辐射能进入固体或液体表面后，在一个极短的距离内就被吸收完了。对于金属导体，这一距离只有1μm的数量级；对于大多数非导电体材料，这一距离亦小于1mm。实际中工程材料的厚度一般都大于此数值，故可认为固体和液体不允许热辐射穿透，即$\tau = 0$，此时则有

$$\alpha + \rho = 1 \tag{4-3}$$

因而，就固体和液体而言，吸收能力大的物体其反射能力就小。反之，吸收能力小的物体其反射能力就大。

当辐射能投射到气体上时，此时与投射到固体和液体上不同。气体对辐射能几乎没有反射能力，可以认为反射比$\rho = 0$，则有

$$\alpha + \tau = 1 \tag{4-4}$$

显然，吸收能力大的气体，其透射能力就小。

综上所述，固体和液体对投入辐射所呈现的吸收和反射特性都是在物体表面上进行的，而不涉及物体内部，因而物体表面的状况对这些辐射特性的影响是至关重要的。对气体而言，表面状况则无关紧要，因为辐射和吸收是在整个气体容积中进行的。

3. 物体表面的反射

辐射能投射到物体表面后的反射现象和可见光一样，有以下4种不同的类型，如图4-1a~d所示。

（1）镜反射　物体表面非常平整光洁，当表面的不平整尺寸小于投入辐射的波长时，形成镜面反射，此时反射角等于入射角，如图4-1a所示。

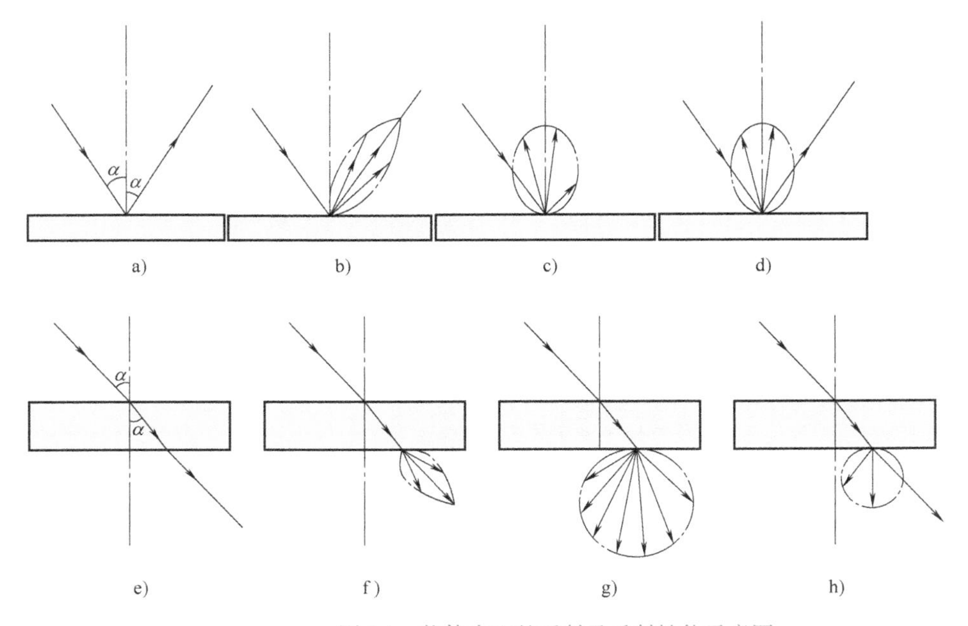

图4-1　物体表面的反射及透射性能示意图

（2）镜-漫反射　当物体表面以镜反射为主，但围绕镜反射的还有部分漫反射时，称为镜-漫反射，如图4-1b所示。

（3）漫反射　物体表面非常均匀，当表面的不平整尺寸大于投入辐射的波长时，形成漫反射，如图4-1c所示。

（4）混合型反射　物体表面既有漫反射，又有镜反射时，称为混合型反射，如图4-1d所示。

跟反射的情况相类似，物体表面对辐射的透射也有4种不同的类型，它们分别是镜透射、镜-漫透射、漫透射和混合型透射，分别如图4-1e~h所示。

4.1.3　黑体辐射规律

1. 黑体的概念

不同物体的吸收比α、反射比ρ和透射比τ因具体条件不同而千差万别，这给热辐射的研究带来很大的困难。因而，人们从理想物体入手进行研究，把吸收比$\alpha = 1$的物体叫作绝对黑体（简称黑体）；把反射比$\rho = 1$的物体叫作镜体（当为漫反射时称作绝对白体）；把透射比$\tau = 1$的物体叫作绝对透明体（简称透明体）。

作为一个理想的辐射吸收体，黑体能全部吸收投射在其上的辐射，且它的这种吸收能力对所有波长及投射方向的辐射都相同。黑体可作为标准体来衡量实际物体对辐射的吸收能力，其所发射的辐射能最大，所以它也是衡量实际物体辐射能力大小的标准体。

自然界中并不存在真正的黑体。炭黑、铂黑、金黑等物质对某些波段辐射的吸收能力接近于黑体。黑体的名称来自一个对可见光具有强烈吸收能力的物体给人的视觉效果是呈黑色的。但是，人眼几乎无法探测热辐射中主要波段（>0.8μm）的辐射。例如，白漆是室温下发出远红外辐射非常好的吸收体，即白漆对远红外辐射的吸收能力十分接近于黑体。

设有一个温度均匀一致的腔体，并设腔壁是黑体。如将一个黑体放入腔内，则经过一段时间后，腔体和黑体将达到某一平衡温度。由于黑体能将来自腔壁的辐射能全部吸收，因此，为保持热平衡，它发出的辐射能也必将最大。若腔体内放一个吸收能力比黑体弱的一般物体，经过一段时间后，同样会达到平衡状态。但这个物体不可能全部吸收来自腔壁的辐射，为保持热平衡，它所发射的辐射能也必将小于黑体。由于周围特性对黑体的发射不产生影响，故黑体发射辐射能的特性只是温度的函数。

2. 黑体热辐射的基本定律

黑体在热辐射分析中有其特殊的重要性，在相同温度的物体中，黑体的辐射能力最大。关于黑体热辐射有3个基本定律，它们分别从不同的角度揭示了在一定的温度下，单位表面黑体辐射能的多少及其随空间方向与随波长分布的规律。

（1）普朗克定律　普朗克定律建立了黑体的光谱辐射力与热力学温度T和波长λ之间的函数关系，其数学表示式为

$$e_{\lambda,\ \mathrm{b}}(\lambda,\ T) = \frac{C_1\lambda^{-4}}{\exp\left(\frac{C_2}{\lambda T}\right) - 1} \tag{4-5}$$

（2）斯特藩-玻尔兹曼定律　若对式（4-5）在波长λ为0~∞的范围内积分，有

$$e_{\mathrm{b}}(T) = \int_0^{\infty} \frac{C_1\lambda^{-4}}{\exp\left(\frac{C_2}{\lambda T}\right) - 1}\mathrm{d}\lambda = \sigma T^4 \tag{4-6}$$

式中，$e_b(T)$ 为温度为T时单位面积黑体的辐射功率（W/m²）；σ为斯特藩-玻尔兹曼常数，其数值为

$$\sigma = \frac{C_1}{C_2} \cdot \frac{\pi^4}{15} = 5.67 \times 10^{-8} \mathrm{W/(m^2 \cdot K^4)} \tag{4-7}$$

式（4-6）即为斯特藩-玻尔兹曼定律，它表明单位面积黑体在所有方向及全部波长范围内发射的辐射能与热力学温度的4次方成比例。

（3）维恩位移定律　维恩位移定律给出了黑体的单色辐射密度为最大值时的波长λ_m与温度T的函数关系，此关系式可由求$e_{\lambda,b}$（λ，T）对（λT）的一阶导数并使之为零得到。其表达式为

$$\lambda_m T = 2897.8 \mu\mathrm{m} \cdot \mathrm{K} \tag{4-8}$$

维恩位移定律说明了一个物体越热，其辐射谱的波长越短（或者说其辐射谱的频率越高）。若认为太阳表面是6000K的黑体，由式（4-8）可知，波长为$\lambda_m = 0.48\mu m$时太阳表面的单色辐射密度最大。

3. 物体表面间的辐射换热

（1）辐射强度　由物体表面发出的辐射是向所有方向传播的；同样，投射在物体表面的辐射也来自所有方向。为研究物体表面间的辐射换热，首先要了解离开物体表面的辐射及投射在物体表面的辐射在空间随方向的变化情况。为此，引入辐照度的概念。

在图4-2中，设dA_1是所论的面元，n为其法线，所论方向与法线方向之间的夹角为θ，其方位角为φ。$d\omega$是围绕所论方向的一个立体角，$d\omega$中包含的辐射都通过与所论方向相垂直的面元dA_n。设单位时间内由面元dA_1发出的包含在$d\omega$内的辐射流为d^2q，则面元dA_1在所论方向的辐照度I定义为

$$I = \frac{d^2 q}{dA_1 \cos\theta d\omega} \tag{4-9}$$

所以，辐照度I是物体表面在与所论方向相垂直的平面上的单位投影面积、单位立体角内的辐射流。

虽然辐照度的定义式（4-9）是基于由表面dA_1所发出的辐射流得到的，但它同样适用于投射辐射。因此，如果已知dA_1上的投射辐射在θ方向上的辐照度为I，则式（4-9）中的d^2q就是dA_1所接收的包含在$d\omega$中的投射辐射流。下面，仅讨论辐射和反射性能都是朗伯表面（如果物体表面的辐照度在所有方向都相同，即I为常数，这种表面称为朗伯表面）的物体间的辐射换热，并且对热辐射来说，物体间的介质都是透明的。

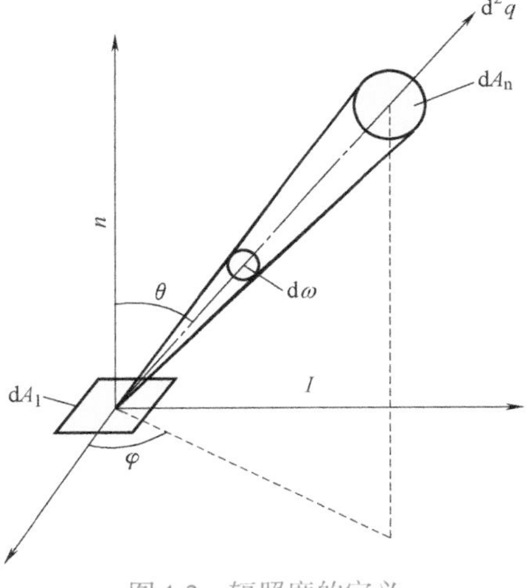

图4-2　辐照度的定义

（2）角系数　物体之间的辐射换热不仅与其热辐射性质（发射率、吸收比、反射比等）和温度有关，还与其几何形状及其在空间的相关位置有关。

物体本身的几何形状及其相对位置对辐射换热的影响，可用角系数来表示。表面1对表面2的角系数F_{1-2}，是指来自表面1的投射在表面2上的辐射流与离开表面1的全部辐射流的比例。

角系数有下述几个重要性质：

1）互换关系，即

$$A_iF_{i-j}=A_jF_{j-i} \tag{4-10}$$

式中，A_i和A_j分别为表面i和表面j的面积。

2）对于由N块表面组成的封闭腔，根据能量守恒定律有

$$\sum_{j=1}^{N}F_{i-j}=1 \tag{4-11}$$

3）对于平面和凸面，有

$$F_{i-i}=0 \tag{4-12}$$

4）对于凹面，有

$$F_{i-i}\neq 0 \tag{4-13}$$

计算形状复杂的物体间的角系数相当麻烦。读者若想了解常用的角系数计算方法，可查阅有关的专著和手册。

（3）本身辐射、投射辐射和有效辐射　本身辐射是指物体自身发出的辐射。设想一个观察者位于物体内部，则可以“看到”本身辐射是穿过物体表面而向外的辐射。由物体单位表面积发出的辐射功率，定义为本身辐射密度，用e表示，其数值跟物体的发射率和温度有关。根据发射率的定义及斯特藩-玻尔兹曼定律，可知本身辐射密度e为

$$e=\varepsilon e_{\mathrm{b}}=\varepsilon\sigma T^4 \tag{4-14}$$

投射辐射是指由外界投射在物体表面的辐射。物体单位表面积所接受的投射辐射流，称为投射辐射密度，用G表示。

有效辐射是指物体的本身辐射与物体对投射辐射的反射辐射的总和。显然，有效辐射是位于外界的观察者所“看到”的离开物体表面的全部辐射。物体单位表面积的有效辐射，称为有效辐射密度，用J表示。根据定义，有

$$J=e+\rho G=\varepsilon\sigma T^4+\rho G \tag{4-15}$$

（4）两块平板之间的辐射换热　设有两块靠得很近的平行放置的平板，不仅都是灰体，而且都是朗伯表面，如图4-3所示。

计算这两块平板之间的辐射换热，可用射线跟踪法，也可用差额法（或称为净流法）。现采用差额法来讨论。

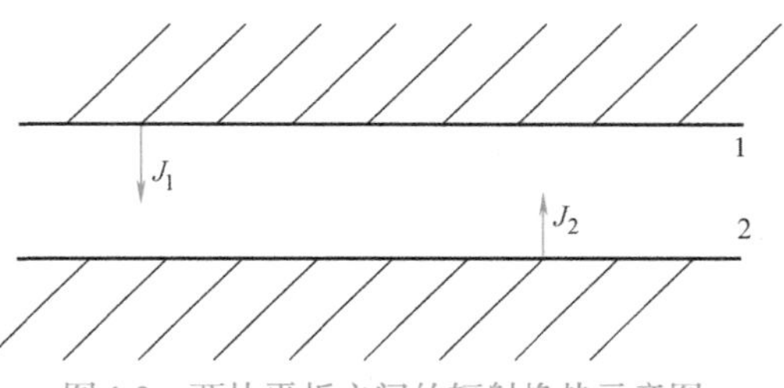

图4-3　两块平板之间的辐射换热示意图

在图4-3中，J_1和J_2分别为从表面1和表面2离开的有效辐射密度，并可表示为

$$J_1=\varepsilon e_{\mathrm{b1}}+\rho_1G_1 \tag{4-16}$$

$$J_2=\varepsilon e_{\mathrm{b2}}+\rho_2G_2 \tag{4-17}$$

式中，e_{b1}为与表面1同温度的黑体的辐射密度；e_{b2}为与表面2同温度的黑体的辐射密度；G_1、G_2分别为表面1和表面2的投射辐射密度；ρ_1、ρ_2分别为表面1和表面2的反射比。

由于两块平板的面积很大，而且靠得很近，故角系数可以认为是1，即离开一块平板表面的辐射流将全部投射在另一块平板表面上。所以有

$$J_1=G_2 \tag{4-18}$$

$$J_2=G_1 \tag{4-19}$$

利用式（4-18）和式（4-19）对式（4-16）和式（4-17）求解，可得

$$J_1 = \frac{\varepsilon_1 e_{b1} + \rho_1 \varepsilon_2 e_{b2}}{1 - \rho_1 \rho_2} \tag{4-20}$$

$$J_2 = \frac{\varepsilon_2 e_{b2} + \rho_2 \varepsilon_2 e_{b1}}{1 - \rho_1 \rho_2} \tag{4-21}$$

对于不能透过热辐射的物体，$\rho_1 = 1 - \alpha_1$，$\rho_2 = 1 - \alpha_2$；又因为假定两块平板都是灰体，故$\alpha_1 = \varepsilon_1$，$\alpha_2 = \varepsilon_2$。将这些关系式代入式（4-20）和式（4-21），可得

$$J_1 = \frac{\varepsilon_1 e_{b1} + \varepsilon_2 e_{b2} - \varepsilon_1 \varepsilon_2 e_{b2}}{\varepsilon_1 + \varepsilon_2 - \varepsilon_1 \varepsilon_2} \tag{4-22}$$

$$J_2 = \frac{\varepsilon_2 e_{b2} + \varepsilon_1 e_{b1} - \varepsilon_1 \varepsilon_2 e_{b1}}{\varepsilon_1 + \varepsilon_2 - \varepsilon_1 \varepsilon_2} \tag{4-23}$$

物体的净辐射换热密度q_{net}是有效辐射密度与投射辐射密度之差，即

$$q_{net} = J - G \tag{4-24}$$

显然，平板表面1的净辐射换热密度$q_{net,1}$为

$$q_{net,1} = J_1 - G_1 \tag{4-25}$$

根据式（4-19），由于$J_2 = G_1$，所以有

$$q_{net,1} = J_1 - J_2 \tag{4-26}$$

将式（4-22）和式（4-23）代入式（4-26），可得

$$q_{net,1} = \frac{\varepsilon_1 \varepsilon_2 e_{b1} - \varepsilon_1 \varepsilon_2 e_{b2}}{\varepsilon_1 + \varepsilon_2 - \varepsilon_1 \varepsilon_2} = \frac{e_{b1} - e_{b2}}{\dfrac{1}{\varepsilon_1} + \dfrac{1}{\varepsilon_2} - 1} \tag{4-27}$$

对于两块平板之间的辐射换热，平板表面1和平板表面2的净辐射换热密度的绝对值应该是相同的。所以，平板表面2的净辐射换热密度$q_{net,2}$应为

$$q_{net,2} = -q_{net,1} \tag{4-28}$$

若每块平板的面积为A，其温度分别为T_1和T_2，则它们之间总的净辐射换热量为

$$Q_{net,1} = -Q_{net,2} = \frac{A\sigma(T_1^4 - T_2^4)}{\dfrac{1}{\varepsilon_1} + \dfrac{1}{\varepsilon_2} - 1} = \varepsilon_n A\sigma(T_1^4 - T_2^4) \tag{4-29}$$

式中，ε_n为所论辐射换热系统的有效发射率：

$$\varepsilon_n = \frac{1}{\dfrac{1}{\varepsilon_1} + \dfrac{1}{\varepsilon_2} - 1} \tag{4-30}$$

由式（4-29）可知，辐射换热量与温差之间的关系不是线性的。如果平板温度不是很高，且温差也比较小，则可将式（4-29）线性化。这样就与导热热阻及对流热阻一样，可以建立辐射热阻的概念。又因

$$T_1^4 - T_2^4 = (T_1^2 - T_2^2)(T_1^2 + T_2^2) = (T_1 - T_2)(T_1 + T_2)(T_1^2 + T_2^2)$$

式（4-29）可改写成

$$Q_{net,1} = \frac{T_1 - T_2}{R_t} \tag{4-31}$$

式中，R_t称为辐射热阻，其表达式为

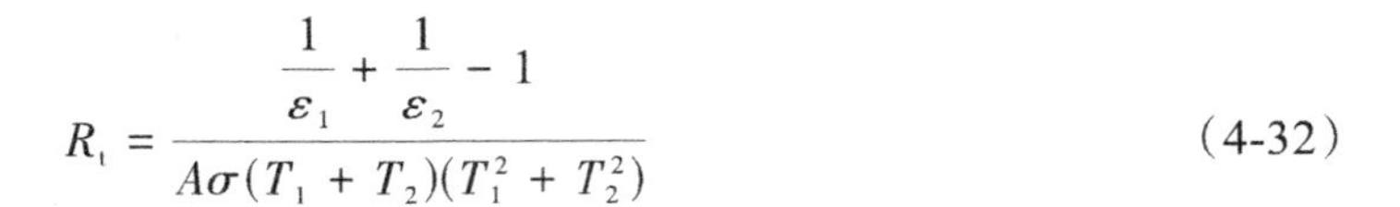

$$R_t = \frac{\dfrac{1}{\varepsilon_1} + \dfrac{1}{\varepsilon_2} - 1}{A\sigma(T_1 + T_2)(T_1^2 + T_2^2)} \tag{4-32}$$

4.2 太阳能集热器表面涂层材料的发展

太阳能集热器是吸收太阳辐射并将产生的热能传递到传热工质的装置。平板式太阳能集热器主要由吸热体（或吸热板）和透明盖层（或透明盖板）两部分组成。吸热体的功能是吸收太阳辐射能，将其转换成热能，并传递给传热工质；透明盖层的功能是透过太阳辐射，使其投射在吸热体上，并阻止吸热体在温度升高后向周围环境散热。太阳能集热器是大多数太阳能热利用系统的最主要部件，提高其热效率是太阳能热利用研究的主要内容之一。

提高太阳能集热器热效率需要提高吸热体的吸收能力，减低吸热体对周围环境的散热损失，提高透明盖层对太阳辐射能的透过能力，以及尽量减少通过透明盖层阻止吸热体对周围环境的散热量。

给太阳能集热器表面增加涂层材料是太阳能热利用革命性的进步。涂层主要有光谱选择性吸收涂层、光谱选择性透过涂层和减反射涂层。

4.2.1 光谱选择性吸收涂层

1. 光谱选择性吸收涂层对传热的影响

光谱选择性吸收涂层是应用在吸热体上的，它是利用太阳辐射的波长范围（主要集中在0.3~2.5μm）与热辐射的波长范围（主要集中在2.5~30μm）不相同这一特性，可以在增强吸热体对太阳辐射吸收的同时，减少吸热体向环境的热辐射损失。由于光谱选择性吸收涂层一般呈黑色或暗色，并加涂在光亮的金属吸热体表面上，所以有时将光谱选择性吸收涂层与金属面的组合称为暗镜。

光谱选择性吸收表面的工作原理可以根据基尔霍夫辐射定律说明。在给定温度T时，实际物体的单色发射率与物体在同一温度下对同波长辐射的吸收率（吸收比）相等；而且，所有表面的单色吸收率α_λ与单色发射率ε_λ之比是相同的，即

$$\alpha_{\lambda,\ T} = \varepsilon_{\lambda,\ T} \tag{4-33}$$

如果物体的温度不同，即使在相同的波长下，它的吸收比也不等于发射比，即

$$\alpha_{\lambda,\ T_1} \neq \varepsilon_{\lambda,\ T_2},\ T_1 \neq T_2 \tag{4-34}$$

同理，温度相同时，对不同的波长，物体的吸收比与发射比也不相等，即

$$\alpha_{\lambda_1,\ T} \neq \varepsilon_{\lambda_2,\ T},\ \lambda_1 \neq \lambda_2 \tag{4-35}$$

式（4-34）给出的就是光谱选择性吸收表面的工作原理。太阳辐射可以近似地看作6000K的黑体辐射，发射辐射的主要波长范围为0.3~3.0μm，一般情况下，实际物体在本身温度下发射的辐射主要集中在5~50μm。当一个表面对0.3~3.0μm波长范围是高吸收，而对5~50μm波长范围是低吸收，就是选择性吸收表面。

虽然几乎所有物体的表面都具有一定的光谱选择性辐射特性，但一般来说，为得到适合太阳能集热器吸热体使用的选择性吸收表面，需利用专门的方法制备。

2. 光谱选择性涂层的吸收表面类型

主要有3种类型：吸收-反射组合型、反射-吸收组合型、干涉滤波型。实际应用中采用前两种类型，尤其第一种类型的最多。

（1）吸收-反射组合型　研究表明，光洁的纯金属表面的发射率都很低，如果在这种金属表面上涂上一层吸收太阳辐射能力很强，而对长波热辐射透射比又很高的涂层，则这种涂层与金属表面的组合就是吸收-反射组合型光谱选择性吸收表面。所谓吸收是指附加在金属表面上的涂层能强烈地吸收太阳辐射，所谓反射是指基体的金属表面对长波热辐射有很强的反射能力，因而它的发射率很低。吸收-反射组合型光谱选择性吸收表面的结构示意图如图4-4所示。

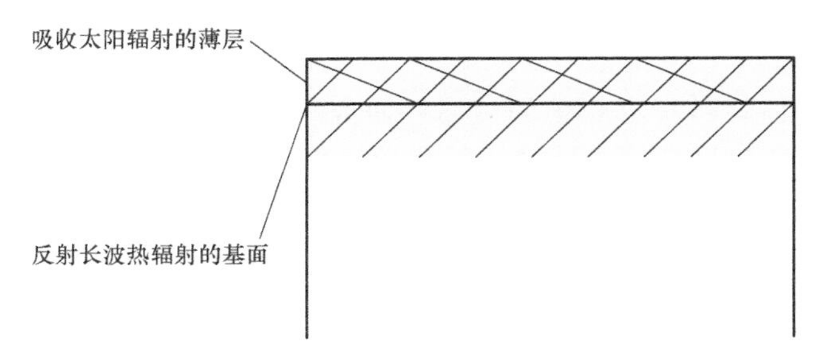

图4-4　吸收-反射组合型光谱选择性吸收表面的结构示意图

虽然原则上，几乎所有的金属都可作为基体表面，但目前用得较多的有镍、铜、铝等几种金属。可以利用半导体材料作为能吸收太阳辐射而使长波热辐射透过的涂层，并有以下两种实现的方案。

1）纯半导体方案。硅和锗都是典型的纯半导体材料。这些纯半导体材料能吸收太阳辐射中能量大于其禁带宽度的光子，同时可以透过能量较低（即波长较长）的辐射。硅和锗的禁带宽度分别为1.11eV（约1.2μm）和0.67eV（约1.9μm）。将这些纯半导体和金属基面组合在一起，就可得到光谱选择性吸收表面。该方案的缺点是，这些材料对太阳辐射的反射仍较大，达0.30~0.40，因此，还需在涂层顶面加涂一层减反射涂层。由于这种组合方式比较昂贵，通常在太阳能热利用中并不使用。不过，在太阳能光电转换中，这种带有减反射涂层的硅材料仍被广泛使用。

2）金属氧化物或硫化物。厚度为0.2~2μm的薄层金属氧化物或硫化物，具有很高的太阳辐射吸收比和长波辐射透射比。例如，对镀镍的钢材料进行特殊表面处理，可以得到一种选择性涂层（黑镍），它是镍-锌-硫的复合物，具有很高的太阳能吸收比。由于这种涂层对长波热辐射的透过率很高，而镍作为基体，故是良好的长波热辐射反射体，且具有低的发射率。采用其他材料，也可得到类似的选择性辐射性质。例如，基面为铜，薄层为氧化铜（黑铜）；基面为镍，薄层为氧化铬（黑铬）等。

（2）反射-吸收组合型　有些材料对于长波热辐射具有像金属那样很高的反射能力。如果将这种材料制成极薄（0.2~1μm）的涂层，则又能很好地透过太阳辐射。具有这种特殊性能的薄层通常称为热镜（意即对长波热辐射来说，它像镜子一样，有很高的反射比）。将热镜和黑色的基面组合在一起，就得到了反射-吸收组合型光谱选择性吸收表面。这种组合型表面的工作原理正好与吸收-反射组合型表面相反，太阳辐射首先透过热镜，然后再被黑色基面吸收。黑色基面的长波热辐射虽然很强，但是热镜将它反射回到黑色基面。因此，若将热镜和黑色基面看作一个系统，则该系统的发射率很低。在这种方案中，黑色基面本身并没有选择性性质，不论对太阳辐射还是对长波热辐射，其吸收比都很高。

反射-吸收组合型光谱选择性吸收表面的结构示意图如图4-5所示。

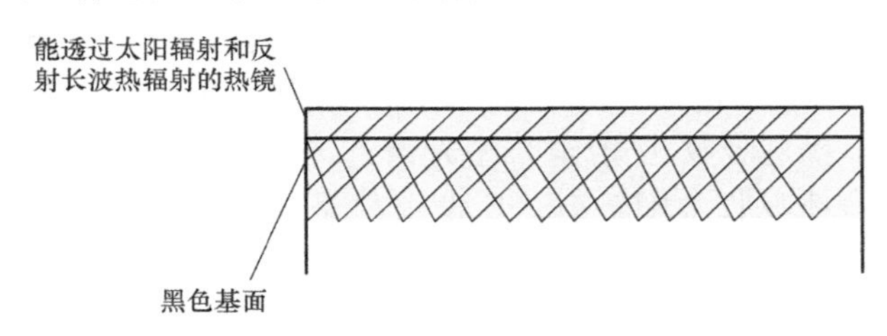

图4-5　反射-吸收组合型光谱选择性吸收表面的结构示意图

某些高掺杂半导体材料具有热镜的性质，研究得最多的是氧化锡和氧化铟。这些材料中的大量自由电子是通过掺杂氟等外原子得到的。事实上这种材料的性质和金属颇为接近，因而有时将掺杂氧化锡称为半金属。然而它与金属的差别是：氧化锡的反射比在1~5μm波长范围内急剧下降，而金属的反射比只是在波长小于0.4μm时才大幅度降低。

（3）干涉滤波型　干涉滤波型表面的光谱选择性吸收，是光线通过半透明层和反射层之间的介电层而实现的。通常，这种类型的光谱选择性吸收表面都具有多层干涉堆，如图4-6所示。

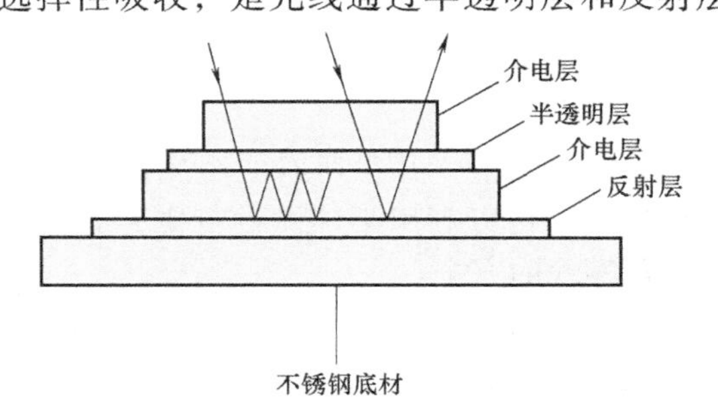

图4-6　干涉滤波型光谱选择性吸收表面的结构示意图

图4-6中的多层干涉堆是由4层组成，从上至下依次为介电层、半透明层、介电层和反射层。在多层干涉堆中，有两个1/4波长的介电层被一层薄的半透明层隔开。此处，作为有效吸收体的介电层本身不必具有本征的吸收性质，而涂层对太阳辐射的吸收是因干涉光之间相抵消而造成的。干涉滤波型光谱选择性吸收涂层具有较高的太阳吸收比和较低的红外发射率，且在高温条件下是相当稳定的，所以一般用于太阳能中、高温利用。

3. 制备方法

根据制备工艺的不同，选择性吸收涂层的制备方法主要有真空沉积法、喷涂法、化学转换与电化学沉积法、涂刷工艺、化学蒸发沉积法、等离子喷涂法、熔烧法等。这里将简要介绍平板集热器及真空管集热器的集热部件吸收涂层工艺的制备方法。

平板集热器集热板涂层的应用和发展主要经历了涂层涂料、电化学涂层、真空镀膜涂层3个阶段。其中，涂层涂料是由黏结剂和金属氧化物颗粒组成，一般采用涂刷和喷涂的制备方法，主要优点是工艺简单、成本低廉，缺点是使用过程中容易老化从而引起性能下降。涂料涂层是早期太阳能热利用技术中经常采用的，现在已较少采用，目前太阳能集热板吸收涂层制备工艺常用的有以下几种方法。

1）阳极氧化法。常用的电化学涂层有铝阳极氧化涂层和钢阳极氧化涂层等。阳极氧化法制备工艺的基本过程如下：将铝片（或铜铝复合芯片）在稀磷酸溶液中阳极氧化至铝表面形成多孔氧化膜，然后在硫酸镍或硫酸亚锡溶液中交流电解，镍（锡）离子还原沉积于氧化的孔隙中，形成具有光谱选择的表面。其吸收比$\alpha = 0.89\text{~}0.91$，发射比$\varepsilon = 0.13\text{~}0.15$。

这个方法的缺点是生产过程中废液排放易造成环境污染，涂层的发射率较高。

2）电镀法。将被加工的制品置于含有所沉积元素（金属或金属化合物）的离子溶液中，并和直流电源的负极相连，使该元素逐渐在制品表面形成涂层的方法称为电镀法，常见的有电镀铜、电镀黑镍和电镀黑铬。其中，黑镍和黑铬涂层是太阳能热利用中常见的两种涂层，如电镀黑镍（NiS-ZnS）就是应用最早的一种，这种涂层的吸收比$\alpha = 0.92 \sim 0.94$，发射比$\varepsilon = 0.08 \sim 0.10$。然而这种吸收涂层的最大缺点是抗潮湿、抗高温性能差，虽然经过钝化处理后会有所改善，抗湿热稳定性有一定提高，但黑镍本身的抗高温、抗潮湿性能决定了该涂层无法在中、高温太阳集热器中使用。

为了克服黑镍的这些不足，人们研究出电镀黑铬。黑铬具有优异的性能，$\alpha = 0.95 \sim 0.96$，$\varepsilon = 0.10 \sim 0.12$，而且黑铬在抗高温、耐腐蚀方面优于黑镍。

无论是阳极氧化法还是电镀法，都具有工艺复杂、手工操作多、成膜厚度监控不容易自动化的缺点，不适用于对膜层厚度具有精确要求的选择性吸收薄膜的制备。另外，上述方法的生产过程中的废液处理易造成环境污染，随着环保要求的提高，一些国家已经明令禁止采用污染严重的电化学方法生产吸收涂层。

3） 真空电子束加热蒸发沉积法。这种方法就是在低气压的真空室中，利用电子射线将难熔的金属和氧化物（如铂、铑、钛、二氧化硅、三氧化二铝）等源物质蒸发，脱离蒸发源的原子进入真空室，沉积到被涂物体表面形成薄层。比较典型的是采用电子束蒸发的方法生产的钛系列$TiNO_x$高选择性钛镀层，其吸收比$\alpha = 0.95$，发射比$\varepsilon(100℃) = 0.03$，最高工作温度为375℃。其工艺过程是用电子射线将钛和石英气化，气化物在加入氮和氧后发生化学反应生成氮氧化钛，最后在金属（铜）带上沉积冷凝形成涂层。该方法的不足之处是连续化生产线投资较大，涂层生产成本较高。

4）真空磁控溅射技术沉积法。磁控溅射是利用磁场束缚电子的运动，增加与工作气体分子碰撞的次数，使等离子体密度增大，导致轰击基片的高能电子的减少和轰击靶材的高能离子增多，具有低温、高速的特点，有效地克服了阴极溅射速率低和电子使基片温度升高的弱点，因而获得了迅速发展和广泛应用。

利用真空磁控溅射等离子体技术、等离子监控技术和离子表面活化技术，国内一些企业开发出在铜、铝、铜铝复合材料的整板太阳能板芯上制备光谱选择性吸收涂层的设备与工艺，涂层的吸收比$\alpha = 0.92 \sim 0.94$，红外发射比$\varepsilon = 0.08 \sim 0.10$，且耐候性能也比较好，可在大气环境下直接使用。

真空集热管涂层的制备方法有其特殊性，全玻璃真空集热管开发以及磁控溅射沉积技术的不断成熟促进了我国的太阳能应用飞速发展。真空集热管的吸热体是用磁控溅射沉积的电介质-金属选择性吸收膜系（如AIN-AI），这种吸收膜系有高的吸收比和低的发射比，而且溅射沉积没有污染，适合工业化批量生产。

真空磁控溅射技术具有操作工艺简单、溅射速率高、膜层沉积速率高、薄膜性能稳定、重复性好，以及基底和薄膜材料选择广泛、可沉积多层膜、薄膜与基体结合牢固等优点，真空磁控溅射技术可在大面积上得到均匀的涂层，且成本低，便于大规模产业化生产，是太阳能集热器光谱选择性吸收膜层研究、生产和发展的主要方向。

4.2.2 光谱选择性透过涂层

本章前文提到，提高太阳能集热器的效率有几种途径：一方面是在增强吸热体对太阳辐射能的吸收能力的同时，减少吸热体对周围环境的热量损失，前一节介绍的光谱选择性吸收涂层就是为了达到此项目的；另一方面是在基本保持透明盖板对太阳辐射能的透过能力的前提下，减少吸热体对周围环境的热量损失，本节将介绍的光谱选择性透过涂层就是为了达到此项目的。

光谱选择性透过涂层是应用在透明盖板上的，它同样是利用太阳辐射的波长范围与热辐射的波长范围不相同这一特性，如图4-7所示，这样可以在保持透明盖板太阳辐射透过的同时，阻止吸热体发出的热辐射透过透明盖板而向环境散热。由于光谱选择性透过涂层是涂敷在透明盖板（譬如玻璃）上，可以将投射的热辐射反射回去，所以有时将光谱选择性透过涂层与玻璃的组合称为热镜。

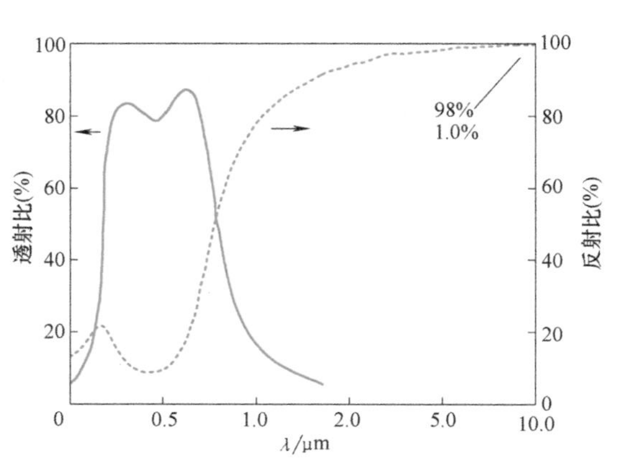

图4-7　典型光谱选择性透过涂层的透射比和反射比特性

从工作原理区分，光谱选择性透过涂层有两种类型：具有宽带隙的半导体、具有高红外反射比的金属膜。

1. 具有宽带隙的半导体

具有宽带隙的半导体经过适当的掺杂，既可对太阳辐射有较强的透过能力，又可对红外辐射有较强的反射能力。半导体中的自由载流子对其光学性能有显著的影响。只要进行适当的掺杂，就可提高半导体中自由载流子的浓度，使其呈现出光谱选择性透过的特性。

可以用作光谱选择性透过涂层材料的半导体有二氧化锡（SnO_2）、三氧化铟（In_2O_3）、锡酸镉（Cd_2SnO_4）等。

1）二氧化锡（SnO_2）。二氧化锡（SnO_2）为n型半导体，其晶体结构为四方金红石。在SnO_2晶体内，对于垂直和平行于C轴的偏振光，其直接带隙能分别为3.57eV和3.93eV。这样大的带隙能使SnO_2在整个太阳辐射光谱范围内是透明的。锑、氯等都可以作为掺杂的施主，为其提供自由电子。SnO_2膜的吸收边界约为3.7eV，具体位置与自由电子的浓度有关。电子迁移率在300K时约为10m²/（V·s），电导率最高为1200~1400/（Ω·cm）。SnO_2膜可用喷涂、化学气相沉积（CVD）及反应性溅射等工艺制备。

2）三氧化铟（In_2O_3）。三氧化铟（In_2O_3）为一种简并本征n型半导体，其晶体结构为体心立方。In_2O_3晶体的直接跃迁始于3.75eV，同时还存在2.619eV能隙的禁带跃迁。在电子浓度为$10^{20}/cm^3$时，掺有锡的In_2O_3为良好的透明导体，其电子迁移率为$75m^2/(V·s)$。掺有钛、铪等的In_2O_3的电子迁移率更高，可分别达$120m^2/(V·s)$和$170m^2/(V·s)$。

In_2O_3膜可用热解喷涂方法制备，也可用直流溅射工艺制备，但对大面积膜来说CVD工艺更为适用。

3）锡酸镉（Cd_2SnO_4）。锡酸镉（Cd_2SnO_4）为n型缺陷半导体，氧空穴提供施主态，其晶体结构为斜立方。氧空穴浓度可以在很宽的范围内变化，因而电导率也可以在很宽的范围内变化。接近化学剂量比的Cd_2SnO_4膜具有一个2.06eV的低禁带宽度，使得吸收边界位于可见光波长范围的中间。当膜层在富氩的ArO_2混合气体中沉积时，吸收边界可移动到2.9eV，有效电子质量为$0.04m_0$，对于宽带隙的氧化物半导体来说，此值是相当低的。

Cd_2SnO_4膜可用射频建设、热解喷涂等工艺制备。热解喷涂时，将玻璃基体加热，

Cd_2SnO_4膜对玻璃基体的附着力很强，而且在潮湿条件下不随时间衰退，因而有望成为一种低成本的太阳能材料。

2. 具有高红外反射比的金属膜

具有高红外反射比的金属膜具有良好的隔热作用，但要将金属膜作为光谱选择性透过涂层时，其厚度是个关键参数，必须寻求一个最佳厚度。如果太厚，则太阳透射比不能满足要求；如果太薄，则红外反射比达不到要求。

尽管有许多金属膜的光学性能可满足上述要求，但它们大多数的耐老化能力较差，例如银膜和钢膜，当它们暴露于大气时，很快就会老化。

严格来说，真正能应用的只有金（Au）膜，它已在钢铁工业中作为热屏而应用。如果将金膜用作透明热镜，为了使红外反射比达到0.90，其最佳厚度为15nm。

如果在金属膜表面加一层电介质作为减反射膜，就可使可见光反射比大大降低，从而增加其可见光透射比。当然，在选择电介质层时，必须使其折射率大于金属膜的折射率。例如，若在Au膜上加一层ZnS减反射膜，则可见光透射比由0.55增加到0.77，而红外反射比没有降低；若在两层Bi_2O_3减反射膜之间夹一层Au膜，则可见光反射比将进一步增加。再例如，用射频建设工艺在玻璃上制备的$TiO_2/Ag/TiO_2$透明热镜，可见光透射比可达0.84（在0.5μm处）。$TiO_2/Ag/TiO_2$膜具有优良的光学性能和附着力，在200℃条件下是稳定的，因而有望在太阳能光热转换中得到应用。

4.2.3 减反射涂层

1. 减反射涂层的基本原理

提高太阳能集热器效率的另一途径是增强透明盖板对太阳辐射的透过能力，也就是提高透明盖板的太阳透射比。透明盖板（如玻璃）作为一种半透明介质，对太阳辐射的吸收和反射是降低其太阳透射比的两个根本因素。本节暂且不讨论如何减少玻璃对太阳辐射吸收的问题，而减反射涂层的作用就是减少玻璃对太阳辐射的反射，从而提高玻璃对太阳辐射的透过能力。所以，有时也将减反射涂层称为增透膜。

当太阳辐射投射在玻璃的顶面时，一部分被顶面直接反射，其余的则进入玻璃的内部；进入内部的太阳辐射在玻璃的顶、底两个表面无数次地反射，期间有的被玻璃吸收；与此同时，部分太阳辐射会穿过玻璃的顶、底两个表面向外透射。

若将玻璃表面对辐射的直接反射称为一次反射，将玻璃两个表面对辐射的无数次反射的总和称为有效反射，可以写出玻璃对太阳辐射的有效反射比的表达式为

$$\rho^* = \rho + \frac{(1-\rho)^2\rho\tau^2}{1-\rho^2\tau^2} \tag{4-36}$$

式中，ρ^*为玻璃的有效太阳反射比，无因次；ρ为玻璃的一次太阳反射比，无因次；τ为玻璃的一次太阳透射比，无因次。

假设暂且忽略玻璃对太阳辐射的吸收，即$\tau=1$，则式（4-36）可简化为

$$\rho^* = \frac{2\rho}{1+\rho} \tag{4-37}$$

当太阳辐射由空气进入玻璃表面，根据式（4-37），玻璃表面一次太阳反射比的表达式可简化为

$$\rho = \left(\frac{n-1}{n+1}\right)^2 \tag{4-38}$$

式中，n为玻璃表面对空气的折射率，无因次。

由此可见，玻璃表面的反射能力直接与其折射率有关。只要采用适当的方法，降低玻璃表面的折射率，就可以减少对太阳辐射的一次反射及有效反射，从而提高玻璃对太阳的透过能力。

2. 减反射涂层的制备与性能

玻璃对空气的折射率$n \approx 1.5$，根据上述公式，玻璃表面的一次太阳反射比$\rho \approx 0.04$，而玻璃两表面的有效太阳反射比$\rho^* \approx 0.08$。

在玻璃上制备减反射涂层时，先将经过预处理的玻璃浸入硅过饱和的氟硅酸钠溶液中，匀速地提升至液面之上后，再进行适当的处理，即可在玻璃两表面留下多孔的二氧化硅（SiO_2）层，其折射率将在空气和玻璃之间，从而使太阳反射比大为降低，太阳透射比得到提高。上述侵蚀过程的最终效果，与溶液成分、加热温度、侵蚀时间、提升速度、表面预处理情况等因素都有关。

图4-8示出了侵蚀后玻璃和未经过侵蚀玻璃的光谱反射比曲线比较。由图4-8可见，侵蚀后玻璃的反射比随太阳光波长的增大先减小后升高，其中最低光谱反射比的波长出现在0.6μm处，从而使太阳反射比从未经过侵蚀玻璃的0.08，下降到侵蚀后玻璃的0.02，为原来的1/4。对侵蚀后玻璃和未经过侵蚀玻璃的太阳透射比与入射角的变化关系进行了测定，其结果列在表4-1中。

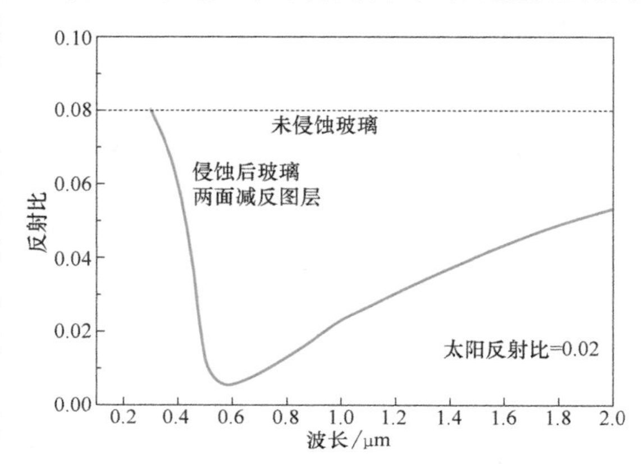

图4-8　侵蚀后和未经过侵蚀玻璃的光谱反射比曲线

表4-1　侵蚀后和未经过侵蚀玻璃的太阳透射比与入射角的变化关系

玻璃类型	入射角						
	0°	20°	40°	50°	60°	70°	80°
侵蚀后	0.941	0.947	0.945	0.938	0.916	0.808	0.562
未经过侵蚀	0.888	0.894	0.903	0.886	0.854	0.736	0.468

由表4-1可见，不仅在不同入射角范围内，侵蚀后玻璃的太阳透射比都比未经过侵蚀玻璃的太阳透射比要高，而且在大入射角条件下，侵蚀后玻璃的太阳透射比的下降程度也比未经过侵蚀玻璃的太阳透射比的下降程度要低。

此外，由于减反射涂层是化学稳定性很高的二氧化硅膜，因而具有良好的耐温性能、耐候性能、耐磨性能、耐腐蚀性能、耐老化性能等。

4.3　太阳能热能储能

储能技术就是运用合理的介质或设备把暂时不需要的能量储存起来，在需要的时候再把能量从这些介质中放出来的过程。依据能量储存方式，储能技术主要有机械储能、电磁储能、电化学储能，此外还有储热、储冷、储氢等。不同的储能技术，在规模、寿命、效率、安全、成本等方面都有不同的优缺点。而对储能技术的评价指标有功率规模、能量密度、功率密度、持续时间、自放电率、循环效率、功率成本、能量成本、寿命、环境影响、技术成熟度等多种。没有任何一种储能技术能够满足所有的储能需求，所以要根据具体的需求选取一种或几种合适的储能技术或组合。

各种储能技术近年来都在持续发展，全球储能市场也一直以较快的速度增长，多种技术已经处于商业示范阶段，而且在某些应用领域也具备经济性。2018年8月，美国能源部（DOE）发布的全球储能数据库（Global Energy Storage Database）数据表明，虽然抽水储能在各种储能技术中仍占据统治地位，但以储热、电化学储能为主的非抽水储能技术发展迅猛。目前，电化学储能技术（以锂电、铅酸、液流为代表）不断发展，成本不断降低，技术趋于成熟；机械储能技术（以飞轮、压缩空气为代表）也在材料等方面攻克了难关，产业化速度不断加快；储热储能等其他技术也得到不同程度发展，技术上也有所突破。总体来看，机械储能成熟度高、成本低、使用规模大；电化学储能应用范围广泛、发展潜力大；而储热储能技术的功率规模范围为10kW~10MW（见图4-9），范围最广，可广泛应用于多种类型的民用场合。

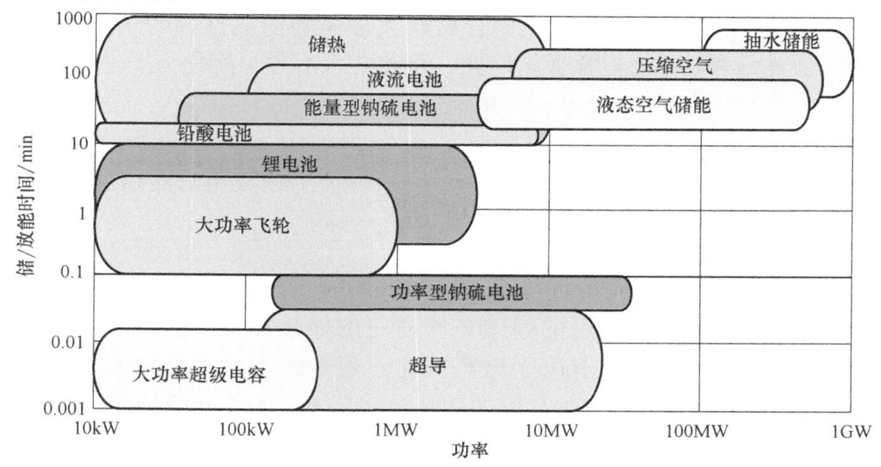

图4-9 各类储能技术的储/放能时间及功率范围

我国“十三五”可再生能源发展规划提出，要在“十三五”期间通过各种储能技术使各种风电、太阳能等间歇性可再生能源形成系统集成和互补利用，提高可再生能源系统的稳定性和电网友好性。因此需要攻克各种储能技术中的关键技术，大力发展储热储能等技术。

储热储能就是把暂时不用的或者多余的热量储存在介质中，需要的时候再释放到应用环节进行利用。储热技术根据热能资源的温度可以分为中高温储热技术和低温储热技术。中高温储热技术主要是将温度高于150℃的烟气、蒸气、太阳辐射能等高品位热量利用蓄热装置进行热量储存和释放后，通过发电装置加以利用。低温储热技术主要是将温度低于150℃的低品位热量利用蓄热装置进行回收储存和释放后，用于建筑采暖等民用场合。地面上接收到的太阳能，受气候、昼夜、季节的影响，具有间断性和不稳定性。因此，太阳能储存十分必要，尤其对于大规模利用太阳能更为必要。太阳能不能直接储存，必须转化成其他形式的能量才能储存。大容量、长时间、经济地储存太阳能，在技术上比较困难。21世纪初建造的太阳能装置几乎都不考虑太阳能储存问题，目前太阳能储存技术也还未成熟，发展比较缓慢，研究工作有待加强。

4.4 显热储存

4.4.1 显热储存的原理与材料

显热储存是各种储热方式中原理最简单、技术最成熟、材料来源最丰富、成本最低廉的一种，因而也是实际应用和推广的最普遍的一种。

显热储存是利用物质在温度升高（或降低）时吸收（或放出）热量的性质来实现储热目的的。在一般情况下，物质体积元dV在温度升高（或降低）dT时所吸收（或放出）的热量dQ可用式（4-39）表示：

$$dQ = \rho(T,\ r)\mathrm{d}V \cdot c(T)\mathrm{d}V \tag{4-39}$$

式中，$\rho(T,\ r)$ 为物质的密度，一般来说是温度T和位置坐标r的函数；$c(T)$ 为物质的比热容，一般来说是温度的函数。

由于在太阳能利用中所使用的显热储存材料大多是各向同性的均匀介质，且范围多在中、低温区域，此时ρ和c可视为常量。因此，可将式（4-39）简化为

$$dQ = \mathrm{d}m \cdot c\mathrm{d}T \tag{4-40}$$

式中，dm为物质体积元的质量，dm=ρdV。

对于质量m的物体，当温度由T_1变化至T_2时，其吸收（或放出）的热量Q可用下式计算：

$$Q = \int_{T_1}^{T_2} m\,c\mathrm{d}T = mc(T_2 - T_1) \tag{4-41}$$

如上所述，显热储热体的储热量等于储热体的质量、比热容和所经历的温度变化三者的乘积。但在一般情况下，可利用的温差与所使用的储热材料无关，而大多由系统确定。因此，显热储热体的储热量主要取决于材料的比热容和密度两者的乘积。在实际应用中，水的比热容最大为4.2kJ/(kg·K)，而常用的固体比热容仅为0.4~0.8kJ/(kg·K)，无机材料为0.8kJ/(kg·K)，有机建筑材料为1.3~1.7kJ/(kg·K)。至于材料的体积，除了材料的实体部分外，还与其本身的空隙率有关，对于不同材料，该值差异很大。表4-2列出了常用显热储存材料的物性参数。

表4-2 常用显热储存材料的物性参数

储热材料	密度ρ/(kg/m³)	比热容 c/[kJ/(kg·K)]	容积比热容 ρ_c/[kJ/(m³·K)]	热导率 λ/[W/(m·℃)]	备注
水	1000	4.18	4180	2.1	
防冻液(35%乙二醇水溶液)	1058	3.60	3810	0.18	
砾石	1850	0.92	1700	1.2~1.3	干燥
沙子	1500	0.92	1380	1.1~1.2	干燥
土	1300	0.92	1200	1.9	干燥
土	1100	1.38	1520	4.6	湿润
混凝土块	2200	0.84	1840	5.9	空心块
砖	1800	0.84	1340	2.0	
陶器	2300	0.84	1920	3.2	瓦

（续）

储热材料	密度ρ/(kg/m³)	比热容 c/[kJ/(kg·K)]	容积比热容 ρ_c/[kJ/(m³·K)]	热导率 λ/[W/(m·℃)]	备注
玻璃	2500	0.75	1880	2.8	透明盖板
铁	7800	0.46	3590	170	
铝	2700	0.90	2420	810	
松木	530	1.25	665	0.49	
硬纤维板	500	1.26	628	0.33	
塑料	1200	1.26	1510	0.84	
纸	1000	0.84	837	0.42	

由于气体的比热容过小，一般不用作显热蓄热介质，所以显热储存通常采用液体和固体两类材料。事实上，能够很好地满足太阳能热储存的一般要求以及显热储存特殊要求的材料并不多。经过系统地研究、对比、试验和筛选后，目前比较一致的看法是：在中低温（特别是热水、采暖和空调系统所适用的温度）范围内，液体材料中以水为最佳，而固体材料中则以砾石等最为适宜。因为这些材料不仅比热容较大，来源丰富，价格低廉，而且都无毒性，也无腐蚀性。

由于一般显热蓄热介质的储能密度都比较小，所以所需蓄热介质的质量和体积都较大，因而所用蓄热器的容积较大，所需隔热材料也较多。即使蓄热介质本身的价格比较低廉，但整个储热系统的成本仍较高，且所占空间也较大，特别是对于高层建筑物和多层建筑物来说，经济性究竟如何，还需要进行综合考虑。至于大规模和长时期（跨季度）储热，所需费用则更昂贵。近年来，地下含水层和土壤储热的研究和试验日益受到重视，并已取得可喜的成果。

输入和输出热量时的温度变化范围较大且热流不稳定。一方面，不易与用热器具的需求（恒温和恒定的热流）相吻合，往往需要采用调节和控制装置，增加了系统运行的复杂程度，也提高了系统的成本；另一方面，对系统的隔热措施要求比较高，不仅需要使用隔热性能良好的材料，还要增大所用隔热层的厚度，从而提高了储热系统的成本。

4.4.2 液体显热储存

利用液体（特别是水）进行显热储存，是各种显热储存方式中理论和技术都最成熟、推广和应用最普遍的一种。一般要求液体显热储存介质除具有较大的比热容外，还要有较高的沸点和较低的蒸汽压，前者是为了避免发生相变（变为气态），后者则是为了减小对储热容器产生的压力。

1. 水

在低温液态显热介质中，水是一种比热容最大、便宜易得、性能优良的储能介质，因而也是最常用的一种介质。其优点如下：

1）物理、化学和热力学性质很稳定。

2）传热及流动性能好。

3）可以兼作显热介质和传热介质，在储热系统内可以免除热交换器。

4）液-气平衡时的温度-压力关系十分适用于平板型太阳能集热器。

5）来源丰富，价格低廉，无毒，使用安全。

当然，水也具有以下缺点：

1）作为一种电解腐蚀性物质，所产生的氧气容易锈蚀金属，且对于大部分气体（特别是氧气）来说都是溶剂，因而对容器和管道容易产生腐蚀。

2）凝固（结冰）时，体积膨胀较大（达10%左右），易对容器和管道造成破坏。

3）在中温以上（超过100℃后），其蒸汽压会随热力学温度的升高而指数增大，因此用水来储热，温度和压力都不超过其临界点（374.0℃，2.2×10^7Pa），如就成本而言，储热温度为300℃时的成本比储热温度为200℃时的成本要高出2.75倍。

利用水作为显热蓄热介质时，可以选用不锈钢、铝合金、钢筋水泥、铜、铁、木材以及塑料等各种材料作为蓄热水箱，其形状可以是圆柱形、球形或箱形等，但应注意所用材料的防腐性和耐久性。例如选用水泥和木材作为储热容器材料时，就必须考虑其热膨胀性，以便防止因久用产生裂缝而漏水。

2. 其他液体蓄热介质

如上所述，水是中、低温太阳能系统中最常用的液体显热蓄热介质，其价廉而丰富，并具有许多好的储能性能。但是，温度在沸点以上时，水就需要加压。有一些液体可用于100℃以上作为蓄热介质而不需要加压。例如一些有机化合物，其密度和比热容虽比水小且易燃，但部分液体的储热温度不需要加压就可以超过100℃。一些比热容较大的普通有机液体的物理性质列于表4-3。由于这些液体都是易燃的，应用时必须有专门的防火措施。此外，有些液体黏度较大，使用时需要加大循环泵和管道的尺寸。

表4-3　液体显热储存材料的物理性质

液体储热材料	密度(20~25℃)/(kg/m³)	比热容(20~25℃)/[kJ/(kg·℃)]	常压沸点/℃
乙醇	790	2.4	78
丙醇	800	2.5	97
丁醇	809	2.4	118
异丙醇	831	2.2	148
异丁醇	808	3.0	100
辛烷	704	2.4	126
水	1000	4.2	100

4.4.3　固体显热储存

一般固体材料的密度都比水大，但考虑到固体材料的热容量小，并且固体颗粒之间存在空隙，所以以质量计，固体材料的蓄能密度只有水的1/10~1/4。尽管如此，在岩石、砾石等固体材料比较丰富而水资源又很匮乏的地区，利用固体材料进行显热储热，不仅成本低廉，也比较方便。固体显热储存通常与太阳能空气集热器配合使用，由于岩石、砾石等颗粒之间导热性能不良而容易引起温度分层，这种显热储存方式通常适用于空气供暖系统。

固体显热储存的主要优点如下：

1）在中、高温下利用岩石等储热不需要加压，对容器的耐压性能没有特殊要求。

2）以空气作为传热介质，不会产生锈蚀。

3）储热和取热时只需要利用风机分别吹入热空气和冷空气，因此管路系统比较简单。

固体显热储存的主要不足之处如下：

1）固体本身不便输送，故必须另用传热介质，一般多用空气。

2）储热和取热时的气流方向恰好相反，故无法同时兼作储热和取热之用。

3）较液体显热储存蓄能密度小，所需使用的容器体积大。

1. 岩石储热

岩石是除水以外应用最广的蓄热介质。岩石成本低廉，容易取得。利用松散堆积的岩石或卵石的热容量进行储热的系统叫岩石堆积床（有时亦称为岩石储热箱）。

（1）岩石堆积床的基本结构　图4-10所示为一个典型的岩石堆积床的结构示意图。岩石堆积床包括用于支撑床体的网孔结构以及使空气在两个方向上流动的空气分配叶片。容器一般由木材、混凝土或钢板制成。为了防止空气泄漏，床体应该密封，例如可用环氧树脂或其他热阻值适宜的化合物堵封；顶盖则要用丁基橡胶或其他合适的材料密封，所用密封材料要经得起床体的最高储热温度。如果进行长期储存，则床体的外表面还必须有良好的保温措施，以便减少热损失。这种床体的特点是传热介质和蓄热介质直接接触换热，因此，岩石堆积床自身既是蓄热器又是换热器。

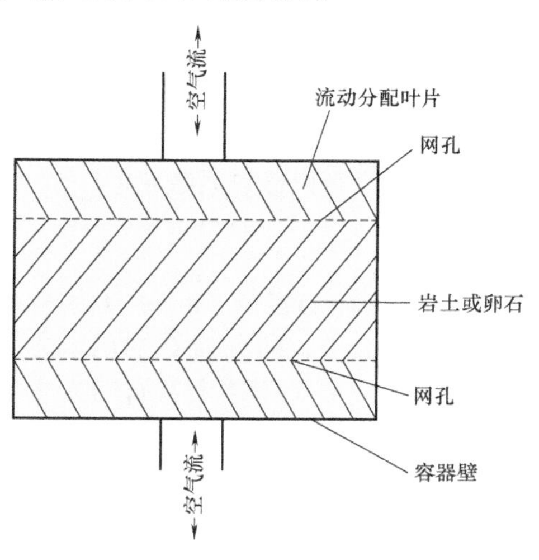

图4-10　岩石堆积床的结构示意图

床体的形状以及岩石的大小对于堆积床的运行特性具有重要的影响。岩石堆积床的进、出口距离应尽可能短，而气流方向要尽量垂直于横截面。断面大、流速小，再加上行程短，故压降较低，从而所需风机的动力较小；反之，则所需风机的动力就较大。在一般情况下，床体的形状大多近似为扁平圆柱形。

岩石的颗粒越小，则传热面积越大，传热速率越高，这样既有利于储热，也有利于床体内部形成温度分层；但是岩石越小，则压降越大，空气流量越低，风机所消耗的动力也就越多。因此一方面要求岩石不应过小，以至压降过大，从而使空气流量大大降低；另一方面，也要求岩石不能过大，否则岩石内部加热不透，影响储热性能。

在一般情况下，岩石堆积床所用的岩石大多是直径为1~4cm的卵石，且大小基本均匀；其空隙率（即岩石间空隙的容积与容器容积的比率）以30%左右为宜。典型的堆积床传热表面积为80~200m²，而空气流动的通道长度（与床体高度大致相同）为1.25~2.5。

设计较好的岩石堆积床，可以具有太阳能热利用所希望的两个特性：

1）空气与床体内固体之间的换热系数很高，这就有可能使得在储热和取热时，空气与固体之间的温差减至最小；

2）当无空气流动时，床体沿径向的导热率很低，故当利用岩石堆积床进行短期储热时，其外表面的隔热要求很低，可以大大降低成本。

（2）岩石堆积床的换热性能　从以上分析可见，空气与石块之间的传热速率及空气通过床体时引起的压降是岩石堆积床最重要的两个特性参数。

确定岩石颗粒大小的平均直径d（称为等效球直径）的经验公式为

$$d=\left(\frac{6}{\pi}\frac{V_0}{N}\right)^{\frac{1}{3}} \tag{4-42}$$

式中，V_0为岩石颗粒的净体积（m³）；N为岩石颗粒数。

此外，岩石颗粒大小的平均直径d也可以利用下列经验公式求得

$$d=\frac{\mu(1-e)}{\rho v Re} \tag{4-43}$$

式中，μ为空气的黏滞系数（Pa·s）；e为空隙率；ρ为岩石的密度（kg/m³）；v为空气在岩石空隙中的平均流速（m/s）；Re为空气流动的雷诺数。

堆积床的体积传热系数h_V为

$$h_V=650\left(\frac{G}{d}\right)^{0.7} \tag{4-44}$$

式中，G为堆积床中空气的表面质量流速［kg/(m²·s)］，$G=\rho v$。

堆积床的面积传热系数h为

$$h=\left(\frac{V}{A}\right)h_V \tag{4-45}$$

式中，V为床体的容积（m³）；A为床体的横截面积（m²）。

从理论上讲，研究岩石堆积床的换热性能既可以使用解析方法，也可以使用数值近似方法。但是，由于床体内岩石的大小和形状不可能完全均匀一致，空气在岩石空隙间的流动情况极为复杂，故试图通过对进入床体后的空气温度随时间和空间变化的函数关系的求解得出解析解是非常困难的，甚至几乎是不可能的。因此，通常都采用数值近似方法。

2. 其他固体材料储热

除了岩石之外，大多数固体储能材料（如金属氧化物）的熔点都很高。这些材料能经受冷热的反复作用而不会碎裂，所以可作为中高温蓄热介质。但金属氧化物的比热容及热导率都比较低，储热和换热设备的体积将很大。若将蓄热介质制成颗粒状，可增加换热面积。可作为中高温蓄热介质的有花岗岩、氧化镁、氧化铝、氧化硅及铸铁等。这些材料的容积蓄热密度虽不如液体，但价格低廉，特别是氧化硅和花岗岩最便宜。

此外，还有一种以大地作为容器的储热装置：利用小池潭或在平地上开挖，用挖出的泥土在四周筑成围坝，并在围坝中间填满破碎的岩土，上部覆盖保温层或不透水层，如混凝土等。这种储热装置的特点是以土壤作为容器，周围不必保温，费用较低，且岩石堆周围的土壤也参与储热，可以提高整个装置的储热能力；其通常也以空气作为传热介质，与空气集热器配合使用，表面应朝南倾斜约30°，以便于排水。这种以大地作为容器的储热装置具有结构简单、成本低廉、无水渗透的危险等优点；缺点是只能适用于干燥地区，并且由于以空气为传热介质，其输送费用较高，故仅适用于小规模的储热。

表4-4列出了几种固体储热材料的物理性质。在计算材料的储热密度时，密度与比热容的乘积是一个重要参数，有时称为容积比热容。由表4-4可以看出，铸铁拥有相对较大的容积比热容，几乎接近水的水平。

表4-4　固体储热材料的物理性质

固体储热材料	密度(50~100℃)/(kg/m³)	比热容(50~100℃)/[kJ/(kg·K)]	容积比热容(50~100℃)/[kJ/(m³·K)]
铝	2700	0.88	2376
硫酸铝	2710	0.75	2031
氧化铝	3900	0.84	3276

（续）

固体储热材料	密度（50~100℃）/（kg/m³）	比热容（50~100℃）/[kJ/（kg·K）]	容积比热容（50~100℃）/[kJ/（m³·K）]
砖	1698	0.84	1426
氧化钙	2510	0.67	1682
干土	1698	0.84	1426
氧化镁	3570	0.96	3427
氯化钾	1980	0.67	1327
硫酸钾	2660	0.92	2447
碳酸钠	2510	1.09	2736
氯化钠	2170	0.92	1996
硫酸钠	2700	0.92	2484
铸铁	7754	0.46	3567
河卵石	2245~2566	0.71~0.92	1594~2361

为克服固体储热材料蓄能密度小的缺点，可将液体储热和固体储热结合，例如将岩石堆积床中的岩石改为由大量灌满了水的玻璃瓶罐堆积而成，这种储热方式兼备了水和岩石的储热优点，相比于单纯的岩石堆积床，提高了容积储热密度。

4.5 相变储热（潜热储存）

4.5.1 潜热储存的原理与材料

潜热储存是利用物质发生相变时需要吸收（或放出）大量相变潜热的性质来实现储热的，有时又称为相变储热或熔解热储存。所谓相变储热，就是单位质量物体发生相变时所吸收（或放出）的热量，其数值只与物质的种类有关，而与外界条件的影响关系极小。

质量为m的物体在相变时所吸收（或放出）的热量Q为

$$Q = m\lambda \tag{4-46}$$

式中，λ为该物质的相变潜热（kJ/kg）。

相变温度为T_m的材料，从温度T_1加热至温度T_2，期间经历相变过程的总储热量Q为

$$Q = \int_{T_1}^{T_m} mc_1 \mathrm{d}T + m\lambda + \int_{T_m}^{T_2} mc_2 \mathrm{d}T \tag{4-47}$$

式中，c_1为固态材料的比热容［kJ/(kg·℃)］；c_2为液态材料的比热容［kJ/(kg·℃)］。

通常，把物质由固态熔解成液态时所吸收的热量称为熔解潜热，而把物质由液态凝结成固态时所放出的热量称为凝固潜热。同样，把物质由液态蒸发成气态时所吸收的热量称为蒸发潜热（或气化潜热），而把物质由气态冷凝成液态时所放出的热量称为冷凝潜热。把物质由固态直接生化成气态时所吸收的热量称为升华潜热，而把物质由气态直接凝结成固态时所放出的热量称为凝固潜热。

在一般情况下，3种潜热之间存在着下列关系：

熔解潜热+气化潜热=升华潜热

并且，3种潜热之间在数值上存在下列关系：

熔解潜热<气化潜热<升华潜热

但是，由于物质气化或升华时，体积变化过大，对容器的要求过高，所以实际使用的往往都是熔解（凝固）潜热。此外，还可以利用某些固体（例如冰或其他晶体）的分子结构形态发生变化（亦称相变）时的潜热进行储热，这种相变潜热亦称为迁移热。

一般来说，显热储存和潜热储存两者各有长短且相辅相成。并且，显热储存的主要缺点正好可以用潜热储存的主要优点来加以弥补。

一般物质在相变时所吸收（或放出）的潜热，在几百至几千kJ/kg范围内。例如，冰的熔解潜热为335kJ/kg，而水的比热容仅为4.2kJ/(kg·℃)。在低温范围内，目前常用的相变材料的熔解潜热为几百kJ/kg的数量级。所以，如果储存相同的热量，所需相变材料的质量往往仅为水的1/4~1/3或岩石的1/20~1/5，而所需相变材料的体积仅为水的1/5~1/4或岩石的1/10~1/5。

表4-5比较了潜热储存材料与显热储存材料，在这里假设两种材料的储热量均为10^6kJ。

表4-5 潜热储存材料与显热储存材料的比较（储热量均为10^6kJ）

材料	水	岩石	某相变材料
比热容/[kJ/(kg·℃)]	4.2	0.84	2.1
熔解潜热/(kJ/kg)			230
密度/(kg/m³)	1000	2260	1600
质量/kg	14000	75000	4350
体积/m³	14	33	3.7

储热或取热时的温度波动幅度小，一般相变材料在储热或取热时的温度波动幅度仅在2~3℃的范围内，只有像石蜡这样的有机化合物类，储热和取热的温度变化范围才比较大，为几十摄氏度。因而，只要选取合适的相变材料，其相变温度可与供热对象的要求基本一致，系统中除了需要调节热流量的装置以外，几乎不需要任何其他的温度调节或控制系统。这样，不仅使设计和施工大为简化，也能降低不少成本。

随着相变储能技术的不断发展，相变储能得到了广泛应用，相变储能材料的分类如图4-11所示。相变材料根据温度不同，可分为低温相变材料和中高温相变材料，其中低温相变材料主要有石蜡、水合盐以及低熔点金属等，多用于建筑节能，而中高温相变材料主要有熔盐、金属以及碱等，多用于太阳能应用、工业余热利用和航空航天等场合。太阳能应用领域主要利用中高温相变材料中的室温相变材料和50~60℃的相变材料。太阳能集热系统都需要具备收集太阳能、储存热量、在需要时释放热量这3个功能，而相变材料由于具有储能密度高的特点，被广泛应用于各类主动式和被动式太阳能集热系统。国内外的学者设计了各种基于相变储能技术的太阳能热水器、太阳能空气加热器、太阳能暖房、太阳能相变储能地板采暖系统等，并对这些系统中相变材料的热性能进行了分析。另外一些学者将相变储能材料以各种形式加入到建筑材料中，设计成应用于各种场合的相变墙体、相变百叶窗等结构，利用相变材料将太阳能利用后再释放，并对相变材料和结构进行了热性能分析。

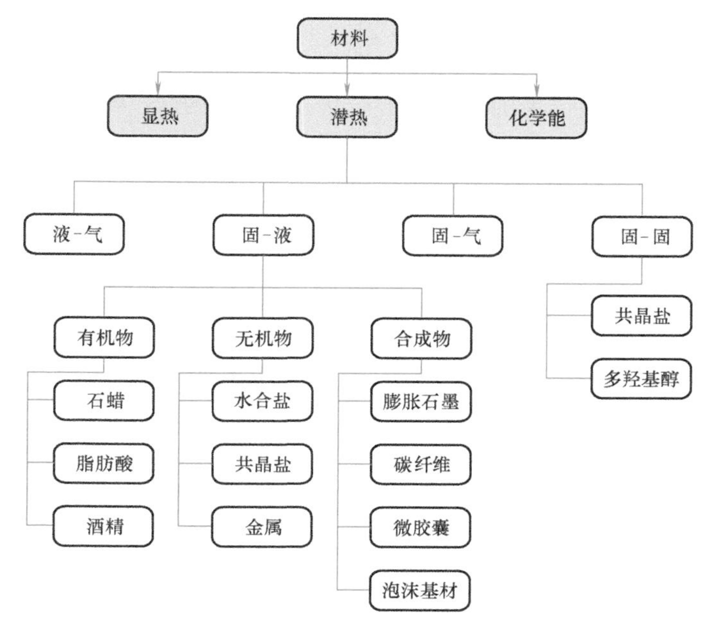

图4-11 相变储能材料的分类

工业余热利用、太阳能发电主要利用高温相变材料，针对工业余热存在的分散性问题和可再生能源存在的间歇性问题，解决能源供给与需求在时间和强度上的不匹配。目前高温相变储能技术存在的难点主要是储能材料与储能器的相容性、储能器的优化传热等。国内外学者研究了以硝酸盐为主的各类高温盐类、Al-Si为主的各类高温金属等相变材料的蓄热性能，以及各种高温相变材料对容器的腐蚀性。

无机类相变储能材料主要有结晶水合盐、低熔点熔融盐、金属及其合金和其他无机相变材料。其中应用最为广泛的是结晶水合盐，它的熔点从几摄氏度一直到一百多摄氏度，可选范围较宽。这类材料具有使用范围广、价格便宜、密度大、熔解热大的特点，热导率比有机类相变材料大，一般呈中性。但是，结晶水合盐一般都存在过冷问题和相分离问题。过冷是温度降到冷凝点时结晶水合盐并没有结晶，使得材料不能在冷凝点时发生相变，影响热量的及时释放和利用。相分离是指在温度上升的过程中，结晶水合盐释放出来的结晶水不能够把所有的非晶态固体脱水盐熔解；当温度下降时，脱水盐处在底部，不能同结晶水结合完成重新结晶，相分离的现象使相变过程变得不可逆，储能材料的储能能力受到影响。目前一般采用添加成核剂和增稠剂的办法来解决结晶水合盐的过冷和相分离问题。金属和金属合金相变温度高，一般用作中高温相变材料，但也有部分金属或合金的熔点低于100℃，可以用作低温储热。金属和合金的优点是热导率非常大，储放热速率快。

有机类相变储能材料主要有石蜡、烷烃、脂肪酸或盐类、醇类等。石蜡是目前使用最广泛的有机类相变储能材料，由于石蜡由直链烷烃混合而成，碳链的增长可以使相变温度和相变潜热增大，由此可以得到一系列不同相变温度的储能材料。有机类的相变材料固态时成型性好，一般不会出现过冷和相分离现象，材料的腐蚀性也相当小，性能稳定，毒性小，成本较低。但是有机类储能材料也存在热导率小、储能密度小、相变时体积变化大、熔点低、易挥发、易燃、易爆、易氧化等缺点。

单种相变储能材料都具有一定的缺点，为了同时兼备两种或以上材料的优点，可以将几种材料组合成共熔物或复合材料，成为混合类相变储能材料。共熔物是指由两种或多种物质组成的二元或多元共熔体系混合物，混合物具有最低熔点。共熔物可以降低材料的熔点，以适应低温储能系统的需求。复合储能材料是指为了实现某种特定功能，将相变材料与其他功能材料通过物理或化学的方式复合在一起的相变储能材料，复合储能材料可以弥补相变储能材料在实际应用中的一些缺点，使相变储能材料的应用范围得到拓展。上海交通大学的张鹏教授在相变材料中添加具有高热导率的纳米粒子和具有多孔结构的膨胀石墨，大大改善了相变储能材料的导热性能。

无机水合盐是一类重要的相变蓄能材料，这类材料具有大的溶解潜热、比较高的热导率、相变时体积变化小等优点。常用无机盐水合物的特性如下：

（1）十水硫酸钠（$Na_2SO_4·10H_2O$）　熔点为32.4℃，熔解热为250.8kJ/kg，单位容积蓄热量是温升为20℃水的蓄热量的4倍多，是一种比较理想的太阳能供热采暖或余热利用系统蓄热材料。常用高吸水树脂、十二烷基苯磺酸钠作为$Na_2SO_4·10H_2O$的防相分离剂，用硼砂作为防过冷剂。

（2）六水氯化钙（$CaCl_2·6H_2O$）　熔点为29.5℃，熔解热为180kJ/kg，属于一种低温型蓄热材料。由于它的熔点较低，接近于室温，且其溶液为中性，无腐蚀、无污染，所以适合室温、暖房、住宅及工厂的低温废热回收等方面。$CaCl_2·6H_2O$同样存在严重的过冷现象，常用BaS、$CaHPO_4·12H_2O$、$CaSO_4$、$Ca(OH)_2$及某些碱土金属或过度金属的醋酸盐作为防过冷剂，用二氧化硅、膨润土、聚乙烯醇等作为防相分离剂。

（3）三水醋酸钠（$CH_3COONa·3H_2O$）　熔点为58.2℃，属于中低温蓄热材料，其熔解热为250.8kJ/kg，若用于采暖系统，其熔点过高，此时可加入凝固点调整剂，如低熔点的水合盐类等，但通常会伴随熔解热的降低。和田隆博等采用醋酸钠、尿素与水以适当比例混合，既降低了相变温度，又可维持较高的相变潜热。三水醋酸钠的防过冷剂常用$Zn(OAc)_2$、$Pb(OAc)_2$、$Na_2P_2O_7·10H_2O$、$LiTiF_6$等，防相分离剂常用明胶、树胶、阴离子表面活性剂等。

（4）十二水磷酸氢二钠（$Na_2HPO_4·12H_2O$）　磷酸盐水合物通常只作为辅助蓄热材料使用，但$Na_2HPO_4·12H_2O$却可作为主蓄热材料，其熔点为35℃，熔解热为205kJ/kg。$Na_2HPO_4·12H_2O$的凝固开始温度通常为21℃，可用$CaCO_3$、$CaSO_4$、硼砂等作为防过冷剂，用聚丙烯酰胺作为防相分离剂。

有机化合物都可以作为潜在的相变储热材料，如果只根据材料的熔解热值来看，当把性能不稳定或价格过高的化合物排除在外后，可选的数目就大大减小，典型有机化合物相变储热材料的熔点和熔解潜热见表4-6。

表4-6　典型有机化合物相变储热材料的熔点和熔解潜热

有机相变材料	熔点/℃	熔解潜热/(kJ/kg)
石蜡	74	230
蜂蜡	62	177
牛脂	76	198
蒽	96	105
萘	80	149
萘酚	95	163

其中，尤以石蜡最具代表性。石蜡主要由直链烃混合而成，分子通式为C_nH_{2n+2}，其性质接近饱和碳氢化合物。在常温下，n小于5的石蜡族为气体，n在5~15之间的为液体，n大于15的为固体。纯石蜡价格较高，通常采用工业级石蜡作为相变储热材料。工业级石蜡是多种碳氢化合物的混合体，没有固定的熔点，而是有一个熔化温度范围。目前石蜡得到了比较广泛及深入的研究和应用。

固-固相变材料是指物质在相变前后都为固态，但其晶型发生了转变。一般而言，固-固相变的潜热较小，体积变化也小。其最大优点是相变后不生成液相，对容器的要求不高。由于这种独特的优点，固-固相变材料越来越受到人们的重视。

目前发现的具有实用价值的固-固相变材料主要有3类：无机盐类（主要包括层状钙钛矿、$LiSO_4$、KHF_2、Na_2XO_4（X=Cr、Mo、W）等物质）、多元醇类和有机高分子类，它们都是通过有序—无序转变而实现可逆地吸热、放热。

固-固相变材料主要应用在采暖系统中，与水合盐相比，具有不泄漏、收缩膨胀小、热效率高等优点，能耐3000次以上的冷热循环（相当于使用寿命25年）；把它们注入纺织物，可以制成保温性能好的服装；可用于制作保温时间比普通保温杯长的保温杯；含有这种相变材料的沥青路面或水泥路面可以防止结冰。总之，这种相变材料具有非常广阔的应用前景。

复合相变材料是多种材料组合而成的相变材料，材料复合化可以将各种材料的优点集合在一起，制备复合相变材料是潜热蓄热材料的一种必然发展趋势，因而制备复合相变材料正成为蓄热技术领域的一个新热点。

例如潜热储存具有单位质量（体积）储热量大，在相变温度附近的温度范围内使用时，可保持在一定温度下进行吸热和放热，化学稳定性和安全性好等优点，但也具有在相变时，固、液两相界面处传热效果较差的缺点。所以，近年来有人正在研制一种新型的高性能复合储热材料，将高温熔融盐潜热储存材料复合到高温陶瓷显热储存材料中，例如，将LiCl-KCl、$Li_2CO_3 \cdot Na_2CO_3$-K_2CO_3、Li_2CO_3、LiF-NaF-MgF_2、LiF-NaF等熔融盐复合到Al_2O_3、MgO、SiC等多孔质陶瓷基体材料中去。如此形成的复合储热材料，既可兼备固相显热储存材料和相变潜热储存材料两者的长处，又可克服两者的不足，使之具备能快速放热、快速储热及储热密度高的特有性能。

再如石蜡的热导率低而使以石蜡为相变材料的蓄能系统传热速度慢，为解决这一问题，可将石蜡与膨胀石墨通过一定工艺进行复合，构成膨胀石墨/石蜡复合相变储热材料，利用石墨具有的高热导率来提高石蜡的导热能力。

4.5.2　相变储热材料封装与换热强化

相变储能材料在储放热过程中会存在状态变化，会有流动性的液体出现，为了保证相变材料不泄漏，相变材料必须通过容器加以封装，以便和换热流体分隔开来。在相变储能系统中，用来封装相变储能材料的容器需要满足以下要求：足够的强度、耐腐蚀、热性能稳定；符合热量交换要求的比表面积；结构稳定，容易加工。

相变材料的封装形式很多，目前主要有整体封装、分散封装以及微胶囊封装3种形式。整体封装和储水箱类似，但采用相变储能材料的蓄热体需要更大的换热面积来适应相变储能材料能量密度大和热传导能力弱的特点。分散封装是目前应用最多的封装形式，一般在金属、塑料或薄膜制成的管、球或板中装入质量在几克至几千克范围内的相变储能材料。这种封装形式可以解决大范围相分离的问题，换热面积大、易于组建系统、方便加工运输，相变材料可以同液体、气体等流体进行换热。常用的分散封装形式有平板、圆柱、壳管、球形及其他不规则形状等，封装材料常用塑料和金属。微胶囊封装是应用成膜材料将相变材料封装在一个几微米的核壳结构微胶囊中，可以解决相变材料的泄漏、相分离等问题，改善相变材料的应用性能。在相变时，虽然相变材料在胶囊内部发生固-液相转变，但胶囊的高分子壁材一直为固态，这样的封装形式使相变储能材料相变时的流动性问题得到解决；此外，微胶囊还可以同其他载体进行混合，制备成涂层、涂料、功能流体等。

在研究和利用相变储能材料时，需要深入研究储能材料的各种物理性能，研究储放热过程中换热边界的热交换的影响以及材料固-液界面运动的变化规律，从而提高相变储能材料的利用效率。目前换热研究的热点是研究相变过程中的热交换特征。

由于相变传热具有强非线性特征，另外还有液相对流、体积变化等一系列不确定现象，因此融化和凝固过程的传热问题求解显得相当困难。相变传热问题的求解方法通常有两种：分析法和数值分析法。分析法目前仅能求解少数有简单边界条件、半无限大的一维理想化情形（纯导热斯蒂芬问题），主要有积分法、热阻法、准稳态法和逐次逼近法等；数值分析法可以处理实际潜热储能装置中考虑了液态相变材料自然对流对相变换热影响的相变传热问题。

数值分析处理相变问题的方法主要有温度法和焓法。温度法又分为两类：一类是直接离散化原控制方程及其边界条件（如固定步长法、变时间步长法等）；另一类是将移动区域问题转化成比较容易的固定区域问题后再求解（如等温面移动法、自变量变换法）。相应地，焓法（也称显热容法）是把分区求解的相变问题简化成整个区域上的非线性传热问题求解。两种数值分析方法中，温度法求解精度高，但是焓法因为求解简单实用，因此应用范围相对较广。

一般来说，相变材料热导率很低，导致相变储能系统储放热过程中换热效率低下，影响了相变储能技术的实际应用。因此国内外学者研究的重点集中在提高相变材料的热导率，强化材料的传热能力。相变储能材料的强化换热主要有以下4种方法：增加传热面积、组合材料寻求均匀相变、强化材料热导率和采用微胶囊技术。

1）增加换热面积是一种比较成熟的强化换热方法，一般采用安装各种形状的翅片等手段。国内外的学者主要研究翅片的形状、数量、位置对强化换热效果的作用。实验中对20种低热导率的相变蓄热材料都添加了20%的星状铝翅片。添加肋片后，储放热时储能时间最多可以缩短68%，而放热时间最多能够缩短81%。研究不同位置翅片的影响，分别在凝固过程的实验中加入相同数量的竖直翅片和水平翅片，实验结果表明，添加水平翅片比竖直翅片的系统放热速率高。

2）均匀相变是另一种强化换热效率的方法。这是由于换热效率受换热流体温度与相变材料相变温度间的温差影响，任何一种相变材料换热过程中的温差会沿着流体流动方向变小，从而使换热效率降低。而如果相变过程中能够保持传热热阻不变，相变速率就能保持不变，均匀等速传热也就能够实现。如果能够将多种具有不同相变温度的材料按照熔点从高到低依次排列，然后储能单元应用这种具有一定顺序的组合相变材料进行蓄热，就能在储放热过程中实现换热流体与相变材料间的热流量基本维持不变。通过对组合相变材料强化换热效果的理论计算，得到均匀等速相变的相变速率高于恒温相变的相变速率这一结论，而且平板形、圆柱形和圆球形3种不同形状材料的完全相变时间分别减少33%、50%和60%。

3）强化材料热导率一般是在相变材料中添加高热导率的功能材料。形成的复合相变储能材料与原来的纯相变材料相比，热导率得到大幅提高，因此成为国内外储能材料研究的热点。制备复合相变储能材料一般有以下两种方法：一是把相变材料注入具有高热导率的多孔材料内，如泡沫石墨和泡沫金属；二是将具有高热导率的材料放到相变储能材料中，如金属阵、金属环、膨胀石墨、碳纤维或者碳刷等。但是，金属或金属氧化物与相变材料的密度差比较大，导致在复合相变材料融化时，固体颗粒在混合液中析出沉淀，从而使复合相变材料的强化换热效果大大降低，限制了其在工业中的应用。纳米技术的出现给复合相变储能材料带来了曙光。国内外学者纷纷研究这种纳米复合相变储能材料，将金属或非金属纳米粉体、碳纳米管等添加到传统储能介质中制备成新型储能介质，研究结果显示，纳米复合相变储能材料的热导率和稳定性大大提高，但目前纳米功能材料的价格比较昂贵，还没有在工业上得到大规模使用。

4）相变微胶囊一般由外层的高分子聚合物和内层相变材料组成，由于微米级的尺度增大了换热比表面积，也可以强化相变储能材料与热源间的换热效率，另外微胶囊群间存在微对流效应，促使相变微胶囊的有效热导率明显增大。近年来，国内外学者对相变微胶囊不同的材料制备和强化换热方法进行了研究。

相变材料研究中的强化换热方法多种多样，如图4-12所示，但每种方法都有各自的优缺点。功能材料的添加使相变材料占比降低，导致蓄热密度减少，而且有些强化换热方法还会影响到相变储能材料的性能，所以，要根据具体应用场合，考虑强化换热效果、相变特征、材料储能密度、复合材料的兼容性和稳定性等多方面的因素，选择整体最合适的强化换热方法。

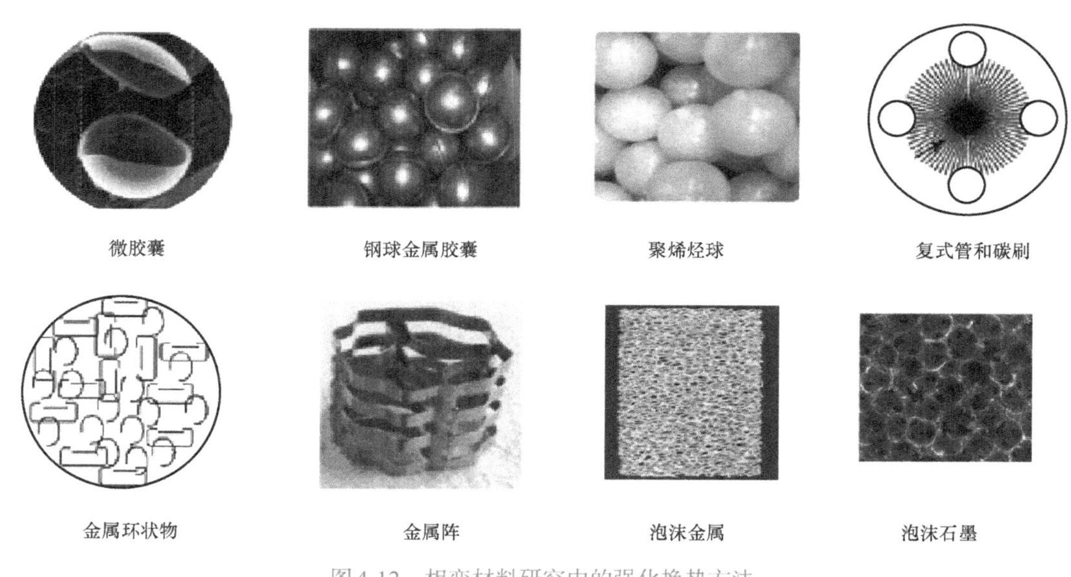

图4-12 相变材料研究中的强化换热方法

4.6 化学储热

4.6.1 化学储热的原理

太阳能显热储存和太阳能潜热储存，都属于利用物理方法进行储存。太阳能化学反应热储存是通过可逆化学反应的反应热形式进行的，也即利用可逆的吸、放热化学反应来储存和释放由太阳能转换成的热能。

化学储热在储能密度以及工作温度范围上相比显热储热和潜热（相变）储热有优势。化学储热是利用化学变化中吸收、放出热量进行热能储存，化学储热方法分为浓度差热储存、化学吸附热储存以及化学反应热储存3类。浓度差热储存是当酸碱盐类水溶液的浓度变化时，利用物理化学势的差别，即浓度差能量或浓度能量的存在，对余热/废热进行统一回收、储存和利用。化学吸附热储存是吸附剂为固态的固/气工作对发生的储热反应，其释热是通过被称之为吸附剂的储热材料对特定吸附质气体进行捕获和固定完成的，其实质为吸附剂分子与被吸附分子之间接触并形成强大的聚合力，如范德华力、静电力、氢键等，并释放能量。化学反应热储存是利用可逆化学反应中分子键的破坏与重组实现热能的存储与释放，其储热量由化学反应的程度、储热材料的质量和化学反应热所决定。储热系统的热效率定义为释热阶段放出的热量与储热阶段吸收的热量之比。利用化学方法来实现太阳能热储存，这就是太阳能反应热储存。

一个最简单的可逆吸放热化学反应例子为

$$AB + \Delta H \Leftrightarrow A + B \tag{4-48}$$

式中，AB为化合物；A和B为两个部分；ΔH为反应热。这里，正反应是吸热反应（储存热量），逆反应是放热反应（释放热量）。反应进行的方向由温度（转折温度T_c）决定，当$T>T_c$时，反应正向进行，即由化合物AB分解成A和B两个组分，需要吸收热量ΔH；而当$T<T_c$时，反应逆向进行，即由A和B两个组分化合成AB，即可放出相同的热量ΔH。这种利用可逆的吸、放热化学反应来储热和放热的方法称为化学反应热储存，简称化学储热。

可逆化学反应的储热量Q与反应程度和反应热有关，可表示为

$$Q = \alpha\tau m\Delta H \tag{4-49}$$

式中，$\alpha\tau$为反应分数；ΔH为单位质量反应物的反应热（kJ/kg）；m为反应物的质量（kg）。

以异丙醇分解的化学储热为例，在催化剂存在的条件下，异丙醇吸热分解的液气反应发生温度在80~90℃，放热的合成反应发生温度在150~210℃，反应方程式如式（4-50）、式（4-51）所示。

$$(CH_3)_2CHOH(l) \rightarrow (CH_3)_2CO(g) + H_2(g) \tag{4-50}$$

$$(CH_3)_2CO(g) + H_2(g) \rightarrow (CH_3)_2CHOH(g) \tag{4-51}$$

当吸热反应和放热反应的转化率分别为8.5%和11.6%时，热传递流体温度可从80℃升高至136℃，系统的热效率为38%，此系统性能随回流比和放热反应温度的升高会下降，随氢与丙酮摩尔比的增加和反应器传热性能的增强会改善。

选择化学反应的标准是：

1）热力学的要求。ΔH和T_c的值都必须适当，使温度范围和储能密度符合应用的要求。

2）可逆性。反应必须是可逆的，且不能有显著的附带反应。

3）反应速率。正向和反向过程的反应速率都应足够快，以便满足对热量输入和输出的要求；同时，反应速率不能显著地随时间而改变。

4）可控性。必须能够根据实际需要，随时使反应进行或停止。

5）储存简易。反应物和产物都应能简易而廉价地加以储存。

6）安全性。反应物和产物都不应由于其腐蚀性、毒性及易燃性等，对安全造成不可克

服的危害。

7）廉价和易得。所有的反应物和产物都必须容易获得，并且价格低廉。但是，对于价格的具体要求，只能针对具体的应用途径，通过详细的经济分析才能加以确定。

4.6.2 可逆化学反应储热的主要特点

通常化学反应过程的能量密度很高，因此，少量的材料就可以储存大量的热。可逆化学反应热储存的另一优点是反应物可在常温下保存，无需保温处理。

当然，另一方面，在将产物冷却到环境温度的过程中，不可避免地要损失一部分显热。但是，一则由于其储能密度高，即使存在这部分损失也还是值得的；二则在化学循环中还是有可能把这部分损失收回的。就储热系统的总费用而言，一般可分为两部分：一部分与功率相关，主要指与反应器、热交换器及泵等有关的费用；另一部分与能量相关，主要指与原材料、储热容器以及保温措施等有关的费用。热化学储热系统具有功率与能量两部分组件能够在位置上分开的特点，故两部分组件的大小可以独立地变更，并且与能量相关的费用一般很低。

化学热储能的主要缺点是循环效率低，由于在完成一个完整的循环过程中，存在着若干个能量损失的环节，如热交换与气体压缩等，故循环效率较低。由于热化学储热系统本身的复杂性，其运转和维修的要求较高，费用也较多。

4.6.3 典型的化学热储存系统

浓度差热储存是利用酸碱盐溶液在浓度发生变化时吸收/放出热量的原理来储存/释放热能的。典型的是利用硫酸浓度差循环的太阳能集热系统、氢氧化钠-水（$NaOH-H_2O$）以及溴化锂-水（$LiBr-H_2O$）的吸收式系统。对于$NaOH-H_2O$热变温器，当蒸发器温度为110℃时，可获得155℃的热能，最大的温度提升幅度为45℃。储热系统的热效率为0.47~0.49。采用$NaOH-H_2O$工质对闭式系统用于实现太阳能的长期热储存，系统原理如图4-13 所示。整个NaOH储热装置（包括储液罐、水箱和换热器）的体积为7m^3，蒸发温度为5℃，若供应65~70℃的热水，其储热密度是采用水作为储热介质时的3倍；若用于提供40℃的空间加热，则其储热密度是采用水作为储热介质时的6倍。

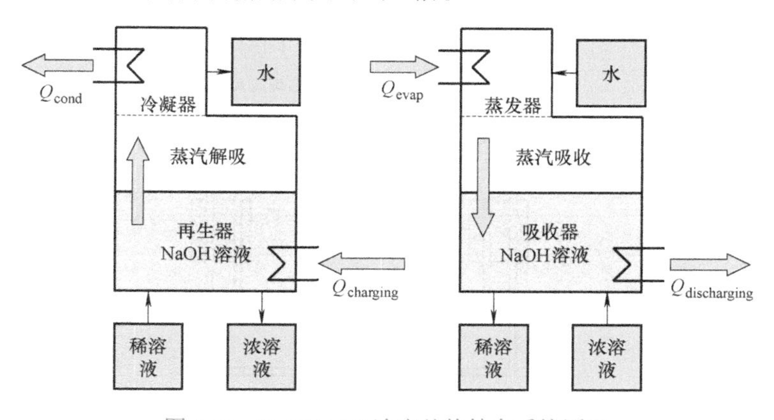

图4-13 $NaOH-H_2O$浓度差热储存系统原理

瑞士国家联邦实验室（EMPA）提出了一个双级的闭式系统。双级系统的解吸热源温度可以从单级的150℃降低到95℃，从而可以使用平板太阳能集热器驱动系统，进而提高了集热器效率。然而，双级储能系统由于需要较多的溶液罐和换热设备，不仅增加了系统的复杂性，而且会使系统的储热效率降低。以LiBr-H_2O为工质对设计并建造了一个可储存28.8MJ热量的系统用于建筑物的采暖，如图4-14所示，出口溶液的最大温度为40℃，可满足冬天采暖的需求。

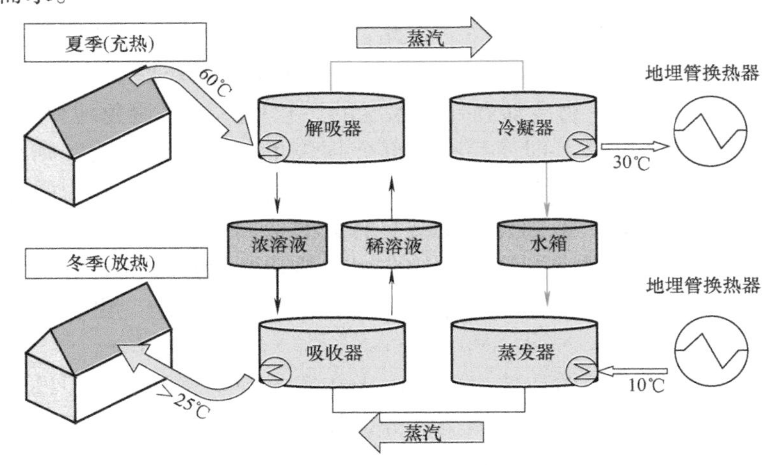

图4-14 LiBr-H_2O吸收储热系统

LiBr-H_2O太阳能热储存系统的充热温度低于70℃，以便于采用太阳能平板集热器，放热温度高于30℃，以满足建筑物采暖的需求，热效率和㶲效率分别为48.4%和15.0%，热能储存密度为263MJ/m^3。

氨分解/合成的化学储热系统如图4-15所示，澳大利亚国立大学（ANU）利用可逆的化学反应$2NH_3 \rightleftharpoons N_2+3H_2$建造了氨化学储热系统，以此实现了太阳热能的储存并将其与蒸汽动力循环相结合予以发电。腔体吸收器由20根装有铁基催化剂的管道所组成，工作时反应器内压力为20MPa，管壁表面温度为750℃，反应平衡时氨容器内压力为15MPa，温度为593℃。采用400个单碟400m^2的集热技术，用氨化学反应储热系统，投资1.57亿澳元建成一座全天候负荷为10MW的太阳能电站，日合成氨1500t，热电转换效率为18%，平均每千瓦时电价低于0.24澳元。此系统的主要优点是反应的可逆性好、无副反应、反应物为流体便

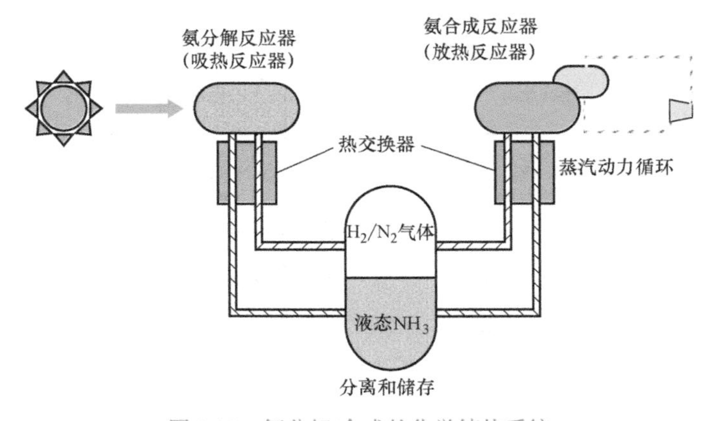

图4-15 氨分解/合成的化学储热系统

于输送，加之合成氨工业已经相当完善，因而此热化学储热系统的操作过程及很多部件的设计准则都可借鉴合成氨工业的现有规范。同时，催化剂便宜易得，系统相对简单，便于小型化，而且储热密度高。由于此反应体系生成气体，因此必须考虑气体的储存和系统的严密性以及材料的腐蚀等问题。此系统效率高、供热连续性强、结构紧凑，在太阳能的中高温热利用中具有广阔的应用前景。

4.7 太阳能热储存的经济性

太阳能热储存技术是一项复杂的技术，无论是从技术层面还是投资成本来看，太阳能热储存技术都是太阳能利用中的关键环节。从现有的研究来看，显热储存研究比较成熟，已经发展到商业开发水平，但由于显热储能密度低、储热装置体积庞大，应用上有一定局限性。化学反应储热虽然具有很多优点，但仍存在化学反应过程复杂、有时需催化剂、有一定的安全性要求、一次性投资较大及整体效率仍较低等困难，目前还处于小规模试验阶段，在大规模应用前仍有许多问题需要解决。相变储热凭借其优越性吸引着人们对其进行大量的研究，发展势头强劲。然而常规相变材料在实际应用过程中存在的种种问题，诸如无机相变材料的过冷和相分离现象，以及有机相变材料的热导率低等问题，严重制约了相变储存技术在太阳能热储存中的应用。此外，降低相变储热的应用成本亦是将相变储存技术大规模应用于太阳能热储存前必须解决的一个现实问题。近年来，随着纳米复合相变储热材料、定形相变材料和功能热流体等新型相变材料的出现，上述问题有望得到解决。新型相变材料的出现，必将在很大程度上推动相变储存技术在太阳能热储存中的应用。

就太阳能热储存来说，理论分析和实验研究都表明，满足数天或更短时间内热负荷变化要求的短期太阳能热储存，在建筑物的采暖和空调系统中还是比较经济的。例如，在被动式太阳房中利用砖、石、混凝土墙等构成的储热系统，实际上并不需要多少额外的投资，因为在设计建筑物的墙体结构时，就已经把它们的费用计算在内了。对储热水箱或岩石堆积床所做的经济分析也表明，短期太阳能热储存的成本与常规能源相比较，还是具有竞争力的。但是，利用常规的太阳能显热储存方式进行长期储热，在经济上并不合算；此外，因为它的技术已日臻完善，所以仅仅依靠技术发展来大幅度改善其经济性的可能性是很小的。

目前，寻求经济而有效的长期储热方法是很有实际意义的课题。在太阳能采暖和空调系统中，利用土壤、地下含水层以及太阳池等来实现跨季度的长期储热，在经济上是很有吸引力的。当然，如果技术困难逐步得到克服，并且材料和系统的成本不断降低，则潜热储存和化学反应热储存等方式在长期储热方面可能具有更加广阔的发展前景。

在太阳能储热系统中，热能的储存应当与整个系统进行综合考虑。太阳能热利用系统的主要部件包括太阳能集热器、储热装置、换热设备、用热设备、辅助能源加热设备和控制设备等。太阳能集热器的性能与温度有密切关系，因而使得整个系统的效率及运行情况都与温度有关。例如，在太阳能热发电系统中，希望集热器具有较高的运行温度，否则热机效率必定不会很高，这样，储热装置就应使用中温或高温储热介质；而如果使用太阳能工业加热系统取得低温热水，那么以直接用水储热最为合理，若换用其他储热介质，再通过换热设备，在传热过程中将会损失一部分可应用的热能。

对于储热装置的设置，也应当考虑整个系统能量转换的全过程。例如，对于太阳能制冷空调系统，既可以在太阳能集热器与制冷机之间储存热量，也可以在制冷机与风机盘管

之间储存冷量，究竟如何设置，应进行技术经济的综合考虑。

另外，储热装置的容量是必须考虑的另一个重要因素。装置容量太大，必然会增加投资额和运转费用；当小容量足够用时，应尽量保持小容量，这样对快速提升温度也是有利的。

最后要考虑也是比较重要的是储热装置的隔热性能。隔热层厚度越大，热损失越少，但总成本会上升，所以应在节能和装置的经济性之间综合平衡决定隔热层的厚度。

习 题

4-1 简述太阳能集热器表面选择性涂层材料的发展趋势。

4-2 吸收-反射型太阳能集热器表面选择性涂层的结构和工作原理是什么？

4-3 太阳能集热板涂层的制备方法有哪些？有哪些发展趋势？

4-4 大规模储存能量的方法和技术有哪些？

4-5 显热储能材料有哪些？常应用在哪些行业？

4-6 相变储能材料有哪些？强化相变储能的措施有哪些？

4-7 举例说明化学储能的原理和特点。

4-8 举典型事例说明太阳能热储存系统的结构和特点。

第5章

太阳能光伏发电与电池储能

硅基太阳能电池包括多晶硅、单晶硅和非晶硅电池3种。产业化晶体硅电池的效率可达到14%~20%。目前产业化太阳能电池中，多晶硅和单晶硅太阳能电池所占比例近90%。硅基电池广泛应用于并网发电、离网发电、商业应用等领域。

硅基太阳能电池中，单晶硅太阳能电池转换效率最高（实验室效率可达26.1%），技术也最为成熟。晶体硅早在1874年就为人所知了，现在单晶硅的电池工艺已近成熟，在电池制作中，一般都采用表面织构化、发射区钝化、分区掺杂等技术，开发的电池主要有平面单晶硅电池和刻槽埋栅电极单晶硅电池。

多晶硅太阳能电池成本低，转换效率较高（实验室效率可达23.3%），生产工艺成熟，占有主要光伏市场，是现在太阳能电池的主导产品。多晶硅太阳能电池已经成为全球太阳能电池占有率最高的主流技术。多晶硅太阳能电池效率低于单晶硅电池，单位成本发电效率两者接近。

非晶硅太阳能电池的优点在于其对于可见光谱的吸光能力很强（比结晶硅强500倍），所以只要薄薄的一层就可以把光子的能量有效吸收。而且这种非晶硅薄膜生产技术非常成熟，不仅可以节省大量的材料成本，也使得制作大面积太阳能电池成为可能。主要缺点是转化率低（5%~7%），而且存在光致衰退（也称S-W效应，即光电转换效率会随着光照时间的延续而衰减，使电池性能不稳定）。因此在太阳能发电市场上没有竞争力，而多用于功率小的小分型电子产品市场，如电子计算器、玩具等。

薄膜太阳能电池依据材料种类不同，可细分为微晶硅薄膜硅太阳能电池（c-Si）、非晶硅薄膜太阳能电池（a-Si）、Ⅱ-Ⅵ族化合物太阳能电池、Ⅲ-Ⅴ族化合物太阳能电池。Ⅲ-Ⅴ族化合物太阳能电池利用多层薄膜结构，转换效率达到30%以上，其他的集中薄膜型太阳能电池效率一般多在10%以下。目前已产业化的薄膜光伏电池材料有3种：非晶硅（a-Si）、铜铟硒（CIS、CIGS）和碲化镉（CdTe），其中，非晶硅薄膜电池的生产比例最大，2007年占全球总产量的5.2%。

5.1 晶硅电池组件及特性

5.1.1 单体太阳能电池

单体太阳能电池是光电转换的最小单元，尺寸一般为4~100cm^2，如图5-1所示。单体太阳能电池的工作电压一般在0.45~0.5V，工作电流为20~25mA/cm^2，单体太阳能电池的工作电压远远不能满足一般用电设备的电压要求，一般不能单独作为电源使用。太阳能电池片的输出电流和发电功率都与其电池面积大小成正比，其输出功率越大，需要的面积也越大。同时单个太阳能电池厚度太薄，极易损坏，抗冲击能力太弱。太阳能电池的电极如果长期裸露在外界环境中，大气中的腐蚀气体会逐渐腐蚀电极。因此，必须使用气密性、耐蚀性好的材料对太阳能电池进行封装，使电池与大气隔绝。

图5-1 单体太阳能电池

国内常用的太阳能晶硅电池片根据尺寸和单多晶可分为：单晶125mm×125mm、单晶156mm×156mm、多晶156mm×156mm、单晶150mm×150mm、单晶103mm×103mm、多晶125mm×125mm等。太阳能电池片的典型技术参数见表5-1。

表5-1 太阳能电池片的典型技术参数

档次	转换效率	最大功率 P_m/Wp	最大功率点电流 I_{max}/A	最小功率点电流 I_{min}/A	最大功率点电压 U_m/V	短路电流 I_{sc}/A	开路电压 U_{oc}/V
A	18.00%	2.674~2.696	5.135	5.093	0.525	5.440	0.630
B	17.80%	2.645~2.673	5.111	5.057	0.523	5.410	0.628
C	17.60%	2.615~2.644	5.075	5.019	0.521	5.380	0.627
D	17.45%	2.593~2.614	5.027	4.987	0.520	5.350	0.627
E	17.30%	2.570~2.592	5.004	4.961	0.518	5.330	0.626

5.1.2 太阳能电池组件

太阳能电池实际使用的时候是根据负载要求，将若干单体太阳能电池串、并联，然后经过严密封装组合而成，可独立作为电源使用。单晶太阳能电池组件如图5-2所示。太阳能电池组件（又称太阳能电池板、光伏组件）是太阳能发电系统的核心，其作用是将太阳能转化为电能，或送往蓄电池中存储起来，或推动负载工作。太阳能电池组件的质量和成本将直接决定整个系统的质量和成本。

太阳能电池组件表面一般采用复合材料，由层压机层压而成，既要保证电池组件的耐蚀性、气密性好，又要机械强度高。太阳能电池组件的主要材料有玻璃、黏结剂、电池片、PVF（或TPT）复合膜、边框等。

（1）低铁超白绒面钢化玻璃

1）低铁超白：这种玻璃含铁量低，其含三氧化二铁（Fe_2O_3）小于0.015%；从侧面看是白色的，而普通玻璃是绿色的，所以称之为超白低铁。

2）绒面：为减少对光的反射，增加减反射的处理，一般采用溶胶凝胶纳米技术和涂布技术。

3）钢化：将熔融的玻璃迅速风冷使其表面为压力，内部为张力，实现钢化。

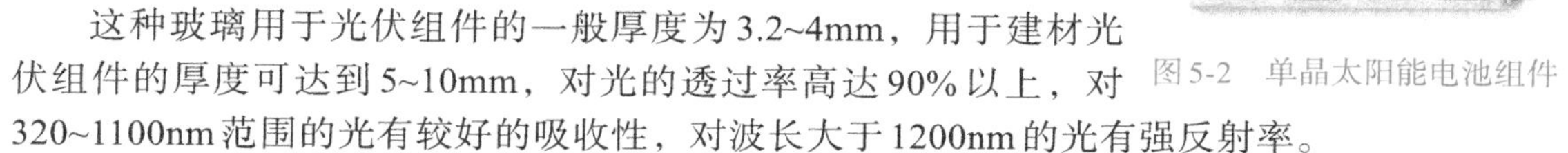

图5-2 单晶太阳能电池组件

这种玻璃用于光伏组件的一般厚度为3.2~4mm，用于建材光伏组件的厚度可达到5~10mm，对光的透过率高达90%以上，对320~1100nm范围的光有较好的吸收性，对波长大于1200nm的光有强反射率。

这种玻璃覆盖在电池正面做上盖板材料，不但可以有效保护太阳能电池不受雨雪、冰雹等侵袭，并且可以提高光电转换效率，是理想的光电组件封装材料。

（2）黏结剂　黏结剂用来粘结固定钢化玻璃和发电主体（如电池片）。黏结剂材质的好坏直接影响组件的寿命。所以对黏结剂的要求有：具有良好的电绝缘性能和化学稳定性，具有良好的气密性，能阻止外界湿气和其他有害气体对电池的腐蚀。一般采用加有抗紫外剂、抗氧化剂和固化剂的优质EVA（乙烯-醋酸乙烯共聚物）膜层作为黏结剂，EVA是乙烯和醋酸乙烯酯的共聚物，它与聚乙烯相比，由于引入了乙酸乙烯，因此提高了透明度、柔韧度，耐冲击。

（3）电池片　电池片的主要作用是发电。市场上主要有晶体硅太阳能电池片和薄膜太阳能电池片，两者各有优劣。晶体硅太阳能电池片的相对设备成本较低，光电转换效率较高，但消耗及电池片成本很高。薄膜太阳能电池片的相对设备成本较高，但消耗和电池成本很低，比较适宜在室外阳光下发电。

（4）背面材料　太阳能电池的背面覆盖物一般采用PVF（或TPT）复合膜。底板对太阳能电池既有保护作用又有支撑作用，采用PVF（或TPT）复合膜，组件的气密性好，抗潮性能和抗紫外线性能好，且不容易老化。

（5）边框　边框用来固定电池组件与方阵。边框材料主要有不锈钢、铝合金、橡胶以及塑料等。对太阳能电池组件的基本要求如下：

1）组件应具有良好的密封性，能够防水、防潮，防止大气中一些腐蚀气体对电池的腐蚀。

2）组件应具有高机械强度，能够抵抗因天气或其他原因而造成的机械冲击。

3）在正常情况下的绝缘电压应大于600V，绝缘强度要大于100MΩ。

4）工作寿命长，要求太阳能电池组件在自然条件下能够使用20年以上。

5）具有良好的电绝缘性能。

6）组件上的电池应排列整体，表面颜色应一致，无焊点、腐蚀斑点及机械损伤。

7）工作电压和输出功率按不同的要求设计，可以提供多种接线方式，满足不同的电压、电流和功率输出要求。

8）在满足前述条件下，封装成本尽可能低。

5.1.3 晶硅太阳能电池组件技术参数

基于国家标准GB/T 9535—1998《地面用晶体硅光伏组件　设计鉴定和定型》，JMD系列太阳能电池组件的电气特性为：短路电流温度系数±0.05%/℃、开路电压温度系数−0.33%/℃、功率温度系数−0.23%/℃、工作电流温度系数+0.08%/℃、工作电压温度系数−0.33%/℃、最大系统电压1000V、绝缘系数≥100MΩ、击穿电压AC 2000V或者DC 3000V。太阳能电池板组件抗风力系数60m/s(200kg/m²)；太阳能电池板组件抗压能力100kg/m²、太阳能电池板组件耐撞击系数能承受227g钢球从1m高掉下的撞击、太阳能电池板组件承受环境温度±45℃的变化、太阳能电池板组件防风和防冰雹的耐候性良好。

为方便太阳能电池组件选择，给出典型单晶硅和多晶硅太阳能电池组件的技术参数，JMD系列单晶硅电池板技术参数见表5-2、JMD系列多晶硅电池板技术参数见表5-3。

表5-2　JMD系列单晶硅电池板技术参数

型号	最大峰值功率P_m/W	最大峰值功率电压U_m/V	最大峰值功率电流I_m/A	短路电流I_{sc}/A	开路电压U_{oc}/V	最大系统电压/V	工作温度/℃	尺寸(长×宽×高)/mm
JMD10-12M	10	17.5	0.58	0.63	21.5	600	−40~60	352×290×25
JMD20-12M	20	17.5	1.16	1.27	21.5	700	−40~60	591×295×28
JMD30-12M	30	17.5	1.71	1.97	21.5	700	−40~60	434×545×28
JMD40-12M	40	17.5	2.33	2.56	21.5	700	−40~60	561×545×28
JMD50-12M	50	17.5	2.91	3.2	21.5	700	−40~60	688×545×28
JMD60-12M	60	17.5	3.2	3.52	21.5	700	−40~60	816×545×28
JMD70-12M	70	17.5	4	4.4	21.5	700	−40~60	753×670×28
JMD75-12M	75	17.5	4.36	4.79	21.5	700	−40~60	753×670×28
JMD80-12M	80	17.5	4.66	5.12	21.5	700	−40~60	1195×545×30
JMD85-12M	85	17.5	4.95	5.44	21.5	700	−40~60	1195×545×30
JMD90-12M	90	17.5	5.14	5.65	21.5	700	−40~60	1195×545×30
JMD140-12M	140	17.5	8	8.8	21.5	1000	−40~60	1450×670×35

表5-3　JMD系列多晶硅电池板技术参数

型号	最大峰值功率P_m/W	最大峰值功率电压U_m/V	最大峰值功率电流I_m/A	短路电流I_{sc}/A	开路电压U_{oc}/V	最大系统电压/V	工作温度/℃	尺寸(长×宽×高)/mm
JMD010-12P	10	17.5	0.58	0.63	21.5	600	−40~60	352×290×25
JMD020-12P	20	17.5	1.16	1.27	21.5	700	−40~60	591×295×28
JMD030-12P	30	17.5	1.71	1.97	21.5	700	−40~60	434×545×28
JMD040-12P	40	17.5	2.33	2.56	21.5	700	−40~60	561×545×28
JMD050-12P	50	17.5	2.91	3.2	21.5	700	−40~60	688×545×28
JMD060-12P	60	17.5	3.2	3.52	21.5	700	−40~60	816×545×28
JMD070-12P	70	17.5	4	4.4	21.5	700	−40~60	753×670×28
JMD075-12P	75	17.5	4.36	4.79	21.5	700	−40~60	753×670×28
JMD080-12P	80	17.5	4.66	5.12	21.5	700	−40~60	1195×545×30

（续）

型号	最大峰值功率 P_m/W	最大峰值功率电压 U_m/V	最大峰值功率电流 I_m/A	短路电流 I_{sc}/A	开路电压 U_{oc}/V	最大系统电压/V	工作温度/℃	尺寸(长×宽×高)/mm
JMD085-12P	85	17.5	4.95	5.44	21.5	700	-40~60	1195×545×30
JMD0140-12P	140	17.5	8	8.8	21.5	1000	-40~60	1450×670×35

5.2　硅薄膜太阳能电池组件及特性

硅薄膜太阳能电池板主要由光伏玻璃、塑料衬底、密封胶、半导体材料及各种气体、接线盒、光伏电缆等组成。

1. 光伏玻璃

薄膜太阳能电池组件是用两块玻璃将电池夹在一起的，玻璃使用超白浮法玻璃。直接接收阳光照射的称为面板玻璃，薄膜太阳能电池直接做在面板玻璃上，做好后再压上一块玻璃做底（称为底玻璃）。两块玻璃之间涂上胶，经过热压，使两块玻璃牢固粘接，将电池封住，使空气不能进入其内。薄膜太阳能电池面板能接受多少太阳光，主要取决于面板玻璃。

薄膜太阳能电池面板玻璃的要求如下：

1）较高的机械强度及硬度，能抵抗外界由于天气及其他一些原因造成的外力侵袭。

2）对太阳光的透过率高，吸收率及反射率低。

3）耐蚀性好，长期暴露在大气及阳光下，性能不会发生严重的衰退。

2. 塑料衬底（聚酰亚胺）

聚酰亚胺是分子结构中含有酰亚氨基链节的芳香杂环高分子化合物。由于聚酰亚胺具有十分优异的综合性能，可用多种途径合成，还可用多种方法加工，所以应用特别广泛。聚酰亚胺主要有以下优点：

1）优异的耐热性，聚酰亚胺的分解温度一般超过500℃。

2）耐极低温，在-269℃的液态氦中不会脆裂。

3）良好的耐辐射性能，对它进行很大剂量的辐照度后，强度也能保持得很好。

4）无毒，可以用来制造餐具和医用器具。

5）在极高的真空下放气量很少。

6）具有良好的耐辐射性能和良好的导电性能。

3. 密封胶

密封胶用于太阳能电池组件、光伏组件外框的密封。目前用于光伏组件的胶主要有EVA（乙烯-醋酸乙烯共聚体）和PVB（聚乙烯醇缩乙醛）。

太阳能电池组件密封胶的性能要求有：

1）黏结性好，对铝材、玻璃等应具有良好的黏结性。

2）耐紫外线。

3）产品应无毒。

4）密封性能良好，耐水及冰雪冰雹等冲击。

5）能长期保持稳定性。

太阳能组件密封胶的主要技术参数见表5-4。

表5-4　太阳能组件密封胶的主要技术参数

<table>
<tr><td colspan="2" rowspan="4">固化前</td><td>外观</td><td>白色膏状</td></tr>
<tr><td>密度/(g/cm³)</td><td>1.30~1.40</td></tr>
<tr><td>表干时间(25℃)/min</td><td>≤12</td></tr>
<tr><td>拉伸强度/MPa</td><td>≥2.0</td></tr>
<tr><td rowspan="8">固化后</td><td rowspan="4">力学性能</td><td>扯断伸长率(%)</td><td>200~300</td></tr>
<tr><td>剪切强度/MPa</td><td>≥2.0</td></tr>
<tr><td>硬度(shore A)</td><td>50~55</td></tr>
<tr><td>使用温度范围/℃</td><td>-50~250</td></tr>
<tr><td rowspan="4">电性能</td><td>介电常数(60Hz)</td><td>2.8</td></tr>
<tr><td>介电强度/(kV/mm)</td><td>≥18</td></tr>
<tr><td>体积电阻/Ω·cm</td><td>1×10^{15}</td></tr>
<tr><td>阻燃级别</td><td>UL94 V-0</td></tr>
</table>

4. 接线盒

对接线盒的技术要求主要有：

1）能在室外恶劣的环境下使用。

2）装配不同规格的二极管，可改变接线盒的工作电流。

3）外壳有极强的抗老化，抗紫外线的能力。

表5-5为接线盒的主要技术参数。

表5-5　接线盒的主要技术参数

额定电流/A	16
额定电压/V	DC 1000
接触电阻/mΩ	≤5
外形尺寸(长×宽×高)/mm	131×105×25
二极管数量	6
绝缘材料	聚苯醚(黑色)
接触材料	铜镀锡
安全等级	Class Ⅱ
防护等级	IP65
连接线规格/mm²	4、6
阻燃等级	UL94 5VA
环境温度范围/℃	-40~85
认证	TUV、UL、IEC

5. 光伏电缆

光伏电缆采用太阳能专用电缆，其长时间在高温、紫外线辐射下工作，以保证电站的安全。太阳能专用电缆的特点是铜导线经过镀锡处理，因为铜在温度高于90℃时表面颜色会发生改变，焊接性能降低，因此要进行镀锡处理。绝缘层采用环保材料，该材料还经过高能辐射辐照交联工艺，经过辐照后，改变了聚合物的化学结构，使得电线电缆具有耐高温、耐紫外线、耐水蒸气、寿命长、耐磨防腐等优点。表5-6为光伏电缆的主要技术参数。

表5-6 光伏电缆的主要技术参数

额定电压/V	DC 1800
测试电压/V	6500(50Hz、5min)
额定温度/℃	-40~120
使用寿命/年	≥25
短路使用温度/℃	280
导体最高使用温度/℃	120
最小弯曲半径/mm	≤8
阻燃测试	IEC 60322-1,UL1581VW-1
烟密度	IEC 61034、EN 50268-2
卤酸气体释放量	IEC 670754-1、EN 50267-2-1

5.3 太阳能光伏系统

5.3.1 系统基本构成

太阳能光伏发电系统利用太阳能电池板把太阳辐射能转换为电能。太阳能光伏发电系统按大类一般可以分为独立光伏发电系统（简称独立系统）和并网光伏发电系统（简称并网系统）。独立系统也叫离网光伏发电系统，是在自己的闭路系统内部形成电路，通过太阳能电池组将接收来的太阳能辐射能量直接转换成电能供给负载，并将剩余的能量通过控制器储存在蓄电池中。并网系统是通过太阳能电池板将接收来的太阳辐射能量转换为电能，再经过高频直流转换为高压直流电，再经过并网逆变器转换为符合市民电网要求的交流电。

1. 独立光伏发电系统

尽管太阳能光伏发电系统的应用形式多种多样，系统规模跨度也很大（从小电量的路灯到大型的光伏发电站），但其工作原理和构成大致相同，独立光伏发电系统如图5-3所示。

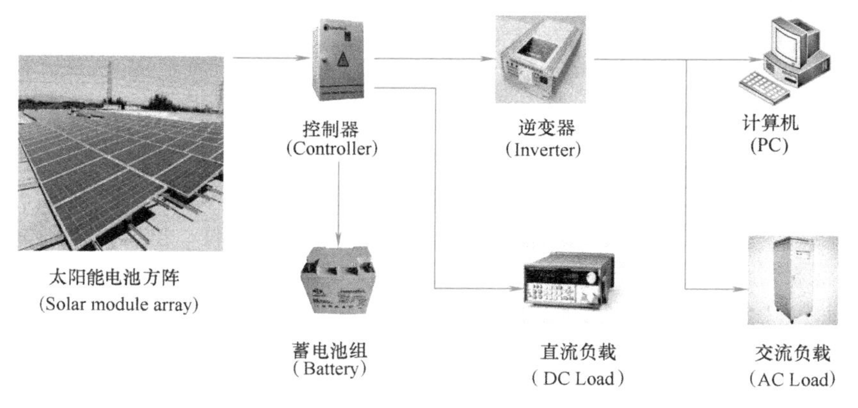

图5-3 独立光伏发电系统

（1）太阳能电池组件 将单一太阳能电池经串联或并联组成太阳能电池组件，目前应用最广泛的太阳能电池主要是单晶硅、多晶硅和非晶硅。单晶硅太阳能电池的转换效率最高，在实验室的转换效率可达26.1%，材料本身无污染，是最理想的太阳能电池材料，但由于其价格过高，多晶硅以及非晶硅薄膜电池快速发展起来。表5-7为太阳能电池的类型及特性。

表 5-7　太阳能电池的类型及特性

类型	单晶硅	多晶硅	非晶硅
光电转换效率	16%~20%	14%~16%	10%~12%
使用寿命/年	15~20	15~20	5~10
平均价格	昂贵	较贵	较便宜
稳定性	好	较好	差
颜色	黑色	深蓝色	棕色
主要优点	体积小，光电转换效率高	工作稳定，成本较低	价格低，弱光性好
主要缺点	成本太高	光电转换效率较低	光电转换效率最低，会衰减

（2）蓄电池　光伏发电具有很大的不稳定性和随机性，受天气、季节、时间以及地理位置等条件的影响，需要配备储能装置（蓄电池）。蓄电池将太阳能电池板的直流电能转换为化学能储存起来，以备夜晚、阴雨天或者日照不足等情况供电需要。蓄电池储存和释放电能，通过电化学原理将化学能转化为电能。蓄电池成本一般占太阳能发电系统总成本的20%~25%，蓄电池的损坏往往导致光伏发电系统不能正常运行。蓄电池特性直接影响太阳能光伏发电系统的工作效率、可靠性以及价格。

光伏发电系统使用的蓄电池主要是铅酸蓄电池和碱性蓄电池。铅酸蓄电池是由普兰特于1859年发明的，它是以铅作为负极、以二氧化铅为正极、稀硫酸为电解质的电池。铅酸蓄电池具有良好的性价比，放电工作电压较平稳，既可小电流放电，也可很大电流放电。工作温度范围宽，可在−40~65℃工作。铅酸蓄电池还具有化学能和电能转换率较高、充放电循环次数多、端电压高、容量大等优点。但这种蓄电池也有明显的缺点，如充电速度较慢、质量大、质量比能低。

碱性蓄电池是采用了苛性钾或苛性钠的水溶液作为电解液。碱性蓄电池与铅酸蓄电池相比具有体积小、低温性能好、维修简单、使用寿命长等优点。碱性蓄电池的主要缺点是内阻大、电动势较低、初始成本较高。蓄电池的选择和使用，是光伏发电系统设计和运行管理中至关重要的问题。

（3）控制器　控制器的作用是使太阳能电池和蓄电池高效、安全、可靠地工作。在不同类型的光伏发电系统中，控制器的差别很大，其功能的不同要根据系统的要求及重要程度来确定。光伏控制器的主要功能如下：

1）高压断开和恢复连接功能：控制器应具有输入高压断开和恢复连接功能。

2）欠电压告警断开和恢复功能：当蓄电池电压降到欠电压设定值时发出警告，并让蓄电池停止向负载供电；当蓄电池电压恢复到欠电压设定值以上时，恢复蓄电池向负载供电。

3）设备保护功能：应具有防止负载、控制器及系统其他一些设备的内部短路保护，防止夜间蓄电池通过太阳能电池组件反向放电保护，防止在多雷电区由于雷击引起的击穿保护，防止太阳能电池板极性接反的电路保护等功能。

4）温度补偿功能：当蓄电池温度低于25℃时，蓄电池的电压应适当提高，以便完成充电过程；相反，当蓄电池温度高于25℃时，蓄电池的电压应适当降低。

控制器还应使太阳能光伏发电系统始终处于发电的最大功率点附近，以获得最大效率。现在研制出了一种新型的“向日葵”控制器，它既能跟踪调控点P_m，又能跟踪太阳能移动参数，将固定太阳能的效率提高了50%左右。随着太阳能光伏产业的发展，控制器的功能越来越强大。

（4）DC/AC变换器（逆变器） 在太阳能光伏发电系统中，如果含有交流负载，那就要使用逆变器将太阳能电池组件中产生的直流电或蓄电池释放出来的直流电转换为负载所需要的交流电。太阳能电池板产生的直流电或蓄电池释放的直流电经逆变器的调制、滤波、升压后，得到与交流负载额定频率、额定电压相同的正弦交流电提供给负载使用。逆变器主要分为以下几种：

1）方波逆变器：线路简单、价格便宜，但噪声大、对通信设备的干扰较大。

2）修正波逆变器：效率高，高次谐波含量比方波明显减少，但它线路较复杂，对收音机和某些通信设备仍有一些高频干扰。

3）正弦波逆变器：具有输出波形好、噪声低、保护功能齐全、整机性能高等优点，但它的线路相对复杂，价格也较昂贵。

光伏发电系统逆变器的主要技术经济指标有：

1）可靠性高，要求工作寿命为20~25年。

2）从空载到满载的反应时间小于1s。

3）效率高，功率在1~5kW，效率不低于90%；功率在10kW以上，效率不低于95%；

4）要求体积小、质量轻、维修简单、性价比高。

（5）用电负载 太阳能光伏发电系统按负载性质分为直流负载系统和交流负载系统。

独立发电光伏系统能量密度不高，整体的利用效率较低，前期的投资较大，蓄电池一般都选用铅酸蓄电池为主，蓄电池成本占太阳能光伏发电系统前期设备成本的25%左右。蓄电池安全运行控制较为重要，如果简单控制蓄电池充放电，会导致蓄电池提前失效，从而增加了系统的运行成本。此外，由于光伏发电系统受时间、天气、季节等因素的影响大，所以独立系统供电稳定性和可靠性差。

2. 并网光伏发电系统

并网系统由太阳能电池方阵、控制器、并网逆变器构成，一般不经过蓄电池储能，通过并网逆变器直接将电能供给公共电网，系统如图5-4所示。因其不需要配备储能装置，省去蓄电池储能和释放过程，因此可以充分利用太阳能电池方阵所发的电能，减少能量的损耗，大大降低了系统的成本。

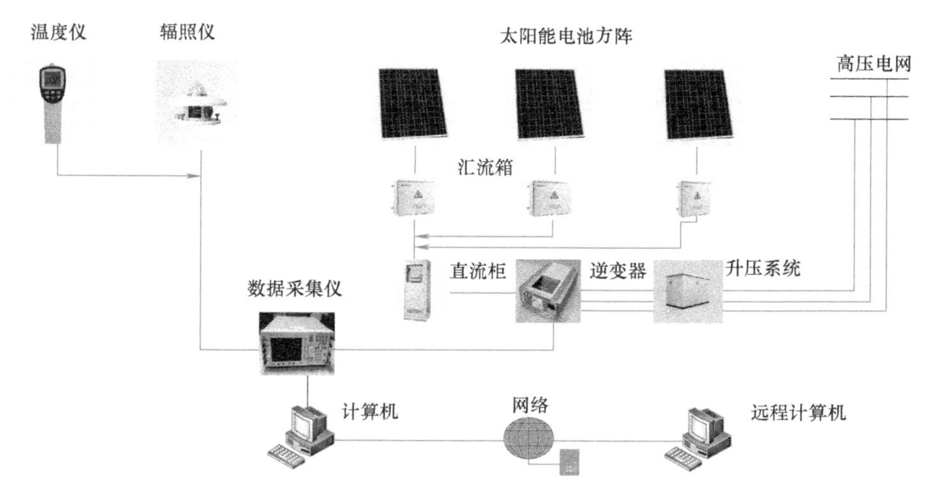

图5-4 并网光伏发电系统

但由于逆变器输出与电网并联，必须保持两组电源电压、相位及频率等特性的一致性，否则会造成两组电源间的互放电，以及整个系统的不稳定。因此系统中需要专门的并网逆变器。并网运行的系统，要求逆变器具有同电网连接功能，并网系统的优点是可以省去蓄电池，而将电网作为自己的储能单元。由于太阳能电池板安装的多样性，为了使太阳能的转换效率最高，要求并网逆变器具有多种组合运行方式，以实现最佳方式的太阳能转换。目前比较常用的逆变方式为集中逆变器、组串逆变器、多组串逆变器和组件逆变器。

集中逆变器一般用于大型的太阳能光伏发电系统，很多并联的光伏组件被连接到同一台集中逆变器的直流输入端，一般情况下，功率大的逆变器使用三相的IGBT功率模块，功率较小的逆变器使用场效应晶体管，同时使用具有数字信号处理器（DSP）的控制器来控制逆变器输出电能的质量，使它非常接近于正弦波电流。集中逆变器最主要的特点是系统的功率大、成本低，但系统的性能受光伏组件匹配及某一光伏组件工作状态不良的影响较大。

组串逆变器已成为现在国际市场上最普遍、最常用的逆变器，它是以模块化为基础，每个光伏组串通过一个逆变器在直流端具有最大功率峰值追踪，在交流端与公共电网并网。许多大型太阳能光伏发电厂都使用组串逆变器。组串逆变器最主要的优点是不受光伏组件光伏组件匹配及某一光伏组件工作状态的影响，增加了系统的可靠性。

多组串逆变器集合了集中逆变器与组串逆变器的优点，避免了其缺点。在多组串逆变器中包含了不同的单独的功率峰值追踪器和DC/DC转换器，这些直流电通过一个普通的逆变器转换成交流电与公共电网并网。在使用多组串逆变器时，即使光伏组件具有不同的尺寸，采用不同的技术或者安装在不同的方向等，它们都可以连接在一个共同的逆变器上，同时每一组串都工作在它们各自的最大功率峰值上。

组件逆变器是将每一个光伏组件与逆变器相连，并且每个组件都有一个单独的最大功率峰值追踪，使组件与逆变器的配合更好。

5.3.2 系统设计

1. 太阳能光伏系统的设计需要考虑的主要因素

设计太阳能光伏系统是一件很复杂的事情，因为在设计过程中要考虑的因素有很多，如太阳能辐照度、安装地点、气候等。太阳能光伏系统的设计需要考虑的主要因素如下：

1）系统每天要工作的时间。

2）系统的输出电压的高低和类型。

3）系统负载功率的大小。

4）工作地点的辐射能量。

5）太阳能电池光伏系统使用的连续阴雨天数。

2. 独立光伏发电系统设计的技术条件

独立光伏发电系统的主要技术条件有负载性能、太阳能辐照度、太阳能电池方阵倾角、蓄电池容量等。

负载性能一般来说是用户一整天都要用电，白天用的可由光伏发电系统直接供电，晚上用的是由光伏系统中蓄电池储存的电量。因此，白天使用的负载，其系统容量可以减小，晚上使用的系统容量可以增加。

太阳能辐照度是很随机很不稳定的。它主要受气候、季节、地理位置、时间的变化而变化，而这些因素都是一直在变化的，所以很难获得太阳能电池方阵安装后各时段确切的数据。在决定光伏方阵的大小时，首先要了解很长一段时间当地太阳辐射情况，对于一般的光伏系统，只需要知道月平均辐照量，不需要计算瞬时值。表5-8为全国各大城市太阳辐射情况。

表5-8 全国各大城市太阳辐射情况

城市	纬度ϕ/(°)	倾角为当地纬度斜面平均日辐射量/[kJ/(m²·d)]	水平面平均日辐射量H_t/[kJ/(m²·d)]	最佳倾角/(°)
哈尔滨	45.68	15838	12703	ϕ+3
长春	43.90	17127	13572	ϕ+1
沈阳	41.77	16563	13793	ϕ+1
北京	39.80	18035	15261	ϕ+4
天津	39.10	16722	14356	ϕ+5
呼和浩特	40.78	20075	16574	ϕ+3
太原	37.78	17394	15061	ϕ+5
乌鲁木齐	43.78	6594	14464	ϕ+12
西宁	36.75	19617	16777	ϕ+1
兰州	36.05	15842	14966	ϕ+8
银川	38.48	19615	19615	ϕ+2
西安	34.30	12952	12952	ϕ+14
上海	31.17	13691	12760	ϕ+3
南京	32.00	14207	13099	ϕ+5
合肥	31.85	13299	12525	ϕ+9
杭州	30.23	12372	11668	ϕ+3
南昌	28.67	13714	13094	ϕ+2
福州	26.08	12451	12001	ϕ+4
济南	36.68	15994	14043	ϕ+6
郑州	34.72	14558	13332	ϕ+7
武汉	30.63	13707	13201	ϕ+7
长沙	28.20	11589	11377	ϕ+6
广州	23.13	12702	12110	ϕ+0
海口	20.03	13510	13835	ϕ+12
南宁	22.82	12734	12515	ϕ+5
成都	30.67	10304	10392	ϕ+2
贵阳	26.58	10235	10327	ϕ+8
昆明	25.02	15333	14194	ϕ+0
拉萨	29.70	24151	21301	ϕ+6

3. 太阳能光伏发电系统的设计方法

1）确定用电设备的总功率P_L为

$$P_L = P_1 + P_2 + P_3 + \cdots \tag{5-1}$$

2）确定用电设备的用电量Q_i为

$$Q_1 = P_1 t_1,\ Q_2 = P_2 t_2,\ Q_3 = P_3 t_3,\ \cdots,\ Q_i = P_i t_i \tag{5-2}$$

式中，Q_1、Q_2、…、Q_i为用电器1、2、…、i的用电量；P_1、P_2、…、P_i为用电器1、2、…、

i的功率；t_1、t_2、…、t_i为用电器1、2、…、i的日用电时间。

3）蓄电池容量的确定。蓄电池容量一般用下式计算：

$$C_W = \frac{Q_L dF}{KD} \tag{5-3}$$

式中，C_W为蓄电池的容量（W·h）；Q_L为所有用电设备的总用电量（W·h）；d为最长无日照用电天数（d）；F为蓄电池放电容量的修订系数，通常为1.2；D为蓄电池放电深度，通常为0.5；K为包括逆变器在内的交流回路的损耗率，通常取0.8。

4）太阳能电池方阵功率的确定。先计算平均峰值日照时数T_m。

$$T_m = \frac{K_{op} R}{3.6 \times 365} \tag{5-4}$$

式中，K_{op}为斜面辐射最佳辐射系数；R为年均太阳总辐射量（MJ/m^2）。

然后再计算太阳能电池方阵的峰值功率P_m(W)：

$$P_m = \frac{Q_L F}{K T_m} \tag{5-5}$$

5）逆变器的确定。逆变器功率=阻性负载功率×(1.2~1.5)+感性负载功率×(5~7)。

对于1kW以下的小功率光伏发电系统，一般采用方波逆变器和准正弦波逆变器，对于1kW以上的大功率光伏发电系统，一般采用正弦波逆变器。

6）控制器的确定。控制器的最大负载电流为

$$I = \frac{1.25 P_L}{KU} \tag{5-6}$$

式中，P_L为用电设备的总功率；U为控制器负载工作电压（即蓄电池电压）。

5.4 太阳能系统方阵及工程案例

5.4.1 太阳能电池组件

设计太阳能光伏发电系统方阵的一个主要原则是要满足平均气候条件下负载的每日用电需求，因为天气条件有低于和高于平均值的情况，所以要保证系统方阵和蓄电池能在不同的天气条件下协调地工作。设计太阳能电池组件还要考虑到地理位置和季节的因素，要使设计的系统方阵输出功率跟全年负载需求功率的平均值差不多。

太阳能电池组件的日输出功率与太阳能电池组件中电池片的串联数量有关，根据不同的气候条件，太阳能电池板被设计为36片串联组件和33片串联组件。

36片串联组件主要是在高温条件下使用。通常情况下，使用的蓄电池的系统电压为12V，36片串联组件就意味着在标准状况下，太阳能电池板的峰值电压U_{mp}为17V，当这些组件在高温下工作时，太阳能电池组件的电压会随着温度的升高而降低，所以在高温下太阳能电池板的U_{mp}大约为15V。因此即使在最热的气候条件下，也可以给各种类型的12V蓄电池充电。

33片串联组件主要是在比较温和的气候条件下使用。33片串联组件就意味着在标准状况下，太阳能电池板的U_{mp}为16V，略微高于蓄电池充电所需的电压，若将这些组件用于高温下工作时，太阳能电池组件的电压会降到14V左右，这样虽然对太阳能电池组件没有坏处，但是产生的电流不够理想。因此33片串联组件适用于温和的气候。

5.4.2　太阳能电池组件的串并联组合

太阳能电池方阵的连接有串联、并联和串并混合等方式。当每个单体电池组件性能一致时，太阳能电池组件按一定数目串联起来，就可在不改变输出电流的情况下，使方阵输出电压成比例地增加。多个电池组件并联时，可在不改变输出电压的情况下，使方阵的输出电流成比例地增加。当组件串、并联混合的时候，既可以增加方阵的输出电压，又可以增加方阵的输出电流。但是组成方阵的太阳能电池组件性能参数不可能完全一致，这样就会导致各串联电池组件的工作电流受限于其中电流最小的组件，也会导致各并联电池组件的输出电压受限于其中电压最低的组件。所以方阵组合会产生损失，使方阵的总效率总是低于所有单个组件的效率之和。因此在组成电池方阵的时候，应把特性相近的电池组件组合在一起。在串联组合太阳能电池组件时，应选出工作电流相同的组件，并为每个组件并接旁路二极管；在并联组合太阳能电池组件时，应选出工作电压相同的组件，并在每一条并联支路中串联防反充二极管，并且应防止个别性能变坏的电池组件混入电池方阵。

5.4.3　太阳能电池组件的热斑效应

在太阳能电池方阵中，若在方阵中的某一单体电池上落入树叶、鸟粪之类的东西形成阴影部分，或者当电池方阵中的某一单体电池损坏，但电池方阵的其余部分仍然处于阳光下工作时，这时其他正在正常工作的电池就会对损坏的电池或被遮挡的电池提供负载所需的功率，使得这部分电池如同一个工作于反向偏置的二极管，导致这部分电池出现高温而在电池上产生热斑，严重时会引起整个组件失效。这就被称为热斑效应。

热斑效应会损坏电池组件，造成很大的损失，因此需要对其进行防护。太阳能电池组件是串联组合时，需要在太阳能电池组件的正、负极间并联一个旁路二极管，以避免串联回路中光照组件所产生的能量被遮蔽的组件所消耗。太阳能电池组件是并联组合时，需要串联一只二极管，以避免并联回路中光照组件所产生的能量被遮蔽的组件所吸收。

5.4.4　防反充二极管和旁路二极管

二极管在太阳能电池方阵中是很重要的器件，旁路二极管的反向峰值击穿电压和最大工作电流都应取最大运行工作电压和工作电流的两倍以上，以防止二极管被击穿而损坏，二极管在太阳能光伏发电系统中主要分为防反充二极管和旁路二极管这两种。

防反充二极管的主要作用是防止电池方阵中各支流之间的电流倒送。因为各支路的输出电压可能会由于电池的性能参数不同而总有高低之差，或者由于某一电池因遮蔽物等而使该支路的输出电压降低，高电压支路的电流就会流向低电压支路，从而使组件总的输出电压降低。另外，防反充二极管还能防止太阳能电池因阴雨天或其他原因不工作时，蓄电池的电流反过来向组件或方阵倒送。这样不仅白白损失能量，还可能会使电池组件发热而损坏。

旁路二极管就是指当有较多的太阳能电池组件串联组成电池方阵时，通常会在每块电池板的正、负极输出端反向并联一个二极管。旁路二极管的作用就是防止方阵中因某个组件出现故障停止发电时，工作电流会从旁路二极管流过，不影响其他组件的正常发电。

5.4.5　工程案例

实例1：25W离网光伏发电系统设计。

25W离网光伏发电系统安装地点：北纬34°18′，东经108°56′，海拔396.9m，连续无日照天数为5天，25W离网光伏发电系统的负载工作情况见表5-9。

表5-9　25W离网光伏发电系统的负载工作情况

负载功率/W	电压/V	每天工作时间/h
5	24	10
25	24	20

1）每天耗电量：Q_L=5W×10h+25W×20h=550W·h。

2）光伏系统直流电压的确定。本系统功率较小，选择12V。

3）蓄电池的容量为

$$C_W = \frac{Q_L dF}{KD} = \frac{550 \times 1.2 \times 5}{0.5 \times 0.8} \text{W} \cdot \text{h} = 8250\text{W} \cdot \text{h}$$

$$C = (8250/12)\text{A} \cdot \text{h} = 687.5\text{A} \cdot \text{h}$$

因当地纬度，根据当地20年各月平均太阳辐射气象资料计算出45°倾斜面上各月太阳辐射量，见表5-10。

表5-10　45°倾斜面上各月太阳辐射量

月份	H/(mW·h/cm²)	H_B/(mW·h/cm²)	H_d/(mW·h/cm²)	d_n	δ/(°)	R_B	H_{BT}/(mW·h/cm²)	H_{dT}/(mW·h/cm²)	H_{rT}/(mW·h/cm²)	H_T/(mW·h/cm²)
1	219.0	91.6	127.4	16	−21.10	2.033	186.2	108.7	6.4	301.3
2	264.2	106.2	158.0	46	−18.29	1.899	201.7	134.9	7.7	344.3
3	327.6	123.7	203.9	75	−2.42	1.261	156.0	174.0	9.6	339.6
4	398.9	156.0	242.9	105	9.41	0.956	149.1	207.3	11.7	368.1
5	465.4	215.1	250.3	136	19.03	0.766	164.8	213.7	13.6	392.1
6	537.9	279.1	258.8	167	23.35	0.690	192.6	220.9	15.8	429.3
7	506.5	268.3	238.2	197	21.35	0.726	194.8	203.3	14.8	412.9
8	505.9	294.2	211.7	228	13.45	0.871	256.2	180.7	14.7	451.7
9	328.2	157.9	170.3	258	2.22	1.129	178.3	145.4	9.6	333.3
10	272.8	129.0	143.8	289	−9.97	1.514	195.3	122.7	8.0	326.0
11	224.3	98.6	125.7	319	−9.15	1.922	189.5	107.3	6.6	303.4
12	200.4	83.9	116.5	350	−23.37	2.173	182.3	99.4	5.9	287.6

注：H为水平面上的辐射量；H_B为直接辐射量；H_d为散射辐射量；d_n为从一年开头算起的天数；δ为太阳赤纬；R_B为倾斜面上的直接辐射分量与水平面上直接辐分量的比值；H_{BT}为直接辐射分量；H_{dT}为天空散射辐射分量；H_{rT}为地面反射辐射分量；H_T为倾斜45°平面上的辐射量。

由表5-10可知，倾斜面上全年平均日辐射量为357.5mW·h/(cm²·d)，故全年平均峰值日照时数为

$$T_m = \frac{357.5}{100}\text{h} = 3.58\text{hA}$$

4）太阳能电池方阵功率为

$$P_m=1.5×550\text{W}/3.58=230.4\text{W}$$

实例2：一普通家庭所用的负载情况见表5-11。当地的年平均太阳总辐射量为6000MJ/(m²·a)，连续无日照天数为4天，设计合理的太阳能光伏发电系统。

表5-11　一普通家庭所用的负载情况

设备	规格	负载	数量	日工作时间/h
照明		220V/15W	5	5
电视机	25in	220V/110W	1	5
洗衣机(感性负载)	2L	220V/250W	1	1

1）每天耗电量

$$Q_L=15W\times5\times5h+250W\times1h+110W\times5h=1625W\cdot h$$

2）光伏系统直流电压的确定：本系统功率较小，选择12V。

3）蓄电池的确定

$$C_W=\frac{Q_L dF}{KD}=\frac{1625\times4\times1.2}{0.8\times0.5}W\cdot h=19500W\cdot h$$

$$C=(19500/12)A\cdot h=1625A\cdot h$$

4）太阳能电池方阵功率

$$T_m=6000h/(3.6\times365)=4.56h$$

$$P_m=1.5\times1625W/4.56=534.5W$$

5）逆变器的确定：逆变器的功率=阴性负载功率×(1.2~1.5)+感性负载功率×(5~7)
=185W×1.5+250W×6=1777.5W

6）控制器的确定

$$I=1.56\times435W/12V=56.6A$$

因此，控制器和逆变器可选用2000V·A的控制-逆变一体机。

5.5　太阳能聚光光伏发电系统

5.5.1　聚光光伏系统简介

太阳能光伏发电是利用光电效应，将太阳能转换为电能并加以利用。太阳能光伏发电与太阳能热发电相比，其效率较高，系统简单，是最重要的太阳能发电方式。太阳能光伏发电技术，经过以单晶硅太阳能电池和薄膜太阳能电池为核心的两代光伏发电技术，形成了通过光学元件汇聚太阳光后再进行发电的聚光光伏发电技术（CPV）。James和Moon是最早利用聚光光伏技术的研究人员。

太阳能光伏发电备受世界瞩目，主要需要解决太阳能电池的成本、可靠性、寿命、系统方式与优化方法等难题。太阳能光伏发电的成本主要是太阳能电池的成本，高额成本成为制约光伏发电大规模应用的主要障碍。因此降低成本和提高发电效率是太阳能光伏发电研究的关键。

聚光光伏系统利用聚光器将太阳光汇聚在太阳能电池上。处于聚光条件下，一方面，对于一定的输出功率，能较大幅度地减少太阳能电池芯片的消耗；另一方面，光伏电池单位面积接受的辐照度大幅度增加，太阳能电池的光电转换效率可以得到一定的提高。聚光光伏技术的目的是通过使用较为便宜的聚光部件来代替昂贵的太阳能电池，降低光伏系统的发电成本。聚光电池和聚光镜效率的提高、跟踪器性能的改善、散热装置的改进等都使得整个聚光发电系统发电效率不断提高、发电成本不断下降。理论估算表明，利用聚光光伏技术，可以有效降低发电成本，并且完全可以达到大规模应用所能接受的价格范围。随着聚光技术的不断进步，加上传统能源的不断消耗和环保压力的增加，光伏聚光技术将得以大规模的推广应用。

全球有数家公司均在致力于研发太阳能碟式高聚光发电系统，典型高倍聚光光伏系统（HCPV）项目见表5-12所示。GreenVolts公司在美国加州北部建造了发电量为2MW的一种碟式太阳能高聚光系统GV1，将太阳光汇聚在面积为1cm²的Ⅲ-Ⅴ族太阳能电池上，其电池效率为34%（625×，环境温度大于30℃），聚光器效率为84%，组件效率为28.5%，在标准的AM1.5（25℃，1000W/m²）条件下，单个电池的输出功率为17.8W。图5-5所示为SolFocus公司位于西班牙的装机容量为500kW的太阳能高聚光光伏发电站。

图5-5　SolFocus公司位于西班牙的装机容量为500kW的太阳能高聚光光伏发电站

表5-12　典型HCPV项目

公司	国家	聚光倍数	电池面积	组件效率(%)	系统效率(%)
GreenVolts	美国	625	1cm²	28.5	34
SolFocus	美国	500	1cm²	25	23
Solar Systems	澳大利亚	500	1cm²	35	30
Cool Earth Solar	美国	400	—	30	39.2

5.5.2　聚光光伏系统的组成

太阳能聚光光伏系统主要由3部分组成：聚光系统、光电转换器和平衡系统。聚光系统主要是指聚光器（包括二次聚光器）；光电转换器包括接收器（光伏电池）、冷却器和机架保护组元等；平衡系统是指除了聚光光伏组件以外的其他部分，包括跟踪器、组件支架、配线和接线盒、电力调节系统、储能电池和数据采集器等。如上所述的众多部件中，影响系统发电性能的主要部件是聚光器、接收器、冷却器和平衡系统中的跟踪器。

1. 聚光器

聚光系统主要包括聚光器和均光器（或二级聚光器）等。聚光器是聚光系统的重要组成部分，可依据光学原理、聚光形式、几何聚光率等分类。

依据光学原理，聚光器可以分为折射式聚光器、反射式聚光器、热光伏式聚光器、混合式聚光器、荧光式聚光器和全息式聚光器等。折射式聚光器（见图5-6a）包括普通透镜或者菲涅耳透镜。对于尺寸较小的光伏电池而言，由于普通透镜比菲涅耳透镜有更高的效率，因此使用普通透镜较为合适。菲涅耳聚光器有着质量轻、体积小、聚光精度高、加工方便、成本低等优点，得到了广泛的应用。但是菲涅耳聚光器存在接受角较小，聚光后光斑的发光强度分布不均匀和易老化变形等缺点。反射式聚光器（见图5-6b）中的主要反射材料是镀银面或者镀铝面。镀铝面在硅电池的光谱响应波段范围内的反射率是85%，而镀银面则是90%~95%。热光伏式聚光器是利用太阳把一个辐射器加热到高温状态，辐射器向太阳能电池发出辐射，而电池不能利用长波辐射再回到辐射器上的原理工作，这种聚光器理论上效率很高。混合式聚光器也有应用在聚光光伏系统中，其中有一种就是利用了反射及折射。荧光式聚光器及全息式聚光器的技术研究目前还未成熟。

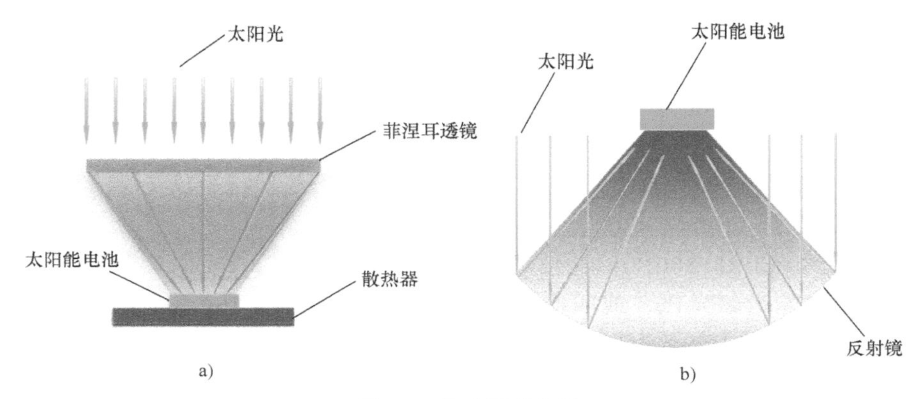

图5-6　聚光器的分类

a）折射式　b）反射式

聚光器根据聚光形式可分为点聚光器和线聚光器。点聚光器也称为周向聚光器，在这种聚光器中，用来聚光的透镜或反射镜和太阳能电池处于同一光学轴线上。线聚光器分为条形透镜线聚光器、抛物槽线聚光器、线聚光组合抛物面线聚光器等。点聚焦时，将太阳光汇聚在一个太阳能电池片上；线聚光时，将太阳光汇聚在太阳能电池组成的线列阵上。线聚光器的几何聚光率为15~60。不同结构形式的菲涅耳透镜如图5-7所示。反射式聚光镜也可以分为点聚焦结构和线聚焦结构，如图5-8所示。

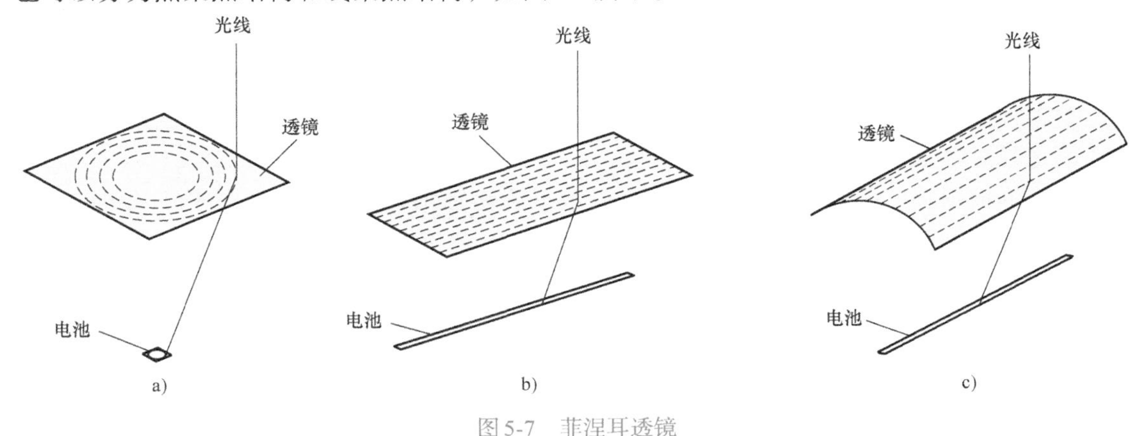

图5-7　菲涅耳透镜

a）点聚焦结构菲涅耳透镜　b）线聚焦结构菲涅耳透镜　c）点聚焦结构圆顶菲涅耳透镜

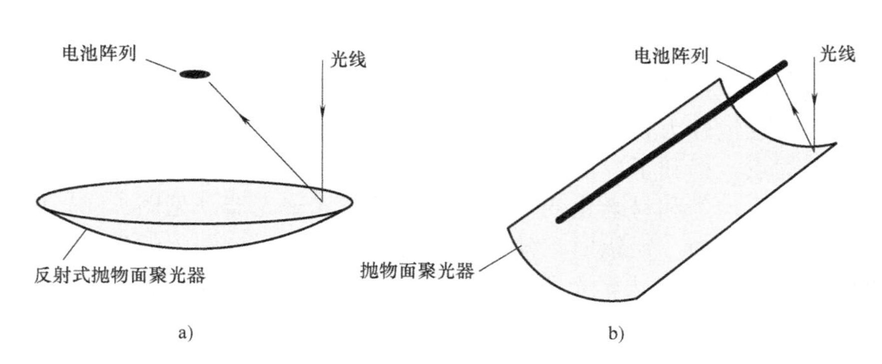

图5-8　反射式聚光镜

a）点聚焦结构　b）线聚焦结构

聚光比有几种定义，最常用的是几何聚光比（C），其定义为聚光器面积与电池的有效面积之比，其范围为1.5~1000。不同聚光系统采用的聚光比大小与其采用的聚光形式有关。

按几何聚光比可以分为低倍、中倍和高倍聚光系统：

1）低倍聚光系统：$1<C<100$。

2）中倍聚光系统：$100<C<300$。

3）高倍聚光系统：$C>300$。

另一种定义是能量聚光比，或叫作太阳数，如10个太阳、100个太阳等。由于标准发光强度设为$0.1\mathrm{W/cm^2}$，其定义为聚焦到电池有效面积的平均发光强度除以$0.1\mathrm{W/cm^2}$。当聚焦的太阳光线都是直射光，且聚光镜的透过率为100%时，几何聚光比等于能量聚光比。但是一般情况下，晴天时直射的发光强度大约为$0.085\mathrm{W/cm^2}$，聚光镜透过率为90%左右。

2. 跟踪器

对于高倍数聚光光伏系统来说，对日跟踪器必不可少。聚光光伏系统所能接收到光线的角度范围随着聚光比的增大而减小。如果光伏系统的聚光比超过10，就只能利用直射阳光，因而系统必须加装控制跟踪系统。控制跟踪系统的作用是使聚光器的轴线始终对准太阳光线。跟踪太阳的方法有很多，总结起来有如下3种方式：光电跟踪、视日运动轨迹跟踪、前两种跟踪方式的结合。因此，跟踪控制系统的实现也可以有多种方式，电控方式可以分为通过太阳传感器作为反馈进行的模拟控制和由计算机控制电动机，并通过太阳传感器形成反馈的数字控制。为了提高系统精度、增强系统稳定性，采用光电跟踪和视日运动轨迹跟踪相结合的方式，该跟踪方式可以实现大范围内各种天气情况下的自动跟踪，并且适用于各种需要控制跟踪装置的系统。点聚光结构的聚光器一般要求双轴跟踪，线聚光结构的聚光器仅需要单轴跟踪。

（1）单轴跟踪　单轴跟踪系统可以分成水平旋转轴结构和极轴旋转结构，如图5-9所示。水平旋转轴结构跟踪器与极轴旋转结构相比，安装位置较低且面积较大。水平旋转轴跟踪器通常采用反射槽，太阳光可以以较大的角度入射到电池阵列上，特别是在冬天采用南—北轴或者在下午采用东—西旋转轴时。而极轴旋转结构跟踪器全年累计产能较高，但是入射光线与聚光器平面的最大夹角为23°。

总地来说，水平旋转轴结构跟踪器较为简单且安装位置低，所以应用较为普遍。

（2）双轴跟踪　常见的双轴跟踪系统如图5-10所示。

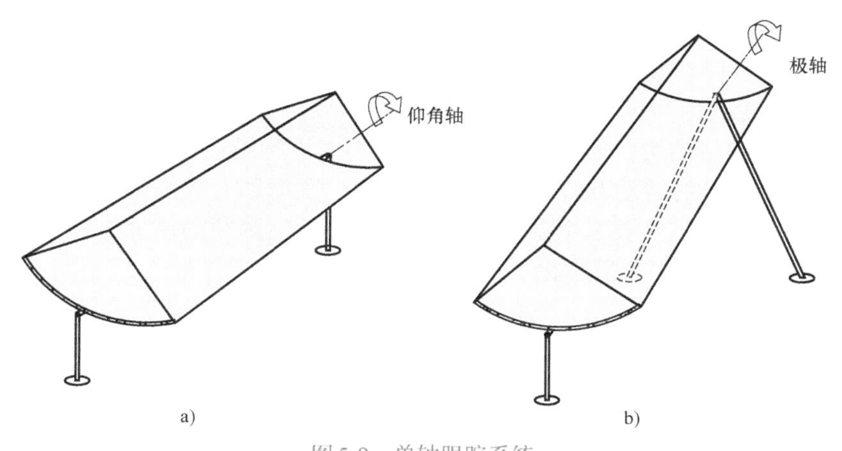

图5-9　单轴跟踪系统
a）水平旋转轴跟踪系统　b）极轴旋转跟踪系统

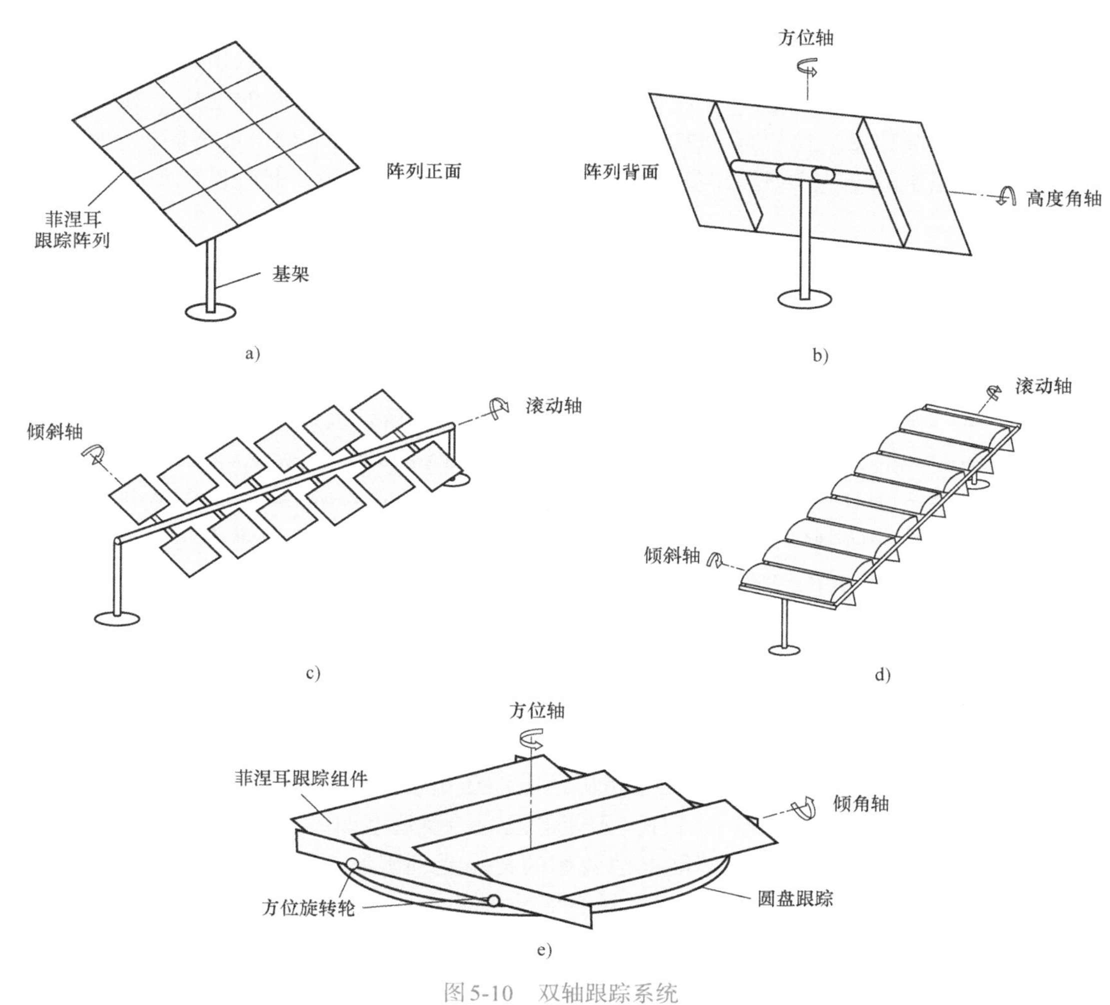

图5-10　双轴跟踪系统
a)、b）立柱式双轴跟踪系统　c)、d）滚动-倾斜结构双轴跟踪系统　e）转盘形式

第一种为立柱式跟踪系统，如图5-10a、b所示。它是采用立柱来支撑一个平面跟踪聚光阵列的结构，它可以在竖直、水平两个方向上进行跟踪，这种结构的优点是安装相对简单，缺点是传动齿轮会因为风力而产生巨大的力矩，故需要大功率的传动装置。

第二种为滚动-倾斜结构，如图5-10c所示。风力对这种结构形式的影响相对较小，但是这种结构形式需要较多的转动和连接机构，并且要求滚动轴有较高的硬度以获得大数目的水平支撑单元。安装时，要求多个基座必须对准，滚动轴则须沿南北方向放置，这样就可以通过调节滚动轴而使得阴影最小化。

第三种也采用滚动-倾斜结构，它由菲涅耳透镜和框架组成，如图5-10d所示。

第四种为转盘形式，如图5-10e所示。这种结构形式的高度和受风力的影响均最小，因此，可以使用较小的驱动元件和支撑单元，但是安装也相对复杂。

5.5.3 聚光太阳能电池组件

聚光太阳能电池可以根据不同的几何聚光比分为以下3种。

1）适用于低倍聚光比（1~100）的聚光电池：如薄膜电池、单晶硅电池、多晶硅电池等。薄膜电池很薄，可以制成叠层式充分吸收太阳光，或者采用集成电路的方法制造在一个平面上，用适当的掩膜工艺，一次制作多个串联电池，以获得较高的电压。其存在的问题是光电效率不够稳定，所以尚未大量用作大型太阳能电池。这几种电池的转换效率较低，单晶硅电池实验室效率为26.1%，多晶硅电池实验室效率为23.3%，非晶硅电池实验室效率为21.2%。

2）适用于中倍聚光比（100~300）的聚光电池：如多晶薄膜电池，转换效率一般为14%~18%。

3）适用于高倍聚光比（大于300）的聚光电池：应用于高倍聚光比的太阳能电池以Ⅲ-Ⅴ族太阳能电池为主。Ⅲ-Ⅴ族太阳能电池由元素周期表中Ⅲ族、Ⅴ族元素（砷、镓、铟、磷）组成。Ⅲ-Ⅴ族化合物是继锗（Ge）和硅（Si）材料以后发展起来的半导体材料。Ⅲ-Ⅴ族化合物材料的种类繁多，其中最主要的是砷化镓（GaAs）及其相关化合物，称为GaAs基系Ⅲ-Ⅴ族化合物，其次是以磷化铟（InP）和相关化合物组成的InP基系Ⅲ-Ⅴ族化合物。但近年来在叠层电池的研制中，人们普遍采用三元和四元的Ⅲ-Ⅴ族化合物作为各个子电池材料，例如GaInP、AlGaInP、InGaAs及GaInNAs等材料，这样就把GaAs和InP两个基系的材料结合在一起了。

以GaAs为代表的Ⅲ-Ⅴ族化合物材料有许多优点，例如它们大多具有直接带隙的能带结构，光吸收系数大，只需几微米的厚度就能充分吸收太阳光，此外，GaAs、InP等材料还具有良好的抗辐射性能和较小的温度系数，因而GaAs基系材料特别适合于制备高效率、空间用太阳能电池。GaAs太阳能电池，无论是单结电池还是多结叠层电池所获得的转换效率都是所有种类太阳能电池中最高的。各种太阳能电池的转换效率如图5-11所示。

单一材料成分制备的单结太阳能电池效率的提高受到限制，这是因为太阳光谱的能量范围很宽，分布在0.4~4eV的范围，而材料的禁带宽度是一个固定值E_g，太阳光能带中能量小于E_g的光子不能被太阳能电池吸收；能量远大于E_g的光子虽被太阳能电池吸收，激发出高能光生载流子，但这些高能光生载流子会很快弛豫到能带边，将能量大于E_g的部分传递给晶格，变成热能浪费掉了。解决这一问题的途径是寻找能充分吸收太阳光谱的太阳能电池结构，其中最有效的方法便是采用叠层电池。

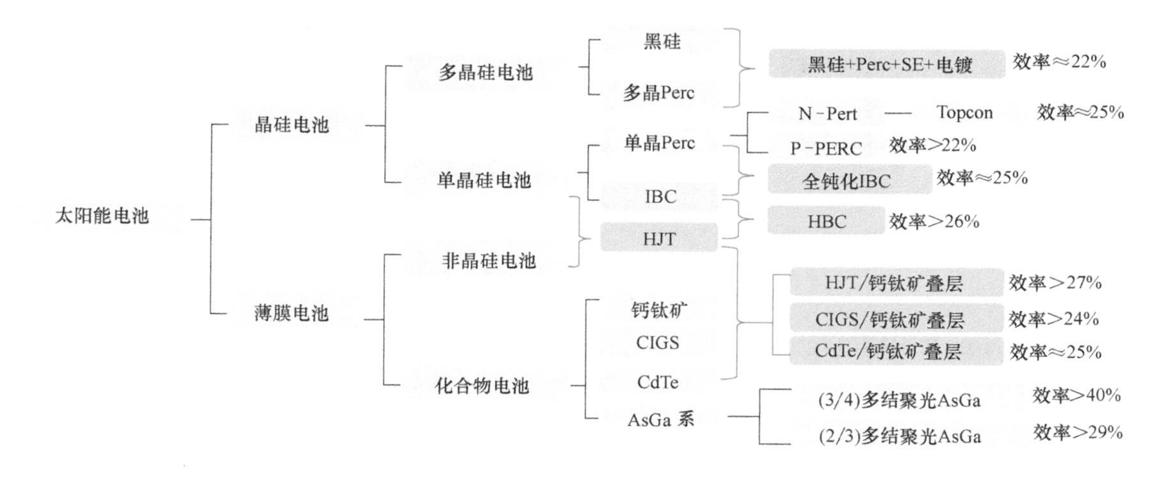

图5-11 各种太阳能电池的转换效率

叠层电池的原理是：用具有不同禁带宽度E_g的材料做成多个子太阳能电池，然后把它们按E_g的大小从上至下叠合起来，组成一个多结太阳能电池，其中的每个子电池吸收和转换太阳光谱能带中不同波段的光，而叠层电池对太阳光谱能带的吸收和转换等于各个子电池吸收和转换的总和。因此，与Si电池和单结电池相比，叠层电池能更充分地吸收和转换太阳光，从而提高太阳能电池的转换效率。

多结叠层太阳能电池主要有AlGaAs/GaAs和GaInP/GaAs叠层电池。与InGaP/GaAs叠层电池结构相比较，AlGaAs/GaAs的界面复合速率要高许多，这导致AlGaAs/GaAs叠层电池的短路电流密度J_{sc}要比InGaP/GaAs叠层电池的J_{sc}小，这一缺点是影响AlGaAs/GaAs叠层电池效率提高的主要障碍。20世纪80年代末，美国国家可再生能源实验室（NREL）的J.M. Olson等人提出了一种新的叠层电池结构：$Ga_{1-x}In_xP$/GaAs叠层电池结构。$Ga_{0.5}In_{0.5}P$是一种宽禁带宽度的与GaAs材料晶格匹配的材料。J.M.Olson等人比较了$Ga_{0.5}In_{0.5}P$/GaAs与另外两个晶格匹配系统$Al_{0.4}Ga_{0.6}As$/GaAs和$Al_{0.5}Ga_{0.5}As$/GaAs的界面质量，根据光致发光衰减时间常数推算，$Ga_{0.5}In_{0.5}P$/GaAs界面的复合速率最低，约为1.5cm/s，而$Al_{0.4}Ga_{0.6}As$/GaAs和$Al_{0.5}Ga_{0.5}As$/GaAs的界面复合速率（上限）分别为210cm/s和900cm/s。显然，$Ga_{0.5}In_{0.5}P$/GaAs界面质量最好。J.M.Olson指出，这可能是由于GaInP/GaAs界面比较清洁，而AlGaAs/GaAs界面可能受到与氧有关的深能级沾污。同时，J.M.Olson等人还对$Ga_{0.5}In_{0.5}P$的禁带宽度与生长温度和生长速率之间的关系进行了细致研究。在这些工作的基础之上，他们研制出了GaInP/GaAs叠层电池。J.M.Olson和他的同事们在GaInP/GaAs叠层太阳能电池领域所获得的重大成果吸引了空间科学部门和产业界的注意力，这些成果很快被产业化。在产业化的过程中，GaAs衬底被Ge衬底取代。Ge衬底不仅比GaAs衬底便宜，而且Ge衬底的机械强度比GaAs衬底高许多，因而Ge衬底的厚度可以大大减小。生产上使用的Ge衬底的厚度通常为140μm。从此以后，GaInP/GaAs/Ge叠层太阳能电池结构成为Ⅲ-Ⅴ族太阳能电池领域研究和应用的主流，如图5-12所示。

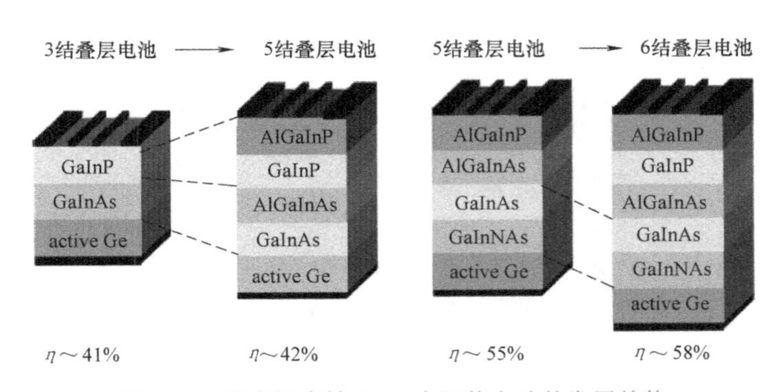

图5-12　聚光用多结GaAs太阳能电池的发展趋势

尽管GaAs太阳能电池及其他Ⅲ-Ⅴ族化合物太阳能电池具有上述诸多优点，但由于其材料价格昂贵，制备技术复杂，导致其成本高于Si基太阳能电池，因此除了在空间应用之外，GaAs太阳能电池在地面应用很少。自从20世纪60年代人们开始研究Ⅲ-Ⅴ族太阳能电池，随着叠层电池效率的迅速提高以及聚光太阳能电池技术的发展和设备的不断改进，聚光Ⅲ-Ⅴ族化合物太阳能电池系统的成本已大大降低，因而Ⅲ-Ⅴ族化合物太阳能电池的地面应用已成为现实可能，如图5-13所示。2006年底，美国Spectrolab公司（光谱实验室）已研制出效率高达40.7%的三结聚光GaInP/GaInAs/Ge叠层太阳能电池。2008年10月，NREL研发出效率为40.8%的三结聚光GaInP/GaInAs/Ge叠层太阳能电池。2009年2月，德国弗劳恩霍夫太阳能研究所（Fraunhofer Institute）研制出效率为41.1%的三结$Ga_{0.35}In_{0.65}P/Ga_{0.83}In_{0.17}As/Ge$叠层聚光太阳能电池。2014年夏普（Sharp）公司研制出效率为44.4%的三结聚光GaInP/GaAs/InGaAs叠层太阳能电池。2014年底，德国弗劳恩霍夫研究所经过了数年的理论研究和工艺研发，设计出GaInP/GaAs/InGaAsP/In-GaAs电池，其光伏转换效率为44.7%，随后再对该电池的子电池禁带宽度和电流密度进行微调，使电池效率可以达到46%。这是目前为止转换效率最高的Ⅲ-Ⅴ族太阳能电池。目前，Ⅲ-Ⅴ族化合物太阳能电池的三大生产商分别是美国的Spectrolab和Emcore以及德国的AzurSpace。

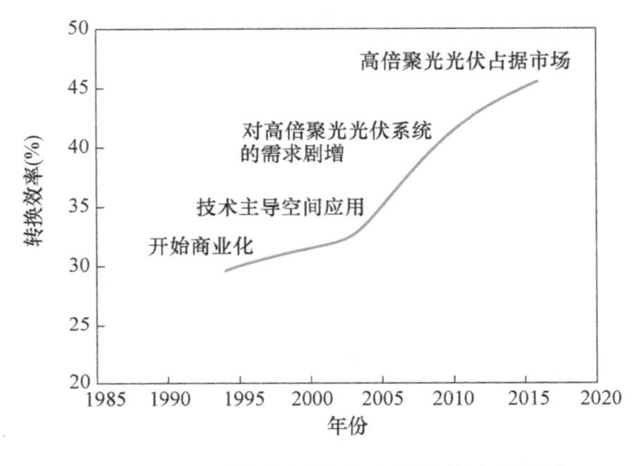

图5-13　Ⅲ-Ⅴ族太阳能电池转换效率的提高

在目前的聚光发电技术中，光能除一部分转化为电能外，还有一部分转化为热能。在一定的工作温度下，太阳能电池的转换效率随聚光比的变化规律是，低聚光比时，电池转换效率与聚光比成正比；高聚光比时，电池转换效率与聚光比成反比，如图5-14所示。而在不同的工作温度下，太阳能电池转换效率随聚光比变化的一般趋势是，随着其工作温度的升高将导致转换效率的下降，如图5-15所示。

聚光光伏电池一般处于发光强度较高的条件下，因而产生的短路电流也较大。聚光光伏电池性能会随着电池温度的升高而下降，电池温度每降低1℃，输出的电量就可以增长0.2%~0.5%。长期处于高温下运行的聚光光伏电池还会由于老化而缩短其使用寿命，甚至失

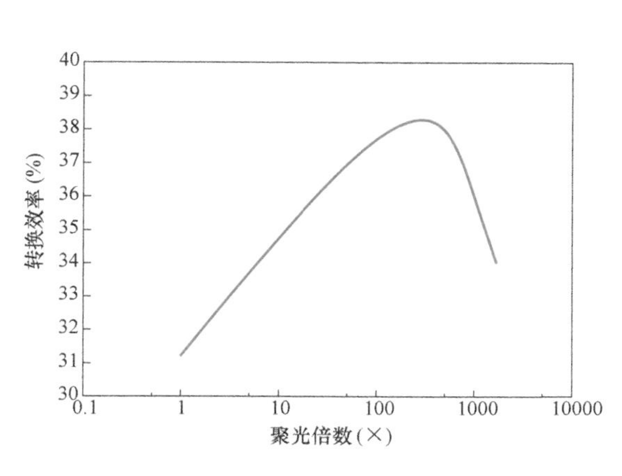

图5-14 在不同聚光比下太阳能电池的转换效率（工作温度25℃）

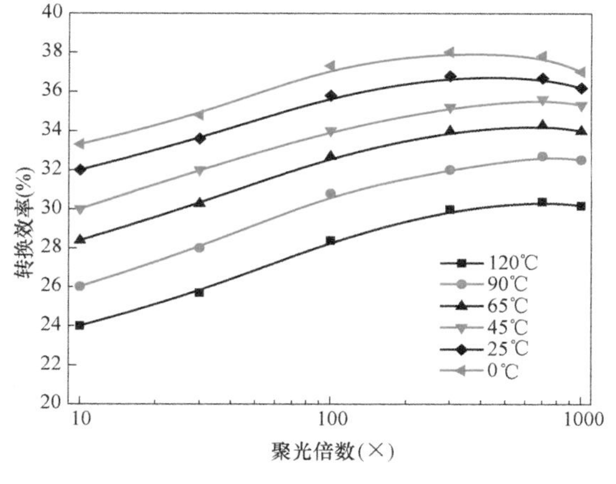

图5-15 在不同的工作温度下太阳能电池的转换效率

效。因此，散热器的性能对降低聚光光伏电池的温度起着至关重要的作用。对于高倍聚光光伏系统，散热器的设计显得尤为重要。在高倍聚光光伏系统中，有主动式冷却散热器和被动式冷却散热器。主动式冷却散热器是指将聚光光伏电池运行时所生成的热量通过流动的水或其他介质带走，从而降低聚光光伏电池的温度。而被动式冷却散热器是通过散热器将聚光光伏电池产生的热量直接散发到大气中。主动冷却的方式能更好地减小光伏电池的工作温度，然而冷却系统的可靠性是主动式冷却存在的最大问题，一旦冷却系统出现故障，聚光光伏电池可能会因为过高的工作温度而损毁。相比较而言，被动式冷却的可靠性较高，是降低聚光光伏电池工作温度的主要方式之一。

5.6 电池储能的光伏发电系统

储能是光伏发电中的重要一环，如图5-16所示，储能电站（系统）在电网中的应用主要

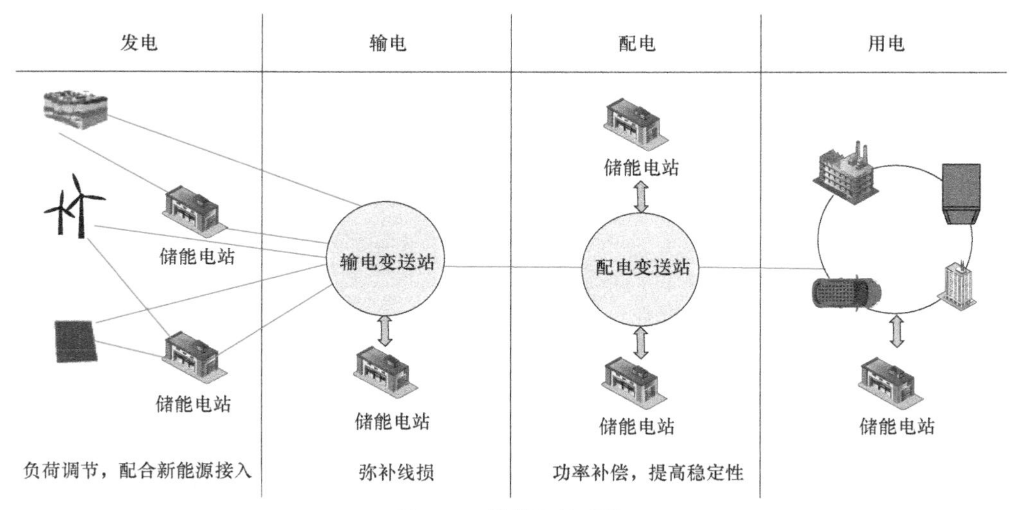

图5-16 储能电站系统

考虑负荷调节、配合新能源接入、弥补线损、功率补偿、提高电能质量、孤网运行、削峰填谷等几大功能。例如削峰填谷，改善电网运行曲线，通俗一点解释就是，储能电站就像一个蓄水池，可以把用电低谷期富余的电能储存起来，在用电高峰的时候再拿出来用，这样就减少了电能的浪费；此外储能电站还能减少线损，增加线路和设备使用寿命。我国从2014年开始大规模发展能源互联网和储能系统，这里主要简单介绍储能系统。

1. 离网储能系统

离网储能系统由以下部分组成：电池组件、光伏充/放电控制器、蓄电池组、离网逆变器、交/直流负载，如图5-17所示。光伏充放电控制器的主要作用是控制蓄电池的充、放电，并保护蓄电池过度充、放电。离网逆变器的作用是把直流电能转化成交流电能，并提供给负载使用。简单的离网储能系统是太阳能路灯，由光伏组件、盒状控制器、一盏LED路灯、一组蓄电池组成，提供夜间照明。离网储能系统就是光伏的“户用系统”，国家为了解决青海、西藏西北地区的牧民用电问题，实施“光明工程”，一家一户安装一套光伏的“户用系统”。

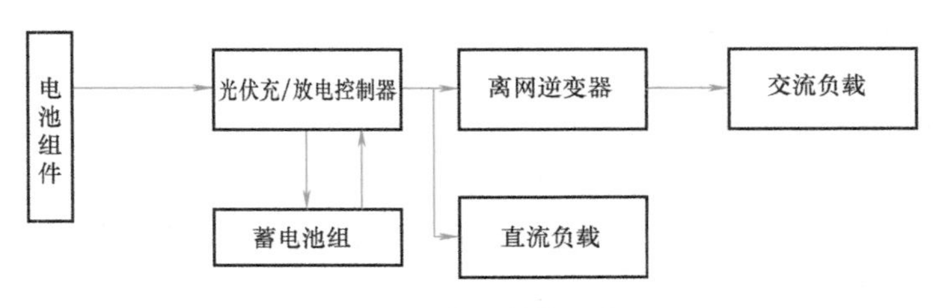

图5-17　离网储能系统

2. 并网储能系统

并网储能系统主要配合光伏并网发电应用，如图5-18所示，整个系统包括电池组件阵列、光伏控制器、蓄电池组、电池管理系统（BMS），以及并网逆变器等。

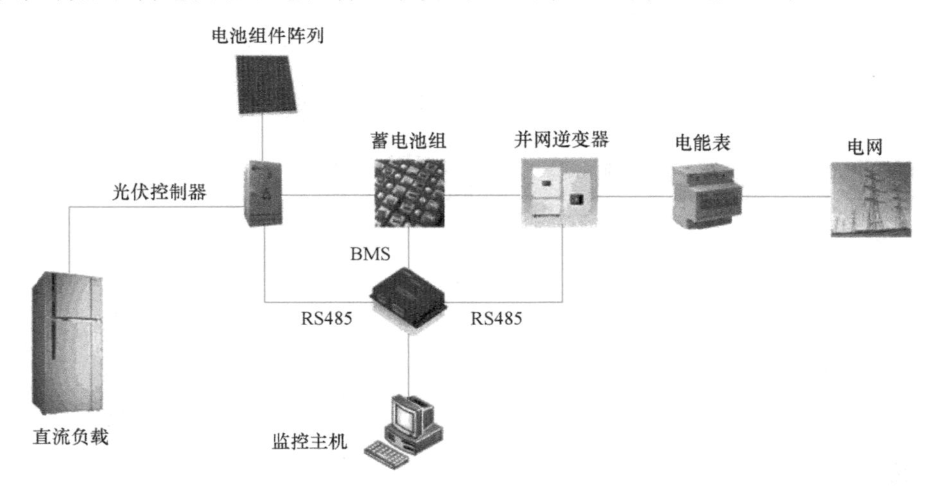

图5-18　并网储能系统

电池组件阵列利用太阳能电池板的光伏效应将光能转换为电能，然后对蓄电池组充电，通过逆变器将直流电转换为交流电，对负载进行供电；光伏控制器根据日照强度及负载的变化，不断对蓄电池组的工作状态进行切换和调节，一方面把调整后的电能直接送往直流或交流负载，另一方面把多余的电能送往蓄电池组存储。当发电量不能满足负载需要时，BMS把蓄电池的电能送往负载，保证了整个系统工作的连续性和稳定性。并网逆变系统由几台逆变器组成，把蓄电池中的直流电变成标准的220V或者380V市电，经过电能表接入用户侧低压电网或经升压变压器送入高压电网。蓄电池组在系统中同时起到能量调节和平衡负载两大作用。它将光伏发电系统输出的电能转化为化学能储存起来，以备供电不足时使用。监控主机可实时监测系统运行参数，包括电池容量、线路状态、电流以及功率等。

5.7 电池储能

5.7.1 电池储能技术的发展

电池储能（电化学储能）技术不受地理地形环境的限制，可以对电能直接进行存储和释放，且从乡村到城市均可使用，因而引起新兴市场和科研领域的广泛关注。电池储能技术在未来能源格局中的具体功能如下：①在发电侧，解决风能、太阳能等可再生能源发电不连续、不可控的问题，保障其可控并网和按需输配；②在输配电侧，解决电网的调峰调频、削峰填谷、智能化供电、分布式供能问题，提高多能耦合效率，实现节能减排；③在用电侧，支撑汽车等用能终端的电气化，进一步实现其低碳化、智能化等目标。以储能技术为先导，在发电侧、输配电侧和用电侧实现能源的可控调度，保障可再生能源大规模应用，提高常规电力系统和区域能源系统效率，驱动电动汽车等终端用电技术发展，建立“安全、经济、高效、低碳、共享”的能源体系，成为未来20年我国落实“能源革命”战略的必由之路。

电化学储能技术尽管已有200多年的历史，但从来没有一个历史时期比21世纪更引人注目。电化学储能技术共有上百种，根据其技术特点，适用的场合也不尽相同。其中，锂离子电池一经问世，就以其高能量密度的优势席卷整个消费类电子市场。与此同时，全钒液流电池、铅炭电池等技术经过多年的实践积累，正以其突出的安全性能和成本优势，在大规模固定式储能领域快速拓展应用。此外，钠离子电池、锌基液流电池、固态锂电池等新兴电化学储能技术也如雨后春笋般涌现，并以越来越快的速度实现从基础研究到工程应用的跨越。目前，电化学储能技术水平不断提高、市场模式日渐成熟、应用规模快速扩大，以储能技术为支撑的能源革命的时代已经到来。

5.7.2 国内外电池储能政策

电池储能是能源竞争战略的制高点，主要发达国家和地区都加强了顶层设计战略主导，能源科技战略推陈出新。①美国。2018年4月，美国针对涵盖新能源和新能源汽车产业的“中国制造 2025”加征500亿美元关税；同年9月，美国能源部（DOE）为储能联合研究中心（JCESR）投入1.2亿美元（5年），以推进电池科学和技术研究开发。②欧盟。2018年5月，欧洲电池联盟发布战略行动计划，提出六大战略行动，将启动预计规模为10亿欧元的新型电池技术旗舰研究计划，预期打造一条创新、可持续、具有全球领导地位的电池全价值链；同年6月，欧盟在“地平线 2020”计划（支持能源和交通领域电池研究，经费1.14亿欧元）基础上制定了“地平线欧洲”框架计划，明确支持“可再生能源存储技术和有竞争力的电池产业链”，其中气候、能源和交通领域的研发经费为150亿欧元。③日本。2018

年7月，日本经济产业省发布了《第五期能源基本计划》，提出降低化石能源依赖度，举政府之力加快发展可再生能源；经济产业省下属的新能源与工业技术开发组织（NEDO）通过了“创新性蓄电池——固态电池”开发项目，将联合23家企业、15家日本国立研究机构，并投入100亿日元，用以攻克全固态电池商业化应用的瓶颈技术，为在2030年左右实现规模化量产奠定技术基础。④德国。2018年9月，德国公布《第七期能源研究计划》，计划在未来 5 年投入 64 亿欧元，支持多部门通过系统创新推进能源转型，明确支持电力储能材料的研究。美、日、欧通过前瞻性布局和重金投入推动电池技术研发，无疑将加快电化学储能的规模化应用步伐。

我国对电化学储能技术也进行了规范和指导发展。2016年4月，国家能源局颁布《2016 年能源工作指导意见》；8月，工信部颁布《中国制造 2025》；10月，工信部发布《节能与新能源汽车技术路线图》；11月，国务院印发《“十三五”国家战略性新兴产业发展规划》（国发〔2016〕67号）。2017年，财政部、科技部、工信部、国家能源局联合发布《关于促进储能技术与产业发展的指导意见》。2019年2月18日，国家电网公司印发《关于促进电化学储能健康有序发展的指导意见；6月，国家发展改革委等部门印发了《贯彻落实〈关于促进储能技术与产业发展的指导意见〉2019—2020年行动计划》。上述文件均明确提出加快全钒液流电池、锂离子电池、铅碳电池等电化学储能技术的发展。与此同时，科学技术部、国家自然科学基金委员会、中国科学院也对电化学储能技术和应用示范进行立项支持。然而，这些研究支持相对分散，其实际效果还有待考察。值得一提的是，从2013年至今，中国政府对电动汽车行业的补贴已达数百亿美元之巨，有效促进了锂离子电池技术和产业链的发展。然而，对于在大规模储能领域的关键技术应用，尚无相应的补贴政策。

5.7.3 国内外电池储能技术的发展趋势

在能源革命的黄金时代，各类电化学储能技术需针对其细分市场进行差异化发展。然而无论对于哪一种储能技术，其必须满足3个基本要求：安全性高、全生命周期的性价比高，以及全生命周期的环境负荷低。目前，技术成熟度较高的锂离子电池、全钒液流电池和铅碳电池等电化学储能技术都基本实现市场运营，在不断发展的能源格局中迭代发展，其基本技术参数列于表5-13。

表5-13 主要电化学储能技术参数对比

储能技术	输出功率	放电时间/h	效率	建造成本/[元/(kW·h)]	寿命/年	装机容量/MW
铅碳电池	kW级~100MW级	0.25~5	75%~85%	350~1500	8~10	~168
高温钠基电池	100kW级~100MW级	1~10	75%~85%	2200~3000	10~15	>350
锂离子电池	kW级~100MW级	0.25~30	80%~90%	800~2000	5~10	~2240
全钒液流电池	kW级~100MW级	1~20	75%~85%	2000~4000	>10	~260
锌基液流电池	kW级~MW级	0.5~10	70%~80%	1000~2000	>10	~33
钠离子电池	kW级~MW级	0.3~30	80%~90%	750~1500	5~10	~0.1

注：装机容量数据统计来源为 https：//www.energystorageexchange.org/projects。

锂离子电池的种类很多，比较有代表性的是以锰酸锂、钴酸锂、磷酸铁锂、镍钴锰三元材料、镍钴铝三元材料为正极的商品化电池体系。其中，锰酸锂成本低、循环稳定性差，可用于低端电动汽车、储能电站以及电动工具等；钴酸锂成本高、能量密度高，主要应用领域为消费类电子产品；镍钴锰三元材料与钴酸锂结构类似，但较之具有更长的循环寿命、更高的稳定性、更低的成本，适用于电动工具、电动汽车及大规模储能领域。磷酸铁锂具有相对较长的循环寿命、相对较好的安全性、相对较低的成本，已大规模应用于电动汽车、规模储能、备用电源等领域。国际上研发锂离子电池储能系统的公司主要包括特斯拉公司、A123 Systems公司（现在已被中国万向集团收购）、三菱重工公司、三星公司、LG公司；国内的代表厂商有比亚迪、中航锂电、力神等公司。特别是特斯拉公司，其依托日本松下公司的电池技术和独有的电池管理技术，在电动汽车领域和储能领域迅速崛起。2017年，其在澳大利亚的南澳州建成了世界最大规模的100MW/129MW·h的储能电站，并成功运行。

尽管如此，锂离子电池由于能量密度很高、大量使用有机电解液，其引发的燃爆事故层出不穷，需要选择合适的应用模式，并在大规模应用场合严格监控。而且随着新能源汽车电池逐渐退役，我国预计到2020年退役的动力电池将突破20GW·h，因而亟待发展退役动力电池的梯次利用回收技术，使能源的使用形成闭环。

经过10多年的发展，中、日、韩三国的锂离子电池电芯产值已占据全球市场的90%以上，锂离子电池行业三足鼎立的格局已经形成。未来，锂离子电池需要在降低成本的基础上继续大幅提高安全性，以实现在大规模储能领域的普及使用。

钠基电池主要包括高温钠硫电池、钠-氯化镍（Zebra）电池和室温钠离子电池。钠硫电池是一种适用于大规模固定式储能的技术。日本NGK公司是世界上最大的钠硫电池生产企业。自1983年开始，NGK公司和东京电力公司合作开发钠基电池。1992年实现第一个钠硫电池示范储能电站至今，已有 20 余年的应用历程，其中包括34MW风力发电储能应用示范，保证了风力发电平稳输出。在我国，中国科学院上海硅酸盐研究所和上海电力公司合作于2014年实施了国内首个1.2MW·h钠硫储能电站工程化应用示范项目。Zebra电池的主要研发企业为美国GE公司。GE公司2011年斥资建造了年产能1GW·h的Zebra电池制造工厂，所生产的钠镍（Durathon）电池自2012年开始实现了商业应用。需要说明的是，高温钠基电池存在短路燃烧的风险，其运行安全性仍需进一步验证。

室温钠离子电池的工作原理与锂离子电池类似，但具有原材料来源丰富、成本低廉、无过度放电、安全性好等优点，2010年以来受到国内外学术界和产业界的广泛关注。目前国内外有10余家企业（英国法拉第公司，美国Natron Energy公司，法国TIAMAT公司，日本岸田、丰田、松下、三菱等公司，以及我国中科海钠、钠创新能源、辽宁星空等公司）正在进行相关中试技术研发，并取得了重要进展。其中，依托中国科学院物理研究所技术的中科海钠公司已经研制出120W·h/kg的软包装钠离子电池，循环2000周后的容量保持率高达80%。2019年3月，中科海钠公司与中国科学院物理研究所联合推出30kW/100kW·h钠离子电池储能电站，实现用户侧的示范应用。钠离子电池技术的开发成功有望在一定程度上缓解由于锂资源短缺引发的储能电池发展受限问题。

铅碳电池（或先进铅酸电池）是传统铅酸电池的升级产品，通过在负极加入特种碳材料，弥补了铅酸电池循环寿命短的缺陷，其循环寿命可达到铅酸电池的4倍以上，是目前成本最低的电化学储能技术。并且，由于铅碳电池适合在部分荷电工况下工作，安全性好，因而适合在各种规模的储能领域应用。在国际上，美国桑迪亚国家实验室、美国Axion Power公司、国际先进铅酸电池联合会、澳大利亚联邦科学与工业研究组织、澳大利亚Ecoult公司和日本古河电池公司等机构均开展了铅碳电池的研发工作，并成功将该技术应用在数MW的储能系统中，可满足中小规模储能和大规模储能市场的需求。中国在铅碳电池研究、开发、生产与示范应用方面也取得了长足的进步。比较有代表性的是南都电源、双登电源等铅酸电池企业，它们通过与中国人民解放军防化研究院、哈尔滨工业大学等单位合作，开发出自己的铅碳电池技术，并在国内成功实施了多个风光储能应用示范，例如，浙江温州鹿西岛6.8MW·h并网新型能源微网项目，广东珠海万山海岛8.4MW·h离网型新能源微网项目，江苏无锡新加坡工业园20MW智能配网储能电站等。2018年，中国科学院大连化学物理研究所与中船重工风帆股份有限公司合作，开发出拥有自主知识产权的高性能、低成本储能用铅碳电池，开展了光伏储能应用示范。

目前，尽管铅碳电池的循环寿命比铅酸电池有大幅提高，但是比起锂离子电池来说还有明显不足。如何进一步提高铅碳电池的寿命，以及如何进一步降低铅碳电池的成本，成为其后续发展亟待解决的关键问题。

液流电池是一类较独特的电化学储能技术，通过电解液内离子的价态变化实现电能存储和释放。自1974年Taller提出液流储能电池的概念以来，中国、澳大利亚、日本、美国等国家相继开始研究开发，并研制出多种体系的液流电池。这些液流电池根据正负极活性物质不同，可分为铁铬液流电池、多硫化钠溴液流电池、全钒液流电池、锌溴液流电池等体系。其中，全钒液流电池技术最为成熟，已经进入了产业化阶段。全钒液流电池使用水溶液作为电解质且充放电过程为均相反应，因此具有优异的安全性和循环寿命（>1万次），在大规模储能领域极具应用优势。

在国际上，日本住友电工的技术具有代表性，其2016年在日本北海道建成了15MW/60MW·h的全钒液流电池储能电站，主要在风电并网中应用。在中国，中国科学院大连化学物理研究所的技术具有代表性，其在2008年将该技术转入大连融科储能技术发展有限公司（以下简称“融科储能”）进行产业化推广。融科储能于2012年完成了当时全球最大规模的5MW/10MW·h商业化全钒液流电池储能系统，已经在辽宁法库50MW风电场成功并网并安全可靠稳定运行了近7年，该成果奠定了我国在液流储能电池领域的世界领先地位。2014年，融科储能开发的全钒液流储能电池储能系统成功进军欧美市场，开始全球战略布局。2016年，国家能源局批复融科储能建设规模为200MW/800MW·h的全钒液流储能电池调峰电站，用于商业化运行示范。目前，全钒液流储能电池依然存在能量密度较低、初次投资成本高的问题，正在通过市场模式和技术创新予以完善。在未来，还需要开发具有更低成本的长寿命液流电池技术，以实现技术的迭代发展。

当前，我国的能源革命还处于初期阶段，相应的储能市场体系还不完善，有必要通过补贴的方式迅速培养出完整的市场和产业链。在推动能源生产和消费革命的过程中，要充分发挥市场对资源的调配作用，使各类电化学储能技术依据其技术特点统筹发展。在关键技术攻关方面，仍应继续加强对研发的投入，并充分调动国内产学研优势力量进行联合攻关。

对于液流电池技术，需要进一步支持全钒液流电池降低成本，开展百MW级系统的应用示范并推广应用；同时，加强高能量密度、低成本锌基液流储能电池的研究，突破其规模放大技术，开展示范应用，推进其产业化。对于铅碳电池技术，战略发展的重点在于实现碳材料的国产化，进一步提高铅碳电池的性价比，并在器件量产的基础上，推动储能系统集成技术的发展和应用领域的拓展。对于锂离子技术，未来需要发展不易燃的电解液和固态电解质以提高其安全性，结合退役动力电池梯次利用以大幅降低其成本，并实现废旧锂离子电池的无害化处理。与此同时，需要重点开发耐低温的锂离子电池，以实现在我国北方地区的普及应用。除此之外，需要布局新兴钠离子电池技术的应用示范。虽然钠离子电池能量密度不及锂离子电池，但钠离子电池的原材料储量丰富、成本低廉，在大规模储能领域的优势明显。未来需要进一步降低成本，提升循环寿命，全面评测钠离子电池的电化学及安全性能，尽快建立钠离子电池正极材料、负极材料、电解质盐的产业链，开展MW级系统的应用示范，推进其产业化。

作为能源革命的关键支撑技术，电化学储能未来发展的前景极其广阔。目前，我国多种电化学储能技术均已进入产业化阶段，还有很多新的储能技术迭代发展。但是我国储能市场的发展还很不成熟，需要进一步的政策引导和激励发展。中美贸易摩擦或将给我国的新能源发展带来一定困难，但也同时创造了自主发展的机遇。为了实现我国能源革命的重大战略，需要全国科学家、企业家的共同努力，不断推进电化学储能技术的创新发展。

5.7.4　光伏发电系统储能电池

储能电站配合光伏发电接入，实现削峰填谷、负荷补偿、提高电能质量应用的作用。储能电池是一个非常重要的部件，必须满足以下要求：容易实现多方式组合，满足较高的工作电压和较大工作电流；电池容量和性能的可检测和可诊断，使控制系统可在预知电池容量和性能的情况下实现对电站负荷的调度控制；高安全性、可靠性，在正常使用情况下，电池正常使用寿命不低于15年；在极限情况下，即使发生故障也在受控范围，不应该发生爆炸、燃烧等危及电站安全运行的故障；具有良好的快速响应和大倍率充放电能力，一般要求5~10倍的充放电能力；较高的充放电转换效率；易于安装和维护；具有较好的环境适应性，较宽的工作温度范围。

长寿命、低成本的储能电池技术一直是电池厂商努力追求的目标，目前应用规模较大的储能电池有钠硫电池、全钒液流电池、铅酸电池和锂电池。几种储能电池的性能比较见表5-14，钠硫电池和全钒液流电池是典型的液态储能电池。日本在钠硫电池的开发与应用上处于领先地位。比较而言，全钒液流储能电池的能量密度和能量转换效率较低。铅酸电池和锂电池属于固态电池，对场地无特殊要求，使用灵活。近年来出现的铅碳电池在寿命和性能方面得到了较大提升。锂电池是目前应用最广的储能电池，我国在锂电池上具有一定的产业优势，随着锂电池工艺的不断改进和产量的增加，其单位价格不断下降。

表5-14　几种储能电池的性能比较

电池类型	钠硫电池	全钒液流电池	磷酸铁锂电池	阀控铅酸电池
现有应用规模等级	100kW~34MW	5kW~6MW	kW级~MW级	kW级~MW级
比较适合的应用场合	大规模削峰填谷、平抑可再生能源发电波动	大规模削峰填谷、平抑可再生能源发电波动	可选择功率型或能量型，适用范围广泛	大规模削峰填谷、平抑可再生能源发电波动
安全性	不可过充电：钠、硫的渗漏，存在潜在安全隐患	安全	需要单体控制，安全性能已有较大突破	安全性可接受，但废旧铅酸蓄电池严重污染土壤和水源
能量密度/(W·h/kg)	100~700	15~40	120~150	30~50
倍率特性	5~10	1.5	5~15	0.1~1
转换效率	>95%	>75%	>95%	>80%
循环寿命	>2500次	>15000次	>2000次	>300次
成本	23000元/kW·h	3000元/kW·h	3000元/kW·h	700元/kW·h

（续）

电池类型	钠硫电池	全钒液流电池	磷酸铁锂电池	阀控铅酸电池
资源和环保	资源丰富，存在一定的环境风险	资源丰富	资源丰富，环境友好	资源丰富，存在一定的环境风险
MW级系统占地/(m^2/MW)	150~200	800~1500	100~150	150~200
关注点	安全、一致性、成本	可靠性、成熟性、成本	一致性	一致性、寿命

从初始投资成本来看，锂离子电池有较强的竞争力，钠硫电池和全钒液流电池未形成产业化，供应渠道受限，较昂贵。从运营和维护成本来看，钠硫电池需要持续供热，全钒液流电池需要泵进行流体控制，增加了运营成本，而锂电池几乎不需要维护。根据国内外储能电站的应用现状和电池特点，储能电站电池选型主要为磷酸铁锂电池，不宜使用铅酸电池，原因是电池寿命问题。

5.8 光伏发电系统储能电池能量管理

多个储能电池组合成大的储能电站，由于电池单体参数的差异、工作温度的差异造成的短板效应是限制电池储能规模化应用的关键问题。电池单体差异越大，串并联数量越多，短板效应越严重。因此在所有运行的储能电站系统中，每个储能功率转换系统（Power Conversion System，PCS）的直流侧均采用单一厂商的电池串并联，电池整体运行性能通过电池厂商对电池一致性的严格筛选和配组来保证。通常PCS的直流侧电压较高，需要数百节单体电池串联，短板效应严重。具有电池均衡能力的电池管理系统（BMS）可有效减弱短板效应的影响。对储能系统而言，其对能量的管理和控制从下到上分为4个层次：电池单体、电池模块、电池串和储能系统。

对电池单体的管理负责监视和解决电池模块内的单体不一致性问题；对电池模块的管理负责监视和解决电池串内电池模块的不一致性问题；对电池串的管理则负责监视和解决并联的电池串之间的不一致性问题。这3个层次中，被管理的对象均为电池，对这3个层次的监控、均衡及剩余电量（SOC）估算等均属于电池管理系统（BMS）的范畴。很多芯片厂商提供电池模块管理的专用芯片，这些芯片基本可以实现数据采集、均衡控制和数据通信的功能。

在储能电站中，储能电池组往往由几十串甚至几百串以上的电池组构成。电池单体进行串并联构成电池模块，电池模块之间进行简单的串并联构成电池串。目前，对电池模块的有效监测和均衡等管理手段较为缺乏。

由于电池单体在生产过程和使用过程中，会造成电池内阻、电压、容量等参数的不一致。这种差异表现为电池组充满或放完时串联电芯之间的电压不相同，或能量不相同。这种情况会导致部分过充，而在放电过程中电压过低的电芯有可能被过放，从而使电池组的离散性明显增加，使用时更容易发生过充和过放现象，整体容量急剧下降，整个电池组表现出来的容量为电池组中性能最差的电池芯的容量，最终导致电池组提前失效。因此，对于磷酸铁锂电池组而言，均衡保护电路是必需的。当然，锂电池的电池管理系统不仅仅是电池的均衡保护，还有更多的要求以保证锂电池储能系统稳定、可靠的运行。

1）电池管理系统要有单体电池电压均衡功能，此功能是为了修正串联电池组中由于电池单体自身工艺差异引起的电压或能量的离散性，避免个别单体电池因过充或过放而导致电池性能变差甚至损坏情况的发生，使得所有个体电池电压差异都在一定的合理范围内。要求各节电池之间的误差小于±30mV。

2）电池管理系统要有电池组保护功能，如对单体电池过电压、欠电压、过温报警，对电池组过充、过放、过电流报警保护、切断等功能。

3）电池管理系统要有数据采集功能，采集的数据主要有单体电池电压、单体电池温度（实际为每个电池模块的温度）、电池模块电压、充放电电流，可计算得到蓄电池内阻。其通信接口采用数字化通信协议IEC 61850。在储能电站系统中，需要和调度监控系统进行通信，上传数据和执行指令。

4）电池管理系统应具有电池性能的分析诊断功能，能根据实时测量的蓄电池模块电压、充放电电流、温度和单体电池端电压，计算得到电池内阻等参数，通过分析诊断模型，得出单体电池当前电量或剩余电量（SOC）的诊断、单体电池健康状态（SOH）的诊断、电池组状态评估，以及在放电时当前状态下可持续放电时间的估算。根据机械行业标准JB/T 11137—2011《锂离子蓄电池总成通用要求》（目前储能电站无相关标准），对剩余电量（SOC）的诊断精度≤5%。

5）电池管理系统要有热管理功能，因为锂电池模块在充电过程中，将产生大量的热能，使整个电池模块的温度上升。

6）电池管理系统要有故障诊断和容错功能，若遇异常，系统应给出故障诊断告警信号，通过监控网络发送给上层控制系统。对储能电池组的每串电池进行实时监控，通过电压、电流等参数的监测分析，计算内阻及电压的变化率，以及参考相对温升等综合办法，即时检查电池组中是否有某些已坏不能再用的或可能很快会坏的电池，判断故障电池及定位，给出报警信号，并对这些电池采取适当处理措施。当故障积累到一定程度，而可能出现或开始出现恶性事故时，给出重要报警信号输出，并切断充放电回路母线或者支路电池堆，从而避免恶性事故发生。采用储能电池的容错技术，如电池旁路或能量转移等技术，当某一单体电池发生故障时，避免对整组电池运行产生影响。

7）电池管理系统对系统自身软硬件具有自检功能，即使器件损坏，也不会影响电池安全。确保不会因管理系统故障导致储能系统发生故障，甚至导致电池损坏或发生恶性事故。

对于电池的过电压、欠电压、过电流等故障情况，采取切断回路的方式进行保护。对瞬间的短路的过电流状态，过电流保护的延时时间一般要几百微秒至毫秒，而短路保护的延时时间是微秒级的，几乎是短路的瞬间就切断了回路，可以避免短路对电池带来的巨大损伤。在母线回路中一般采用快速熔断器，在各个电池模块中，采用高速功率电子器件实现快速切断。

储能电池在线容量评估，是在测量动态内阻和总电压的基础上，利用充电特性与放电特性的对应关系，采用多种模式分段处理办法，建立数学分析诊断模型，来测量剩余电量。分析锂电池的放电特性，基于积分法采用动态更新电池电量的方法，考虑电池自放电现象，对电池的在线电流、电压、放电时间进行测量。预测和计算电池在不同放电情况下的剩余电量，并根据电池的使用时间和环境温度对电量预测进行校正，给出剩余电量的预测值。

为了解决电池电量变化对测量的影响，可采用动态更新电池电量的方法，即使用上一次所放出的电量作为本次放电的基准电量，这样随着电池的使用，电池电量减小体现为基

准电量的减小；同时基准电量还需要根据外界环境温度变化进行相应修正。

习　题

5-1　太阳能平板电池组件的结构和技术参数包括哪些内容?

5-2　举例说明独立太阳能光伏发电系统的组成和特点。

5-3　举例说明并网太阳能光伏发电系统的组成和特点。

5-4　举例说明太阳能聚光光伏发电系统的组成和特点。

5-5　聚光器的分类有哪些?

5-6　聚光太阳能电池的温度和发电效率的关系是什么? 太阳能电池如何散热?

5-7　储能电池的分类有哪些? 各有什么特点?

5-8　太阳能储能电池与太阳能发电系统如何匹配和耦合?

第6章

太阳能集热利用技术

6.1 太阳能平板集热器

6.1.1 概述

太阳能集热器是一种将太阳能转换为热能的装置。虽然太阳能集热器本身不是全部的太阳能热利用系统，也不是直接面对消费者的终端产品，但是太阳能集热器是组成各种太阳能热利用系统的关键部分。

太阳能集热器可以用多种方法进行分类：

1）按照传热介质的类型进行分类，如液体集热器、空气集热器。

2）按照采光口的太阳辐射是否改变方向进行分类，如聚光集热器、非聚光集热器。

3）按照是否跟踪太阳进行分类，如跟踪集热器、非跟踪集热器。

4）按照是否有真空空间进行分类，如平板集热器、真空管集热器。

5）按照工作温度范围进行分类，如低温集热器、中温集热器、高温集热器。

按照以上分类方法的各种太阳能集热器实际上是相互交叉的。如一台平板集热器，可以是空气集热器，也是非聚光集热器及非跟踪集热器，属于低温集热器的范围；另一台真空管集热器，可以是液体集热器，也是聚光集热器，但却是非跟踪集热器，属于中温集热器范围；等。

6.1.2 平板集热器的结构组成

平板集热器是太阳能热利用系统中的关键设备，它是一种特殊的热交换器。所谓平板是指集热器采光面积与其吸收辐射的面积相等，而不是指集热器本身是一个平整结构。

平板集热器主要由吸热板、透明盖板、隔热层和外壳几部分组成，如图6-1所示。

平板集热器的工作原理是：太阳辐射穿过透明盖板后，进入平板集热器内部，穿过空气夹层，投射在吸热板上，吸热板升温后将热能传递给集热管内的传热介质，使传热介质的温度升高，作为集热器的有用能量输出；与此同时，温升后的吸热板不可避免地对周围环境通过传导、对流换热、辐射等方式进行散热，造成热量损失。

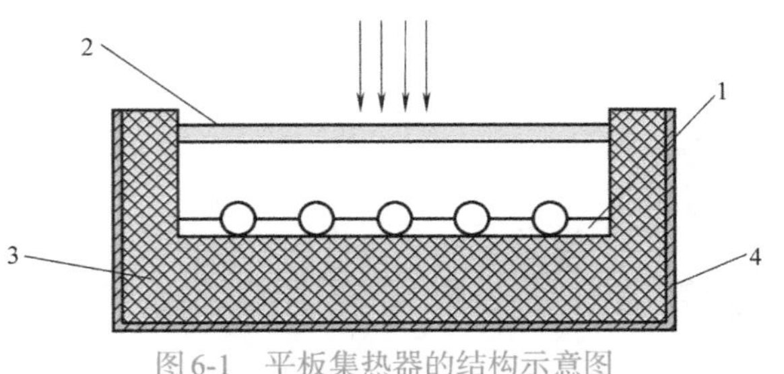

图6-1　平板集热器的结构示意图

1—吸热板　2—透明盖板　3—隔热层　4—外壳

1. 吸热板

吸热板是平板集热器内吸收太阳能辐射能并向传热介质传递热量的部件，其基本上是平板形状。

（1）吸热板的结构　按照集热管和吸热板之间的关系，吸热板的结构形式可以分为管板式、翼管式、扁盒式和蛇管式等，如图6-2所示。

1）管板式。管板式吸热板是将排管与平板结合成的吸热条带与集管通过焊接连接构成的吸热板，如图6-2a所示。目前在国内外有较为广泛的应用。

2）翼管式。翼管式吸热板是将排管通过模子挤压拉伸工艺形成的两侧连有翼片的吸热条带与集管通过焊接连接构成的吸热板，如图6-2b所示。集热材料一般采用铝合金。

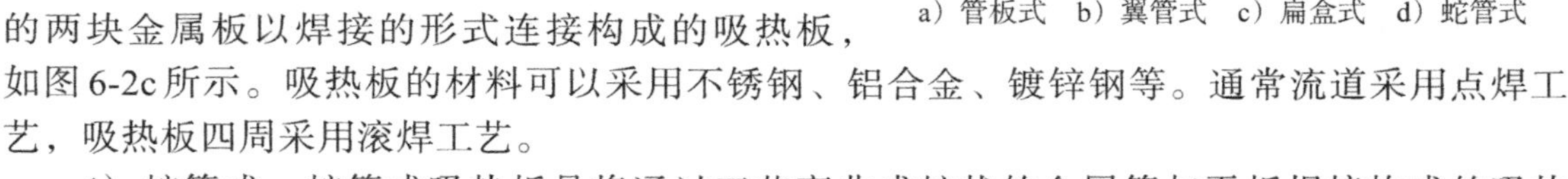

图6-2　吸热板结构形式示意图

a）管板式　b）翼管式　c）扁盒式　d）蛇管式

3）扁盒式。扁盒式吸热板是将通过模压成型的两块金属板以焊接的形式连接构成的吸热板，如图6-2c所示。吸热板的材料可以采用不锈钢、铝合金、镀锌钢等。通常流道采用点焊工艺，吸热板四周采用滚焊工艺。

4）蛇管式。蛇管式吸热板是将通过工艺弯曲成蛇状的金属管与平板焊接构成的吸热板，如图6-2d所示。吸热板材料一般选择铜，焊接工艺可以采用高频焊接或超声焊接。

5）涓流式。涓流式吸热板的流体通道是在呈V字形的吸热板表面，集热器工作时，液体传热介质从V形吸热板表面缓慢流下，这种集热器称为涓流集热器，多用于太阳能蒸馏。

（2）吸热板涂层　为了使吸热板最大限度地吸收太阳辐射并将其转化成热能，在吸热板上应覆盖有深色的涂层，这称为太阳能吸收涂层。太阳能吸热涂层，应尽量选取能提高对不同角度的太阳辐射的吸收率，减小受热之后自身长波发射造成的热损失，同时要具有耐热性、耐久性以及良好的传热性能的材料。

2. 透明盖板

透明盖板是直接与外界环境接触用来透过太阳光，使太阳光能透过到达吸热板的板状部件，通常采用透明或半透明材料组成。它的功能主要有以下几个方面：

1）允许太阳辐射通过，使其投射在吸热板上。

2）保护吸热板使其不受灰尘雨雪的侵蚀。

3）形成温室效应，阻止吸热板在温度升高后通过对流和辐射向周围环境散热。

透明盖板的材料主要有两大类：平板玻璃和玻璃钢板，目前国内外使用更广泛的是平板玻璃。平板玻璃红外透射比低、热导率小、耐候性能好；但是太阳透射比和冲击强度是需要重视的两个问题。目前常用的透明盖板材料是厚度为3~5mm的平板玻璃、超白低铁钢化玻璃或超白低铁布纹钢化玻璃，透过率高，能够抗冰雹、抗击打，安全可靠。常用玻璃厚度为3.2mm和4.0mm两种。超白玻璃是一种超透明低铁玻璃，也称低铁玻璃、高透明玻璃。

玻璃钢板（也称玻璃纤维增强塑料板）太阳透射比高、热导率小、冲击强度高；但是对于玻璃钢板来说，红外透射比和耐候性能是两个需要重视的问题。玻璃钢板的单色透射比与波长关系曲线表明，单色透射比不仅在2pm以内有很高的数值，而且在2.5pm以上仍有较高的数值。因此，玻璃钢板的太阳透射比一般都在0.88以上，但它的红外透射比也比平板玻璃高得多。玻璃钢板通过使用高键能树脂和胶衣，可以减少受紫外线破坏的程度。但是，玻璃钢板的使用寿命是无论如何都不能跟作为无机材料的平板玻璃相比拟的。玻璃钢板作为集热器的盖板应用很少，目前只在部分低端产品有应用。

3. 隔热层

隔热层是集热器中用来抑制集热器内部向周围环境散热的部件。保温层应具有热导率小、耐高温、不易变形、不分解和不易挥发等特点。用于隔热层的材料有岩棉、矿渣棉、玻璃棉、聚氨酯、珍珠岩和聚苯乙烯等。目前使用较多的是玻璃棉。

隔热层的厚度应根据选用的材料物理性质、集热器的工作温度、应用地区的气候条件等因素来确定。应当遵循这样一条原则：材料的热导率越大、集热器的工作温度越高、使用地区的气温越低，隔热层的厚度越大。一般来说，底部隔热层的厚度选用30~50mm，侧面隔热层的厚度与之大致相同。

4. 外壳

外壳是集热器中保护及固定吸热板、透明盖板和隔热层的部件。根据外壳的功能，要求外壳有一定的强度和刚度，有较好的密封性及耐蚀性，而且有美观的外形。

用于外壳的材料有铝合金、不锈钢板、碳钢板、塑料、玻璃钢等。为了提高外壳的密封性，有的产品已采用碳钢板一次模压成型工艺。目前平板集热器外壳（边框）应用最多的材料是铝合金和碳钢板一次模压成型。

6.2　太阳能房（温室大棚）

太阳能房又称温室、暖房、大棚，能透光、保温、加温，在不适宜植物生长的季节，能提供植物生育期所需温度并增加产量，多用于低温季节喜温蔬菜、花卉、林木等植物栽培或育苗等。温室的类型包括种植温室、养殖温室、展览温室、实验温室和餐饮温室等。蔬菜太阳能温室如图6-3所示。温室系统包括增温系统、保温系统、降温系统、通风系统、控制系统和灌溉系统等。大棚相对于温室来说较为简陋，只有塑料薄膜和骨架结构，其内部设施少，控温控湿没有温室要求高。

图6-3　蔬菜太阳能温室

太阳能房主要是根据温室效应的原理加以建造

的。温室内温度升高后所发射的长波辐射能阻挡热量或很少有热量透过玻璃或塑料薄膜散失到外界，温室的热量损失主要是通过对流和导热的热损失。如果人们采取密封、保温等措施，则可减少这部分热损失。如果室内安装储热装置，多余的热量就可以储存起来。太阳能温室在夜间没有太阳辐射时，仍然会向外界散发热量，这时温室处于降温状态，为了减少散热，故夜间要在温室外部加盖保温层。若温室内有储热装置，夜间可以将白天储存的热量释放出来，以确保温室夜间的最低温度。

太阳能房对农业、养殖业、建筑采暖的进步有重要作用，使用也越来越广泛。主动式太阳能房（太阳温室）是通过改变普通被动式太阳能房被动蓄温储热的特性，采取主动利用太阳能进行采温、供温、保暖与空调的办法来保障室内所需要的温度、湿度等各项指标。主动式太阳能房是太阳能热利用技术的主要发展方向，它在农业生产中的应用前景十分广阔。

太阳能热风发电地面集热器也是一种开放式太阳能房的形式，其结构如图6-4所示，地面铺设石子、沙子或者水包作为蓄热体，可以看作带蓄热的开放式空气集热器。其内部太阳能转化成空气热能（热空气），集热器地面因受太阳辐射，温度升高，并加热进入集热器的空气，受热空气依靠温度变化造成的浮力的改变在集热器内流动，最后流经太阳能烟囱并从烟囱顶部进入大气中。

图6-4　太阳能热风发电地面集热器

在太阳能热风发电系统中，集热器把所吸收的太阳能部分转化为集热器内空气的内能增加量。由于集热棚的面积很大（大型集热棚直径可达数千米），空气温度和壁面温度（透明覆盖层温度和地面蓄热层温度）沿流向方向是升高的，其内部受辐射、对流和地面的蓄热控制。为了保证太阳能热风发电系统在晚间发电，系统底部采用蓄热材料，一般可以采用石子、砂子等。

集热器效率受几何尺寸、空气流量、太阳辐照度、环境空气温度和速度、吸热体特性等因素影响，其中空气流量、太阳辐照度和吸热体特性是主要影响因素。试验结果表明：系统存在一个最佳空气流量；入射光辐照度增大可以提高集热器效率，但增大到一定程度后增长缓慢；以石子作为吸热体的集热器热性能好于以细砂作为吸热体的集热器热性能。

6.3　太阳能真空管集热器

6.3.1　概述

太阳能集热器在吸收太阳辐射能并将其转换成热能后，吸热板的温度升高，一部分热能作为集热器的有用能量用以加热吸热板内的传热工质；另一部分热能则不可避免地向周围环境散失，其中包括底部和侧面的隔热层向环境散失的传导热损失，吸热板和透明盖板之间的空气向环境散失的对流热损失，吸热板与透明盖板之间以及透明盖板与天空之间向环境散失的辐射热损失。

早在20世纪初就有人为了减少太阳能平板集热器的传导、对流和辐射等热损失，提出“真空管集热器”的概念。真空管集热器就是将吸热体与透明盖板之间的空间抽成真空的太阳能集热器。

按照吸热体的材料种类，真空管集热器可分为两大类：

1）全玻璃真空管集热器：吸热体与内玻璃管组成的真空管集热器。

2）金属吸热体真空管集热器：吸热体由金属材料组成的真空管集热器，也叫作金属-玻璃真空管集热器。

6.3.2 全玻璃真空管集热器

全玻璃真空管由内、外两根同心圆玻璃管构成，具有高吸收率和低发射率的选择性吸收涂层沉积在内管外表面上构成吸热体，内外管夹层之间抽成高真空，其形状像一个细长的暖水瓶胆，结构如图6-5所示。

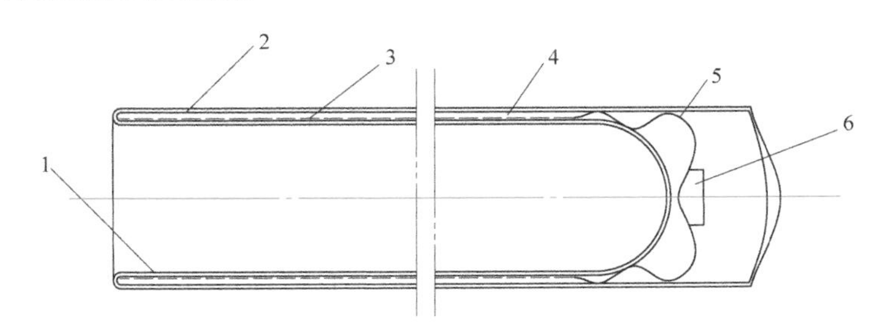

图6-5 全玻璃真空管结构示意图

1—内玻璃管 2—外玻璃管 3—选择性吸收涂层 4—真空 5—弹簧支架 6—消气剂

全玻璃真空管的一端开口，将内玻璃管和外玻璃管的管口进行环状熔封；另一端分别封闭成半球形圆头，内玻璃管用弹簧支架支撑于外玻璃管上，以缓冲热胀冷缩引起的应力。将内玻璃管和外玻璃管之间的夹层抽成高真空。在外玻璃管尾端一般粘接一只金属保护帽，以保护抽真空后封闭的排气嘴。内玻璃管的外表面涂有选择性吸收涂层。弹簧支架上装有消气剂，它在蒸散以后用于吸收真空集热管运行时产生的气体，起保持管内真空度的作用。

1. 玻璃管

真空集热管的内、外玻璃管所使用的玻璃材料，应具有太阳透射比高、热稳定性好、热膨胀系数低、耐热冲击性好、机械强度较高、抗化学腐蚀性较好、适合加工等特点。玻璃管材采用硼硅玻璃3.3制造，太阳透射比高达0.89。圆柱形吸热面使其在一天中接受的垂直光照较平面更多。采用磁控溅射工艺形成的铝-氮-铝涂层的太阳吸收率在0.86以上，发射率小于或等于0.09，闷晒曝辐量达3.8MJ/m^2，平均热损系数仅为0.90W/(m^2·K)，真空夹层的气体压强为5×10^{-2}Pa。上述指标保证了全玻璃真空管集热器较高的吸热性能，有效地避免了平板集热器的传导和对流热损失，并且提高了集热器的抗低温能力，同时，还具有较高的抗冰雹（击打）能力。

2. 真空度

全玻璃真空集热管的真空度是产品质量和使用寿命的重要指标。真空集热管内的气体压强很低，常用来描述真空度，管内气体压强越低，说明其真空度越高。

内外管的间隙约为5mm。为了减少传导和对流损失，间隙抽真空至10^{-3}Pa。要使真空集热管长期保持较高的真空度，就必须在排气时先对真空集热管进行较高温度、较长时间的保温烘烤，以消除管内的水蒸气及其他气体。此外，还应在真空集热管内放置一片钡-钛消气剂，将它蒸散在抽真空封口一端的外玻璃管表面上，像镜面一样，能在真空管集热器运行时吸收集热管内释放的微量气体，以保持管内真空度。一旦银色的镜面消失，则说明真空集热管的真空度已受到破坏。

3. 选择性吸收涂层

采用光谱选择性吸收膜作为光热转换材料是全玻璃真空集热管的又一重要特点。为最大限度地吸收太阳辐射能，抑制吸热体的辐射热损失，选择性吸收涂层要求太阳吸收比高、发射率低，有良好的真空性能和耐热性能，在涂层工作时管内真空度不受影响，本身的光学性能也不会下降。

4. 消气剂

玻璃出气分为表面出气和内部扩散出气。全玻璃真空集热管高温排气工艺仅能将玻璃表面吸附的气体和部分内部扩散的气体解析出来。在长期使用过程中，真空夹层内会不断累积集热管玻璃的解析气体，并且温度越高，解析速率越快，从而影响真空夹层的真空度。因此，需要在真空夹层内安装消气剂，不断吸收由玻璃解析出来的气体。

消气剂分为蒸散型消气剂、非蒸散型消气剂和复合消气剂。全玻璃真空集热管主要采用的是钡铝镍合金蒸散型消气剂，其主要成分为质量分数为25%的钡、25%的铝和48%左右的镍。钡铝镍合金消气剂对O_2、CO、CO_2、N_2、H_2、H_2O、C_nH_m等气体具有良好的吸附特性。这种消气剂与气体的作用主要有4种模式：

1）能被吸气剂吸收，也能释放，如氢气和它的同位素，这是一个可逆过程。

2）能被吸附而不被释放的气体，如氧气。

3）一部分可被消气剂永远吸收，另一部分可以重新释放，如水和碳氢氧化物。

4）不能被消气剂吸收的气体，如氦等惰性气体。

蒸散性消气剂主要采用高频感应加热进行蒸散，在集热管的圆头端形成消气剂膜。普通集热管消气剂的得钡量要求在（25±5)mg。消气剂膜的吸气性能与消气剂蒸散工艺密切相关，如消气剂蒸散时间、消气剂的位置及起蒸时形成消气剂膜的玻璃表面温度等。

5. 金属吸热体真空管集热器

金属吸热体真空管的吸热体由金属材料构成，真空管之间用金属件连接，这种集热器具有以下优点：

1）运行温度高。集热器运行温度可达100℃以上，有的甚至可以高达300~400℃，它是太阳能中高温利用技术中必不可少的集热部件。

2）承压性能强。金属吸热体真空管及其系统都可承压运行，可用于生产10^6Pa以上的热水甚至高压蒸汽。

3）耐热冲击。金属吸热体真空管及其系统能承受急剧的冷热变化，即使对空晒的高温集热器系统突然注入冷水，真空管也不会因冷热冲去而炸裂。

金属吸热体真空管能满足中高温太阳能利用的需求，扩大了太阳能的应用范围，已成为真空集热器发展的一个重要方向。

6. 热管式真空管集热器

热管式真空管集热器是金属-玻璃真空集热器的一种主要形式，如今国内已有多家企业开发了该项技术。热管式真空管集热器主要由热管式真空管与联集管、保温盒、支架等部分一起组成，是金属吸热体真空管的一种。它由热管、金属吸热板、吸热体、消气剂、玻璃管和金属封盖等主要部件组成，如图6-6所示。

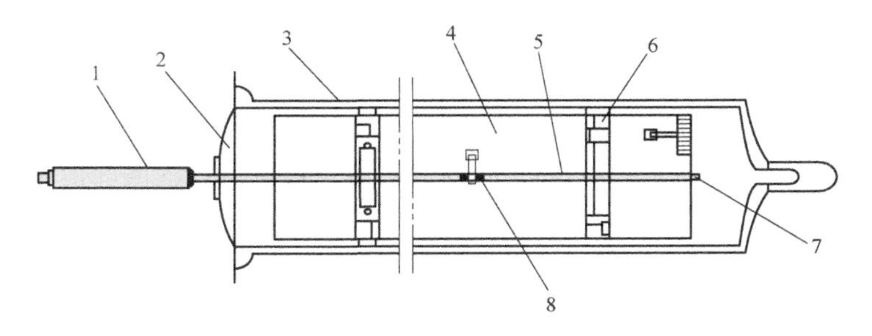

图6-6 热管式真空管集热器结构示意图

1—热管冷凝段 2—金属封盖 3—玻璃管 4—金属吸热板 5—热管蒸发段

6—弹簧支架 7—蒸散型消气剂 8—非蒸散型消气剂

在热管式真空管工作时，表面镀有选择性吸收涂层的金属吸热板吸收太阳辐射能并将其转化为热能，传导给与吸热板焊接在一起的热管，使热管蒸发段内的少量工质迅速气化，被气化的工质上升到热管冷凝段，释放出蒸发潜热使冷凝段快速升温，从而将热量传递给集热系统工质。热管工质放出气化潜热后，迅速冷凝成液体，在重力作用下流回热管蒸发段。通过热管内不断重复的气-液相变循环过程，快速高效地将太阳热能源源不断地输出。

热管式真空管集热器工作时，每只热管真空管都将太阳辐射能转换为热能，通过热管反复的气-液相变循环过程将热量通过热管冷凝段传递给导热块（或导热套管），从而加热联集管内的系统循环工质，使集热系统工质的温度逐步上升，直至达到使用要求的。与此同时，真空集热管及保温盒也不可避免地通过辐射或传导的形式损失一部分热量。

（1）热管 热管是利用介质发生相变实现高效传热的元件，其传热能力比导热性能良好的金属高1000多倍。热管的种类很多，最常用的是有芯热管和重力热管（热虹吸管）。在热管式真空集热管中，一般都使用重力热管。重力热管不依靠吸液芯，而是依靠重力的作用使介质回流，结构简单，工作可靠，传热性能优良。但是由于介质必须依靠自身的重力回流，因此在安装时，热管与水平面必须保持一定夹角。目前国内内大多使用铜-水热管。

（2）玻璃-金属封接 玻璃-金属封接技术可分为熔封和热压封两种。

熔封也称为火封，它是传统电真空行业中金属和玻璃封装工艺中的关键步骤。在金属玻璃管集热管封接中，一般采用对需要封接的局部进行加热来实现熔封。封接材料多采用可伐合金，其热膨胀系数介于金属和玻璃之间。熔封的优点是产品耐高温，抗拉强度较大，玻璃排气彻底，使用寿命长。

热压封也称为固态封接，它的原理是利用一种塑性较好的金属作为密封介质，将其加热至近熔化温度，通过压力作用下的扩散使其沿预设轨迹填充达到密封效果。目前国内玻璃-金属封接大多采用热压封接技术，热压封接主要使用Pb基、Al基或Cu基合金的低熔点焊丝或钎料等，先将玻璃端面制成法兰形式，然后将低熔点焊丝放在金属端盖与玻璃法兰封接面之间一同加热，当温度接近焊丝熔点时，迅速向其施加冲击压力，使焊丝表面氧化膜迅速破裂，挤出金属液，在金属与玻璃封接面之间固化。由于该过程十分迅速，封接材料在工艺过程中来不及产生化学变化，就已经与两面形成气密性封接。因此，热压封具有封接温度低、封接速度快、封接材料匹配要求低等特点。

（3）真空度与消气剂 制造过程中，在真空排气工艺方面，热管式真空集热管与全玻璃真空集热管有所不同，具有以下特点：

1）真空集热管内空间大，金属部件多，加热烘烤时出气量大，可采用抽气速率大且极限真空度高的扩散泵机组。

2）在集热管真空排气前，必须对放气量较大的金属部件或材料进行高温预除气。

3）为了使真空集热管长期保持良好的真空性能，必须在管内同时放置两种消气剂，即蒸散型消气剂和非蒸散型消气剂。蒸散型消气剂主要靠金属的蒸散和蒸散后形成的薄膜表面吸气，其主要作用是提高真空集热管的初始真空度；非蒸散型消气剂是一种宽温度范围激活的长效消气剂，主要靠表面吸着和体内扩散吸气，其主要作用是吸收管内各部件工作时释放的残余气体，保持真空集热管的长期真空度。

6.4 其他几种金属吸热体真空管集热器

1. 同心套管式真空管集热器

同心套管式真空管集热器又称为直流式真空管集热器，主要由同心套管、集热板、玻璃管等几部分组成，如图6-7所示。同心套管在结构上是处于集热板轴线上的，内、外同轴的金属管，跟集热管紧密连接。

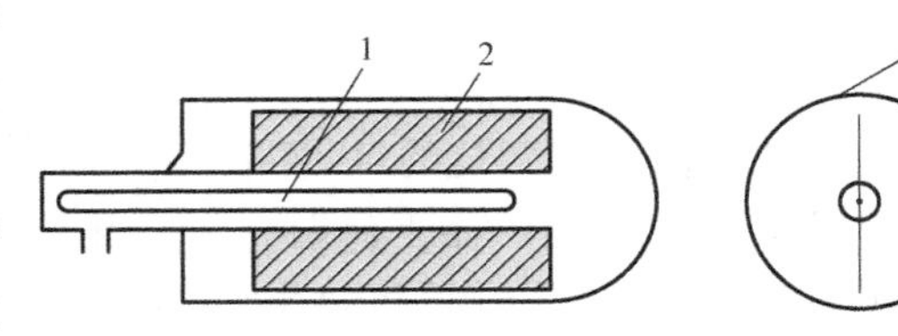

图6-7 同心套管式真空管集热器示意图

1—同心套管 2—集热板 3—玻璃管

其工作原理是，集热板吸收穿过玻璃管的太阳辐射后将其转换为热能，热能随后被由内管进入真空集热管的集热介质吸收，通过内、外管之间的环形空间流出。

除了具有金属吸热体真空管集热器共同的优点之外，同心套管式真空管集热器还有其自身优点：

（1）热效率高 集热介质在吸收热能的过程中是被集热板直接加热的，因此没有热传导造成的热损失。

（2）可水平安装 同心套管式真空管集热器的安装方式比较灵活，能根据不同需要东西向水平安装在建筑物的屋顶上或南立面上。通过转动真空集热管，将集热板与水平方向的夹角调整到所需要的数值，这样既可简化太阳能集热器的安装支架，又可避免太阳能集热器影响建筑外观。

2. U形管式真空管集热器

U形管式真空管集热器主要由U形管、吸热板、玻璃管等组成，如图6-8所示。

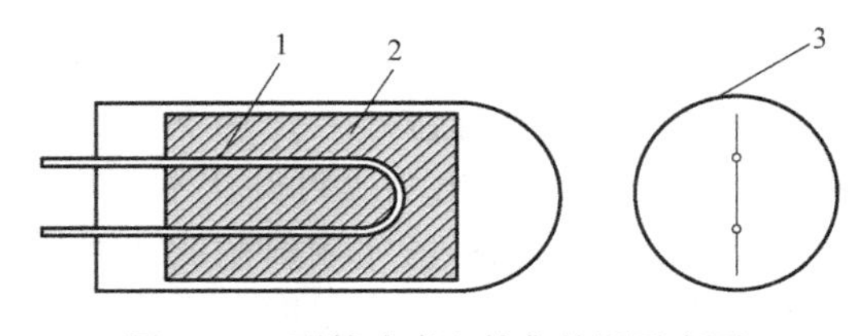

图6-8 U形管式真空管集热器示意图

1—U形管 2—吸热板 3—玻璃管

U形管式真空管集热器的主要优点如下：

（1）热效率高 集热介质在吸收热能的过程中是被集热板直接加热的，因此没有热传导造成的热损失。

（2）可水平安装 U形管式真空管集热器的安装方式比较灵活，可根据不同需要东西向水平安装在建筑物的屋顶上或南立面上，这样既可简化太阳能集热器的安装支架，又可避免太阳能集热器影响建筑外观。

（3）安装简单 真空集热管与集热管之间的连接比同心套管式真空管简单。

3. 储热式真空管集热器

储热式真空管集热器主要由吸热管、内插管、玻璃管等组成，吸热管内贮存水，外表面有选择性吸收涂层，如图6-9所示。

其工作原理是，白天太阳辐射穿过玻璃管，投射在吸热管上，吸热管外表面上的选择性吸收涂层吸收太阳辐射并将其转换为热能，吸热管内贮存的水吸收热能并升高温度。使用时，冷水通过内插管注入吸热管，将热水顶出。由于真空夹层保温性能好，因此吸热管内的热水降温很慢。储热式真空管集热器组成的系统主要有以下优点：

（1）不需要储水箱　真空管同时发挥了集热器和储水箱的作用，因而由储热式真空管组成的热水器也可称为真空闷晒式热水器，不需要额外配备储水箱。

（2）使用方便　打开自来水水龙头后，热水可立即放出，所以特别适合于家用太阳能热水器。

4. 内聚光真空管集热器

内聚光真空管集热器主要由吸热体、复合抛物面聚光镜、玻璃管等几部分组成，如图6-10所示。复合抛物面聚光镜可简称为CPC。由于CPC放置在真空集热管的内部，故称为内聚光真空集热管。

内聚光CPC是以热管作为接收器，外表面镀有选择性吸收涂层接收会聚光线，热管和CPC聚光板两部分经固定封装在玻璃管中，玻璃管内抽成真空。太阳辐射穿过玻璃管投射到CPC的表面，被CPC反射到位于其焦线处的吸热体上。

内聚光真空管集热器的主要特点如下：

（1）运行温度较高　由于CPC的聚光比大于1，所以内聚光真空管集热器的运行温度可达100~150℃。

（2）不需要跟踪系统　CPC的接收角较大，不但能接受直射辐射，还能很好地接受散射辐射，并且CPC的光学特性使得平行的太阳辐射以任意角度投射时，其反射光都可以到达位于焦线的吸热体上，从而避免了复杂的自动跟踪系统。

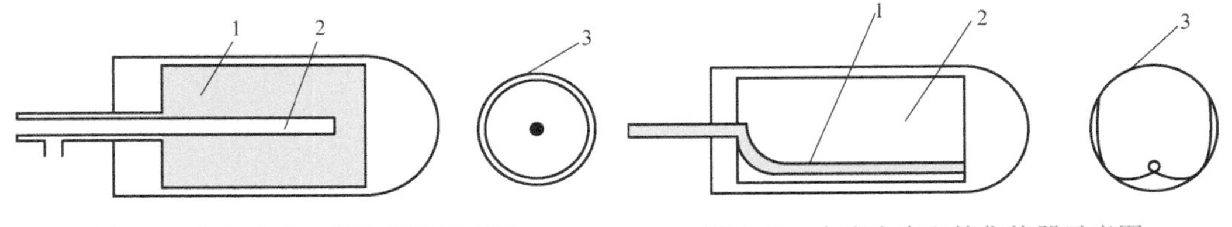

图6-9　储热式真空管集热器示意图
1—吸热管　2—内插管　3—玻璃管

图6-10　内聚光真空管集热器示意图
1—吸热体　2—复合抛物面聚光镜　3—玻璃管

5. 直通式真空管集热器

直通式真空管集热器主要由吸热管、玻璃管以及膨胀波纹管组成，如图6-11所示。

直通式真空管集热器吸热管表面有高温选择性吸收涂层，外罩同心玻璃管，吸线管和玻璃管的夹层内抽高真空，玻璃管的外表面蒸镀减反射膜，以降低玻璃管外表面对入射太阳辐射的反射损失。由于金属吸热管与玻璃管之间的两端都需要封接，补偿金属吸热管的热胀冷缩是十分必要的，因而必须借助于波纹管过渡。直通式真空管集热器需要与聚光器配合使用，组成聚光型太阳

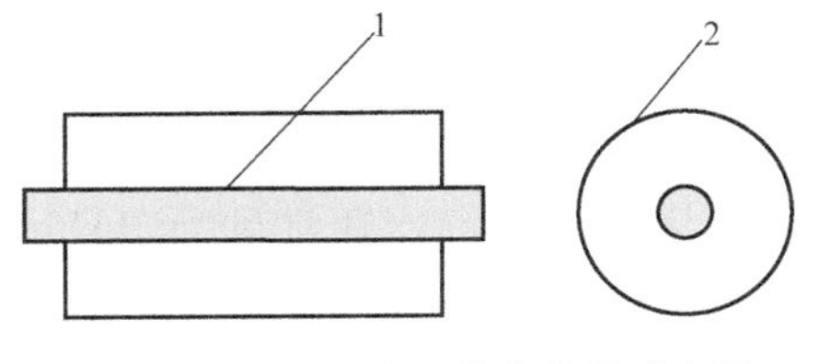

图6-11　直通式真空管集热器示意图
1—吸热管　2—玻璃管

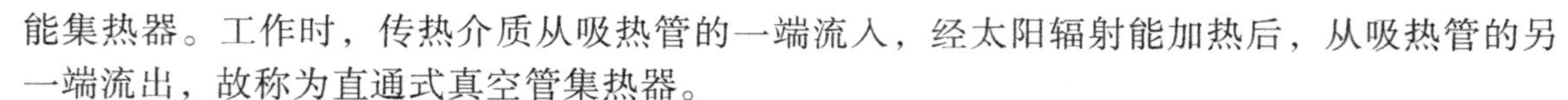

能集热器。工作时，传热介质从吸热管的一端流入，经太阳辐射能加热后，从吸热管的另一端流出，故称为直通式真空管集热器。

直通式真空管集热器的主要特点如下：

（1）运行温度高　由于聚光镜的开口可以做得很大，真空管集热器的聚光比很高，所以直通式真空管集热器的运行温度可高达300~400℃。

（2）易于组装　由于传热介质从真空管的两端进出，因而便于将直通式真空集热管之间采用串联方式连接。

6.5　聚光型太阳能集热器的类型

为了拓宽太阳能热利用的应用领域，人们并不满足于非聚光的平板集热器和真空管集热器，而努力设法提高太阳能集热器的供热温度。

聚光型太阳能集热器可以看成是由光源、聚光器和接收器组成的光学系统。光源是移动着的太阳，聚光器以反射或折射的方式把到达光孔（亦称为开口）上的太阳辐射集中到接收器的小面积上，接收器内的传热介质则把小面积上由太阳辐射转换成的热能带走。因此，聚光太阳能集热器在接收器上可以获得比投射到光孔上的太阳辐射大得多的能流密度，在小面积上可以达到比非聚光的平板集热器和真空管集热器都高得多的集热温度。

1. 按聚光是否成像分类

（1）成像聚光集热器　成像聚光集热器是使太阳辐射聚焦，在接收器上形成焦点（或焦斑）或焦线（或焦带）的集热器。

（2）非成像聚光集热器　非成像聚光集热器的聚光器光线并非聚集到一点（或一线）上，而是会聚到一块接收器的面上，也可以获得高强度的太阳能。

2. 对成像集热器按聚焦的形式分类

（1）线聚焦集热器　线聚焦集热器是成像集热器的一种，它是使太阳辐射会聚到一个平面上并形成一条焦线（或焦带）的聚光集热器。

（2）点聚焦集热器　点聚焦集热器也是成像集热器的一种，它是使太阳辐射基本上会聚到一个焦点（或焦斑）的聚光集热器。

3. 对成像集热器按反射器的类型分类

（1）槽形抛物面聚光集热器　又称为抛物柱面聚光集热器或抛物槽聚光集热器，它是利用一个槽形反射器聚集得到高热流密度太阳辐射的集热器，该反射器横截面为一抛物线。

（2）旋转抛物面聚光集热器　又称为抛物盘聚光集热器，它是通过一个盘形反射器来聚集太阳辐射的一种点聚焦集热器，该反射器是由抛物线旋转而成的。

4. 对非成像集热器按反射器的类型分类

（1）复合抛物面聚光集热器　又称为CPC集热器，它是利用若干块抛物面镜组成的反射器来会聚太阳辐射的一种非成像集热器。

（2）多平面聚光集热器　又称为塔式集热器，它是在很大面积的场地上装有许多台大型太阳能反射镜，通常称为定日镜，每台都各自配有跟踪机构，准确地将太阳光反射集中到一个高塔顶部的接收器上。

（3）条形面聚光集热器　又称为FMSC聚光集热器，它是利用由若干条固定的平面反射镜组成的反射器，将太阳辐射聚集到跟踪太阳的接收器上的一种非成像集热器。

(4) 球形面聚光集热器　又称为SRTA集热器，它是通过一个由半圆旋转而成的球形反射器，将太阳辐射聚集到跟踪太阳的接收器上的一种非成像集热器。

(5) 锥形面聚光集热器　它是通过一个由抛物线旋转而成的盘形反射器，将太阳辐射聚集到跟踪太阳的接收器上的一种非成像集热器。

5. 其他类型的聚光集热器

(1) 菲涅耳反射镜聚光集热器　它是利用菲涅耳反射镜，通过反射方式来会聚太阳辐射的一种成像集热器。

(2) 菲涅耳透镜聚光集热器　它是利用菲涅耳透镜，通过折射方式来会聚太阳辐射的一种成像集热器。

图6-12给出了几种聚光集热器的结构示意图。

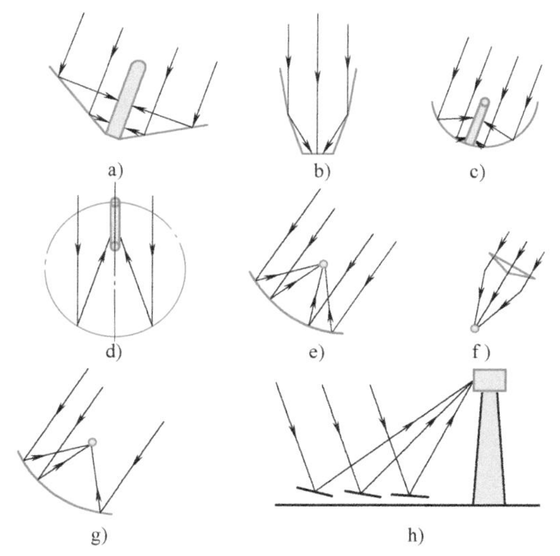

图6-12　几种聚光集热器的结构示意图

a）锥形面集热器　b）复合抛物面集热器　c）球形面集热器　d）条形面集热器　e）菲涅耳反射镜集热器　f）菲涅耳透镜集热器　g）抛物柱面集热器　h）塔式集热器

6.6 聚光比与集热器效率

根据能量守恒定律，在稳定状态下，聚光集热器在规定时段内的有效能量收益，等同于该时间段内接收器得到的总能量与相同时间内接收器对周围环境散失的能量之差，即

$$Q_u = Q_r - Q_L \tag{6-1}$$

式中，Q_u为聚光集热器在规定时段内的有效能量收益（W）；Q_r为该时间内接收器得到的总能量（W）；Q_L为同一时段内接收器对周围环境散失的能量（W）。

聚光集热器的效率可以定义为：在稳态条件下，集热器传热工质在规定时段内的有效能量收益与聚光器光孔面积和同一时段内垂直投射到聚光器光孔上太阳辐照量的乘积之比，即

$$\eta_c = \frac{Q_u}{G_a A_a} = \frac{Q_r}{G_a A_a} - \frac{Q_L}{G_a A_a} = \eta_0 - \frac{U_L A_r (t_r - t_a)}{G_a A_a} \tag{6-2}$$

式中，η_c为聚光集热器的效率；G_a为同一时段内投射到聚光器光孔上太阳辐照量（W/m^2）；A_a为聚光器光孔的面积（m^2）；U_L为集热器总热损失系数［$W/(m^2 \cdot K)$］；t_r为接收器温度（℃）；t_a为环境温度（℃）；η_0为聚光集热器的光学效率，且有

$$\eta_0 = \frac{Q_r}{G_a A_a} \tag{6-3}$$

聚光器光孔的面积A_a与接收器上接受辐射的表面面积A_r之比，称为聚光集热器的几何聚光比，或简称为聚光比，通常以C表示，则有

$$C = \frac{A_a}{A_r} \tag{6-4}$$

聚光比C反映出聚光集热器使能量集中的可能程度，是聚光集热器的特征参数。

将式（6-4）代入式（6-2），可得到聚光集热器的瞬时效率方程：

$$\eta_c = \eta_0 - \frac{1}{C}\frac{U_L(t_r - t_a)}{G_a} \tag{6-5}$$

聚光集热管的聚光比$C>1$，即接收器向环境散热的表面积总是小于聚光器光孔的面积，这样有利于减小散热器的散热损失。

光学效率η_0表示聚光集热器的光学性能。由于在集热太阳辐射的光学过程中，聚光器的性能不可能达到理想化程度而引起的光学损失要比平板集热器的情况显著；同时，聚光器一般只能利用太阳辐射的直射分量，只有聚光比很小的聚光集热器才能利用小部分漫射分量。因此，在聚光集热器的能量平衡中，必须考虑光学损失及漫射分量的损失。

随着聚光比的增大，对于集热器，不仅要相应地提高跟踪太阳的定向系统精度的要求，而且也要提高镜面光学精度的要求。

6.7 抛物面聚光集热器

6.7.1 相对光孔

光孔是聚光器的开口面积或太阳辐射的投影面积，是影响聚光集热器可收集的总能量的主要因素。光孔通常作为聚光器的特征量，用a表示。一般将槽形抛物面的光孔表示为宽度，旋转抛物面的光孔表示为直径，焦距f决定了太阳像的大小。因此，在聚光系统的焦面上，像的能量密度应是光孔a和焦距f的函数，定义为

$$n = \frac{a}{f} \tag{6-6}$$

式中，n为聚光器的相对光孔，或称为开口比。

抛物面聚光器的聚光比主要取决于相对光孔，并且也会受到接收器形状的影响。现以平面接收器和圆形接收器两种情况为例，分别分析其聚光性能。为便于分析，假定聚光器是理想的反射镜面，接收器的截面积远远小于聚光器的光孔，因此可以忽略接收器在反射镜面上形成的遮光。此外，假设入射光线平行于反射镜面的光轴。

6.7.2 平面接收器

平面接收器的几何关系如图6-13所示。图中，假设接收器尺寸恰好为聚光器反射镜面边缘光所形成的太阳像尺寸，d_a表示平面接收器的宽度，r_{max}表示平面接收器中心到反射镜边缘的距离。

对于槽形抛物面集热器来说，聚光比C与相对光孔n的关系为

$$C = \frac{A_a}{A_r} = \frac{nf}{d_a} \tag{6-7}$$

$$d_1' = 2r_m \tan\alpha \tag{6-8}$$

$$\alpha = 16'$$

$$\frac{d_b}{\sin r_2} = \frac{d_1'}{2\sin\delta_c} \tag{6-9}$$

根据图6-13所示的几何关系，有$r_2=\dfrac{\pi}{2}+\alpha$，$\delta_c=\pi-r_2-\phi=\dfrac{\pi}{2}-\phi-\alpha$，代入式（6-9）并整理得

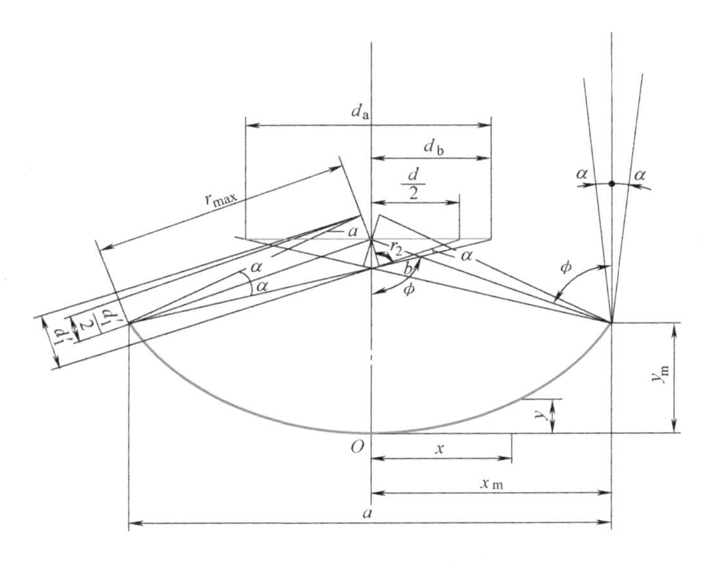

图6-13 平面接收器的几何关系

$$d_b=\frac{d_1'\sin\left(\dfrac{\pi}{2}+\alpha\right)}{2\sin\left(\dfrac{\pi}{2}-\phi-\alpha\right)}=\frac{d_1'\cos\alpha}{2(\cos\phi\cos\alpha-\sin\phi\sin\alpha)}\approx\frac{d_1'}{2\cos\phi} \tag{6-10}$$

取抛物面顶点为坐标原点O，设抛物面线形函数为$x^2=4fy$，可以得到

$$d_b=\frac{d_1'\sin\left(\dfrac{\pi}{2}+\alpha\right)}{2\sin\left(\dfrac{\pi}{2}-\phi-\alpha\right)}=\frac{d_1'\cos\alpha}{2(\cos\phi\cos\alpha-\sin\phi\sin\alpha)}\approx\frac{d_1'}{2\cos\phi} \tag{6-11}$$

$$r_{max}=\sqrt{(f-y_m)^2+x_m^2}=f+y_m \tag{6-12}$$

又有$x_m=\dfrac{a}{2}$，$n=\dfrac{a}{f}=\dfrac{2x_m}{f}$，代入式（6-12），整理得

经过一系列数学推导，可得

$$r_{max}=f\left(1+\frac{n^2}{16}\right) \tag{6-13}$$

$$C=\frac{nf}{\dfrac{f\left(1+\dfrac{n^2}{16}\right)^2(2\tan\alpha)}{\left(1-\dfrac{n^2}{16}\right)}}=\frac{107.3n\left(1-\dfrac{n^2}{16}\right)}{\left(1+\dfrac{n^2}{16}\right)^2} \tag{6-14}$$

当$n \ll 1$时，则$C \approx 107.3n$。令$\frac{dC}{dn}=0$，可得n=1.65时有最大聚光比$C_{max} \approx 107.3$。

对于旋转抛物面集热器来说，聚光比C与相对光孔n的关系为

$$C=\frac{A_a}{A_r}=\frac{(nf)^2}{d_a^2} \tag{6-15}$$

同理，可得

$$C=\frac{(nf)^2}{\left[\frac{f\left(1+\frac{n^2}{16}\right)^2(2\tan\alpha)}{\left(1-\frac{n^2}{16}\right)}\right]^2} \approx \frac{11550n^2\left(1-\frac{n^2}{16}\right)^2}{\left(1+\frac{n^2}{16}\right)^4} \tag{6-16}$$

当$n \ll 1$时，则$C \approx 11550n^2$。令$\frac{dC}{dn}=0$，可得n=1.65时有最大聚光比$C_{max} \approx 11550$。

6.7.3 圆形接收器

圆形接收器的几何关系如图6-14所示。图中，假设接收器尺寸恰好为聚光器反射镜面边缘光所形成的太阳像尺寸。d表示圆形接收器的直径，r_{max}表示圆形接收器中心到反射镜面边缘的距离。

对于槽形抛物面集热器来说，接收器为圆管，聚光比C与相对光孔n的关系为

$$C=\frac{A_a}{A_r}=\frac{nf}{\pi d} \tag{6-17}$$

$$\alpha=16'$$

其中

$$d=2r_{max}\sin\alpha \tag{6-18}$$

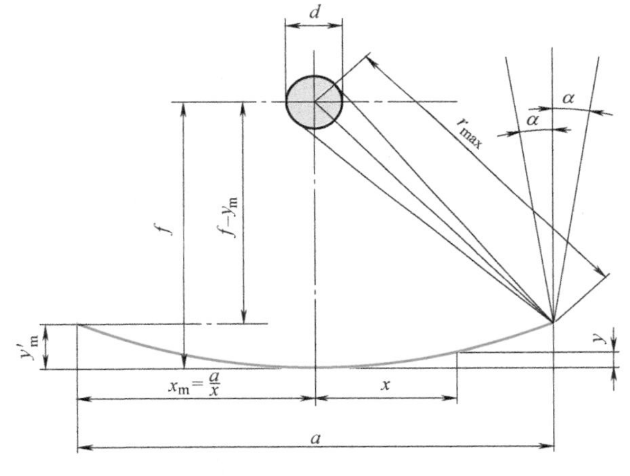

图6-14　圆形接收器的几何关系

若将式（6-18）和式（6-13）代入式（6-17），可得

$$C=\frac{nf}{\pi\left[f\left(1+\frac{n^2}{16}\right)^2(2\sin\alpha)\right]}=\frac{34.2n}{1+\frac{n^2}{16}} \tag{6-19}$$

当$n \ll 1$时，则$C \approx 34.2n$。令$\frac{dC}{dn}=0$，可得n=4时有最大聚光比$C_{max} \approx 68.4$。

对于旋转抛物面集热器来说，接收器为圆球，聚光比C与相对光孔n的关系为

$$C=\frac{A_a}{A_r}=\frac{(nf)^2}{4d^2} \tag{6-20}$$

同理，可得

$$C=\frac{(nf)^2}{4\left[r\left(1+\frac{n^2}{16}\right)^2(2\sin\alpha)\right]^2}=\frac{2890n^2}{(1+\frac{n^2}{16})^2} \tag{6-21}$$

当$n \ll 1$时，则$C \approx 2890n^2$。令$\frac{\mathrm{d}C}{\mathrm{d}n}=0$，可得$n$=4时有最大聚光比$C_{\max} \approx 11560$。

6.7.4 聚光集热器的光学分析

分析聚光集热器的光学损失，在太阳辐射投射到聚光集热器上并产生聚焦的过程中，会不可避免地产生损失，主要包括：散射辐射损失、反射（透射以及吸收）损失和聚焦损失。

1. 散射辐射损失

假设某一聚光集热器的散射辐射全部损失，仅可吸收太阳直射辐射，则投射到聚光器光孔上的太阳辐射应当是G_bR_b，其中G_b为直射太阳辐照度，R_b为倾斜面和水平面上直射太阳辐照度的比值。然而，采光角较大的聚光集热器仍可收集相当一部分散射辐射。假定具有各向同性的散射辐射经过聚光器光孔，则这些辐射中至少有$1/C$可以到达接收器。

2. 反射（透射以及吸收）损失

反射率ρ常用来衡量光反射损失的大小。其定义为：物体反射的辐射能量占总辐射量的百分比。它主要取决于物体的表面状况以及入射电磁波的波长及入射角。

反射聚光器有两种形式：正面反射镜面和背面反射镜面。前者在成型的金属或非金属表面蒸镀或涂刷一层具有高反射率的材料，或将金属表面抛光而成。其优点是减少了透射体的吸收损失，缺点是表面易受磨损或灰尘影响，因此需要涂保护膜以防止材料氧化。后者在透射体如玻璃的背面涂上一层反射材料，这种镜面的优点是镜面本身可以擦洗，经久耐用，缺点是太阳辐射必须经过二次透射，使得聚光系统的光学损失增加。实际应用中，背面反射镜面较为常见。

对于有透明盖层的接收器，通常用透射比τ及吸收比α描述其影响。当使用空腔形接收器时，α可接近于1。太阳辐射在透明盖层与接收器表面的平均投射角会影响τ与α的大小。反射光束对于接收器的投射角取决于光束在镜面上反射点的位置和接收器的形状等物体几何特性，乘积（$\tau\alpha$）的值是对通过透明盖层和镜面各点反射到接收器上的辐射求积分得到的平均值。

3. 聚焦损失

接收器通常无法完全接收由镜面反射的辐射（尤其是当镜面和接收器不匹配时）。这种光反射损失的大小用采集因子γ表示，其定义为镜面反射的辐射落到接收器上的百分数。接收器表面太阳像的辐射流分布是不均匀的。接收器上太阳像断面上的辐射流分布如图6-15所示。

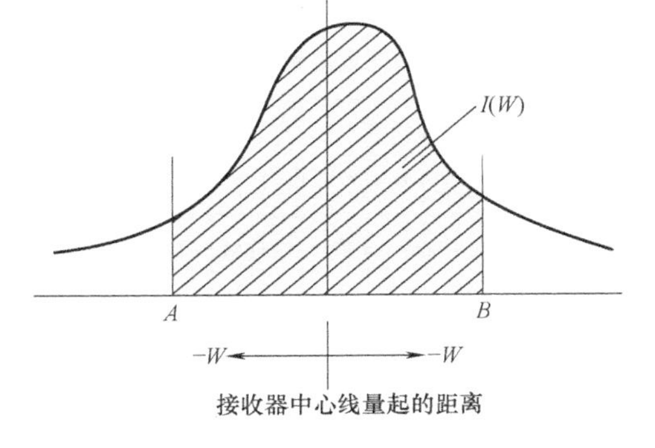

图6-15 接收器上太阳像断面上的辐射流分布

分布曲线下的总面积是镜面反射的总能量，可以由（G_b，R_b，A_a，τ，ρ）确定。若图6-15中，A、B间距离表示接收器的宽度，则阴影面积表示落到接收器上的能量，于是采集因子γ可以表示为

$$\gamma = \frac{\int_{A}^{B} I(W)\mathrm{d}W}{\int_{-\infty}^{\infty} I(W)\mathrm{d}W} \tag{6-22}$$

式中，W为由接收器中心线量起的距离。

在聚光器的光学性能确定的情况下，接收器尺寸越大，光学损失越小，但同时热损失增大，反之亦然。因此，应适当选取接收器的尺寸，以使聚光器的热损失和光学损失总和减至最小。

聚光器的精密程度往往决定了采集因子大小。光学损失通常有以下几个影响因素：

1）聚光器反射表面因积灰、磨损产生光洁度不理想的情况，进而引起散焦。投射在这种反射表面上的平行光束经反射后，反射光束将呈扩散状，扩散角增大。表面小尺度的不规则性引起了这种角分散，其影响是增大在焦点处太阳像的尺寸，可以认为是减小了镜反射比ρ而增加了散射，通过镜反射比ρ值的降低反映出来。

2）聚光器反射表面不可避免地存在线性误差，从而引起太阳像变形。它同样会使太阳辐射产生散射，从而引起太阳像的扩大。聚光器的光学结构、几何形状、制造工艺是影响线性误差大小的重要因素。

3）接收器与反射表面之间的安装误差可能引起太阳像的放大和位移，导致聚焦表面上的能流密度降低。对于光学结构相同的接收器，安装误差的增大是采集因子γ减小的重要因素。

4）集热器的定向误差引起太阳像的放大和位移。聚光比较大的集热器都需要适当的跟踪太阳的机构，保证与太阳适当的相对位置。跟踪方式的不完善将引起投射到光孔上的太阳辐射能量的减少。常用入射角的余弦$\cos i$表示其减少量，习惯上将$\cos i$称为入射系数。不同跟踪机构的入射系数见表6-1。

表6-1　不同跟踪机构的入射系数

跟踪机构	入射系数
水平固定平面	$\sin\varphi\sin\delta + \cos\delta\cos\omega\cos\varphi$
春秋分日正午垂直于太阳光线的固定倾斜平面	$\cos\varphi\cos\omega$
绕东西向水平轴转动平面，每日调整一次，使平面法线在每日正午都与太阳光线重合	$\sin^2\varphi + \cos^2\varphi\cos\omega$
绕东西向水平轴转动平面，做连续调整，以获得最大的投射能量	$\left(1 - \sin^2\varphi\cos^2\omega\right)^{\frac{1}{2}}$
绕南北向水平轴转动平面，做连续调整，以获得最大的投射能量	$\left[\left(\sin\varphi\sin\delta + \cos\varphi\cos\delta\cos\omega\right)^2 + \cos^2\delta\sin^2\omega\right]^{\frac{1}{2}}$
绕平行于地轴的轴转动平面，做连续调整，以获得最大的投射能量	$\cos\delta$
分别绕互相垂直的两轴转动的平面，做连续调整，使平面法线随时都与太阳光线重合	1

定向角误差θ_t主要由跟踪机构结构误差导致。定向角误差的存在往往使反射辐射难以被接收器接收，从而使采集因子γ减小，导致聚焦面上的能流密度降低。定向角误差确定的情况下，采集因子γ的变化与系统焦距和聚光比是正相关的。

采集因子修正系数$F(\theta_t)$，常用于衡量定向角误差对采集因子γ的影响。采集因子修正系数的物理意义是，表示一个理想的光学系统而非理想的定向系统的程度。槽形抛物面集热器在定向角误差θ_t超过±0.5°时，采集因子修正系数急剧减小。

6.8 复合抛物面聚光集热器（CPC）

1974年，是美国学者 Winston首次提出了复合抛物面聚光集热器（简称CPC），这是一种基于边缘光学原理设计出的低聚光比非成像太阳能捕获装置，该装置可以将接收角范围内的入射光线按照理想聚光比传输到接收体上。其工作原理如图6-16所示。该聚光器由两片镜像对称、线条为两条特殊组合的抛物线的反射镜面组成。左右两侧抛物线的轴与聚光器主轴构成$\pm\theta_i$的夹角，称为采光半角。聚光器可以是由两个抛物面构成的槽形集热器，也可以是由两条抛物线绕光轴旋转而成的旋转体，或由两组槽形抛物面垂直相交而得的“方形体”（三维集热器）。复合抛物面聚光器在最大采光角范围内入射到聚光器光孔上的光线都将汇聚到反射光孔面的边缘上，因此，对任意给定的接收角，可以得到热力学上的最大聚光比。

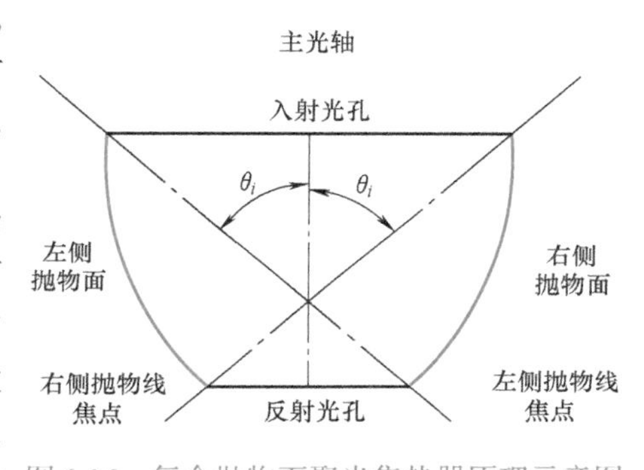

图6-16 复合抛物面聚光集热器原理示意图

复合抛物面聚光集热器是一种无影像聚光集热器。它可以只定期调整安装倾斜角而不用连续跟踪，一定程度上解决了传统聚光集热器在应用过程中需要配置精密的追日跟踪装置。投资成本较高、需要专业人员维护等问题。目前已有CPC真空管、CPC热管真空管太阳能集热器，分别以全玻璃真空管、热管真空管作为CPC的吸热体。

6.8.1 CPC的聚光比

根据聚光比的定义，CPC的聚光比定义为入射光孔与反射光孔之比，即

$$C=\frac{A_a}{A_r}=\frac{a}{a'} \tag{6-23}$$

式中，a为入射光孔宽度（m）；a'为反射光孔宽度（m）。

经公式推导，可得

$$a=\frac{a'}{\sin\theta_i} \tag{6-24}$$

式中，θ_i为槽形复合抛物面集热器采光半角。因此，将式（6-24）代入式（6-23），有

$$C=\frac{a}{a'}=\frac{1}{\sin\theta_i} \tag{6-25}$$

显然，采光半角θ_i决定了复合抛物面的聚光比，与二维聚光器的理论聚光比相同。采光半角相同时，复合抛物面聚光器相较于其他形式的聚光器，具有最高的聚光比。

对于实际的CPC，如果反射表面线性的偏斜量ψ_1和太阳光线的偏斜量ψ_2都取它们的标准偏差$\sigma_{\psi1}$和$\sigma_{\psi2}$来表示，则按收集一定百分数光线设计的槽形复合抛物面聚光器能够到达的最大聚光比，将由式（6-25）确定的理论值降低为

$$C = \frac{1}{\sin(\theta_{max} + P\sqrt{4\sigma_{\psi_1}^2 + \sigma_{\psi_2}^2})} \tag{6-26}$$

式中，P按指定收集的光线百分数进行选择。对于光线按正态分布及P=2的情况，槽形CPC约可以收集95%的光线。

CPC聚光器对反射表面质量的要求可以适当降低。一方面，当反射表面线形偏差$\sigma_{\psi1}$的数值不大时，它对CPC聚光器投射比的影响也很小；另一方面，这种反射表面线形偏差有时反而会使反射光线在反射光孔上分布得比较平均。

6.8.2 CPC的反射损失

CPC同样会产生辐射减弱和辐射损失。垂直投射在CPC光孔中心区域的太阳辐射可以直达接收器，而靠近光孔边缘的垂直辐射必须经过一次或多次反射才能到达接收器。为了描述后者的光学损失，引入平均反射数n，用以衡量光效率。

平均反射数n的定义：进入CPC光孔的全部辐射在到达接收器途中平均经过的反射次数。由此，可以把因反射而减弱的辐射损失用反射损失率p来表示，即

$$p = 1 - \rho^n \tag{6-27}$$

平均反射数n的值取决于投射辐射的入射角、聚光器镜面高度和聚光比。

6.8.3 CPC的热性能分析

复合抛物面聚光集热器的热性能分析方法，与槽形聚光集热器的分析基本相同。图6-17所示为CPC槽形聚光集热器的物理模型与热网络图。假设接收器为全玻璃真空集热管，为简化分析，做如下假设：

1）真空集热管温度T_r和流体温度T_f在集热管横截面上均匀一致。

2）忽略真空集热管与聚光器反射镜面之间的对流与辐射换热。

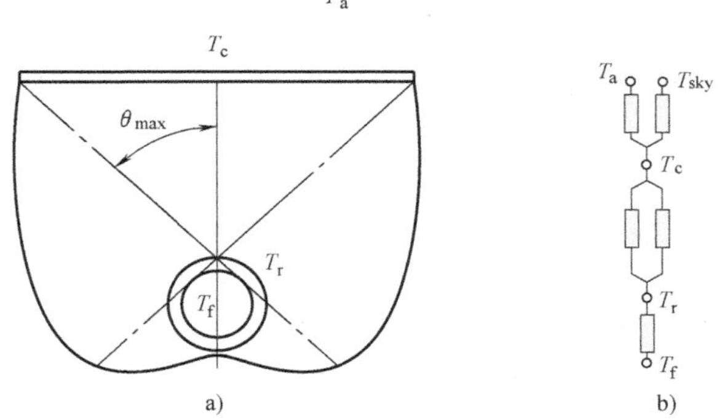

图6-17 CPC槽形聚光集热器的物理模型与热网络图
a）物理模型 b）热网络图

吸热体的能量平衡方程为

$$Q_{b,r} + Q_{d,r} = Q_u + Q_l \tag{6-28}$$

式中，$Q_{b,r}$为接收器直接吸收和经反射后吸收的直射太阳辐射能，为

$$Q_{b,r} = A_a G_b (\tau\alpha)_b \rho^{\bar{n}} \left(1 + \rho^{2\bar{n}} \rho_r \rho_a\right) \tag{6-29}$$

$Q_{d,r}$为接收器吸收的散射太阳辐射能，为

$$Q_{d,r} = A_a G_d (\tau\alpha)_d \rho^{\bar{n}} \tag{6-30}$$

Q_l为复合抛物面聚光集热器的热损失，为

$$Q_l = U_l A_r \left(T_r - T_a\right) \tag{6-31}$$

上面各式中，G_b为投射在聚光器光孔平面上的直射太阳辐射；G_d为投射在聚光器光孔平面上的散射太阳辐射；ρ、ρ_r、ρ_a分别为镜面、接收器吸热体、盖板的反射比；$(\tau\alpha)_b$、$(\tau\alpha)_d$分别为直射辐射、散射辐射的透射率-吸收率乘积。

根据图6-17b所示的热网络图，可求得式（6-31）中的热损失系数为

$$U_l = \left[\frac{1}{h_w + \dfrac{\sigma\varepsilon_c\left(T_c^4 - T_{sky}^4\right)}{T_r - T_a}} + \frac{1}{h_{r-c} + \dfrac{\sigma\varepsilon_s\left(T_r^4 - T_c^4\right)}{T_r - T_a}}\right]^{-1} \tag{6-32}$$

式中，ε_c为盖板发射率；ε_s为CPC槽的系统黑度；T_c为盖板温度；h_{r-c}为CPC槽内接收器吸热体和盖板之间的对流换热系数，可根据实际情况，按小空间自然对流换热处理。

同理，引入集热器效率因子和热迁移因子，复合抛物面聚光集热器的有效能可表示为

$$Q_u = F_R\left\{A_a\left[G_b(\tau\alpha)_b\rho^{\bar{n}}\left(1 + \rho^{2\bar{n}}\rho_r\rho_a\right) + G_d(\tau\alpha)_d\rho^{\bar{n}}\right] - U_l A_r\left(T_{f,i} - T_a\right)\right\} \tag{6-33}$$

热迁移因子F_R的表示式为

$$F_R = \frac{\dot{m}C_p}{A_r U_l}\left(1 - e^{-\frac{A_r U_l F'}{\dot{m}C_p}}\right) \tag{6-34}$$

效率因子F'可以表示为

$$F' = \frac{\dfrac{1}{U_l}}{\dfrac{1}{U_l} + h_f + h_r} \tag{6-35}$$

式中，h_r为真空管内外管之间的辐射换热系数（$W/m^2 \cdot ℃$）。

用聚光系统得到的有效能及投射到CPC上的总太阳辐射，可以求得CPC的瞬时效率为

$$\eta_c = \frac{Q_u}{(G_b + G_d)A_a} \tag{6-36}$$

若假设吸热体对直射辐射和散射辐射的吸收比都与太阳光线入射角无关，透明盖层的投射比也与太阳光线入射角无关，并假设全部热损失项都可以用$U_l\left(T_r - T_a\right)$表示，则可以把式（6-36）简化为

$$\eta_c = \frac{Q_u}{G_a A_a} = \rho^{\bar{n}}\tau\alpha\gamma - \frac{U_l\left(T_r - T_a\right)}{CG_a} \tag{6-37}$$

式中，采集因子γ为

$$\gamma = \frac{G_b}{G_a} + \frac{1}{C}\frac{G_d}{G_a} \tag{6-38}$$

可以看出，式（6-37）中的光学效率$\rho^{\bar{n}}\tau\alpha\gamma$不再是一个与运行条件无关的简单参数，它将随着直射分量与散射分量的比例而有所变化。典型CPC的光学效率数值范围为0.6~0.7。此数值低于非聚光的平板集热器和真空管集热器。因此，CPC在低温运行条件下效果较差，

因为此时光学效率是重要的；而在较高温度条件下运行时，CPC将因热损失减少而显示出优越性。

6.9 太阳能热水器系统

太阳能热水器是当前人类利用太阳能最成熟、使用最普遍的技术，对该技术以及与之相关的各种太阳能热水装置的研发已取得长足进步。

通常将太阳能热水器系统的概念描述为把太阳能转换为热能用于加热水的系统，其组成部件通常有太阳能集热器、储水箱、辅助加热器、控制器以及相关的连接管路等。太阳能热水器系统种类繁多，按特征分类，其常见类型有自然循环太阳能热水系统、强制循环太阳能热水系统、直流式太阳能热水系统以及整体式太阳能热水系统等。

1. 自然循环太阳能热水系统

自然循环太阳能热水系统是利用集热器与储水箱之间的温差形成系统的热虹吸压头，使水在系统中循环；在循环过程中，通过集热器对水的加热实现太阳能向热能的转换并将热能最终储存在储水箱内。系统运行时，集热器内的水吸收太阳辐射后，其温度上升，密度降低，因而热水在加热过程中逐渐上升，从集热器的上循环管进入储水箱上部；同时，储水箱底部的冷水经下循环管流入集热器底部，从而使储水箱中的水形成温度分层，上层水温较高而下层水温较低。这样一段时间后，整个储水箱中的水都被加热。

自然循环系统的优点在于结构简单，运行稳定，无需其他辅助动力，制造成本相对较低；其缺点在于储水器必须安装在集热器上方，以维持循环所需的热虹吸压头，有时会给系统的安装造成一定影响。

2. 强制循环太阳能热水系统

强制循环太阳能热水系统通过在系统管路内设置水泵增压来驱动系统管路中水的循环。循环过程中，循环泵的起停控制方法通常有温差控制与光电控制两种。

(1) 温差控制　温差控制利用集热器出口水温与储水箱底部水温两者的温差来控制循环泵的运行。集热器中冷水吸收太阳辐射热后温度上升，当其温度与储水箱底部水温温差达到设定值后，温差控制器发出信号，循环泵起动，系统开始循环；当太阳辐照度不足时，集热器温度下降，当集热器出口温度与储水箱底部温差达到另一设定值时，温差控制器再次给出信号，循环泵关闭，系统循环停止。

(2) 光电控制　光电控制依靠太阳能电池所产生的电信号来控制循环泵。当太阳辐照度达到设定阈值时，光电控制器给出信号，循环泵起动，系统开始运行；太阳辐照度低于阈值时，光电控制器给出信号，循环泵关闭，系统停止。

3. 直流式太阳能热水系统

直流式太阳能热水系统的特点是系统管路内的水经集热器一次加热后直接输送至储水箱储存。系统运行时，集热器中冷水经太阳能加热后，温度逐渐升高。集热器出口处安装的测温元件，经温度控制器控制安装于集热器进口处的电动阀，通过改变电动阀的开度来调节进入集热器的冷水流量，从而使集热器出口的水温保持相对稳定。

直流式系统的优点在于相对于强制循环系统，无须在管路中设置额外的水泵来为系统提供循环动力，而且相对于自然循环系统，其储水箱可以放在室内；其不足之处在于对电动阀及控制器的稳定性要求较高。

4. 整体式太阳能热水系统

整体式太阳能热水系统的结构相对简单，经集热器加热的热水直接储存在集热器中，因而无需额外的储水容器。整体式太阳能热水器结构上可视作一个盖板透明、壁面涂黑的容器，通过涂黑的壁面吸收太阳辐射能并加热容器中的水。整体式太阳能热水器按其形状可分为圆筒式与方盒式，其中圆筒式又能细分为单筒、双筒和多筒等各种类型。其透明盖板的材料多用玻璃、玻璃钢板等；吸热体则多用不锈钢、镀锌钢板、黑塑料等制成。整体式太阳能热水系统的优点在于其结构相对简单，制造加工的成本较低；其缺点也相对明显，主要是保温性能较差，容器内储存热水必须尽快使用，因而对其使用造成了较大影响。

太阳能集热器与其他热源互补适合用在旅馆等公共建筑中，它们较多采用集中式太阳能集热生活热水系统，但是由于太阳能的供能特点和储热水箱、管道存在大量漏热损失，故系统中必须设置辅助热源。目前普遍采用的是在储热水箱内设置电加热器，该方式导致太阳能系统的耗电量巨大，有时其耗电量甚至超过常规的电热水器。

太阳能集热器+即热式补热生活用水系统见图6-18所示，该系统具有显著节能效果，特别适用于住宅建筑。其显著特点在于：①集中采热、集中储热，但储热水箱中不安装辅助加热器，而在每个热水用户供水末端前安装燃气热水器、热泵热水器等即热式补热装置，补热装置产生的热量全部用于热水用户；②取消热水循环管和循环泵，储热水箱中的水以单管方式依靠储热水箱的高差直接送到各个末端用户，避免了循环泵电耗和“放冷水”问题；③无论水温高低，仅按照进入各用户的水量收费，用于上缴水费和系统维护；④在储热水箱出口处安装温度传感器，便于用户随时了解太阳能系统的水温状况以决定是否启动补热装置。

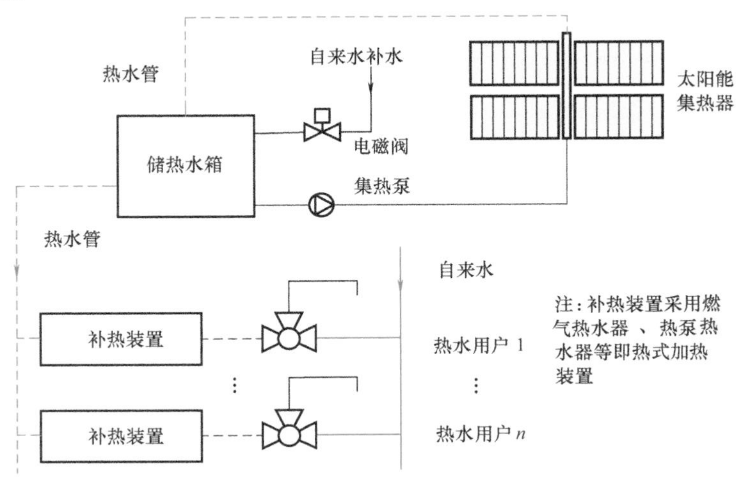

图6-18 太阳能集热器+即热式补热生活用水系统

对于旅馆建筑用集中式太阳能集热生活热水系统，可以采用如下措施提高效率：①在新系统的基础上，将用户终端的补热装置改为电热水器，通过自动控制方式控制室内用水温度，以减少水箱、管道漏热和循环泵电耗；②用空气源热泵热水机替代原有系统的电加热器，虽然不能消除循环泵电耗和水箱、管道的漏热损失，但相对于电加热器无疑可大幅度降低辅助热源的耗电量。

习 题

6-1 太阳能平板集热器由哪些部分组成?

6-2 太阳能真空管集热器的结构有哪些类型?

6-3 聚光型太阳能集热器有哪些类型?

6-4 太阳能集热器的集热温度与哪些因素有关? 集热温度与经济性有什么关系?

6-5 举例说明太阳能热水器系统的工作原理。

第7章

太阳能热风发电系统

7.1 太阳能热风发电技术

太阳能热风发电技术（也称太阳能烟囱，Solar Chimney）是一种新兴的太阳能热动力发电形式，通过温室、烟囱和涡轮发电装置，将太阳能这种可再生清洁能源转换为电能，提供了更为便利的方式。在传统能源资源日益减少、环境日益恶化的情况下，太阳能热风发电技术为资源短缺，但能源需求日益增大、有充足太阳能的国家和地区提供了走出能源困境的途径。因此，该技术具有广阔的发展和应用前景。自从建在西班牙Manzanares的世界上第一个太阳能热风发电试验电站（见图7-1）获得成功后，各国学者都对这项技术产生了浓厚的兴趣，美国、德国、西班牙、澳大利亚、埃及、南非等国家的学者对太阳能热风发电技术进行了大量的理论和实验研究，内容涉及系统的可行性、经济性、各部件性能理论模型和数值模拟等。

图7-1 西班牙50kW太阳能热风发电试验电站

太阳能热风发电技术的设想是由德国斯图加特大学的Schlaich教授于1978年提出的。1981年，世界上第一个太阳能热风发电试验电站在西班牙的Manzanares开始建造。该电站额定输出功率为50kW，烟囱高度为195m，烟囱直径为10m，集热棚直径约240m。在1986年中期到1989年早期的32个月内，除了用于特定测试和改装的4个月外，电厂每天都可以正常运行，共运行8611h，平均每天运行8.9h。这一结果证明，太阳能热风发电系统的建造是可行的，并能够长期稳定运行。此后，该电站成为公认权威的电站原型，其系统结构、实测数据和实验结果等重要资料被之后很多研究及文献参考借鉴。我国对此领域的研究起步较晚，2010年在内蒙古乌海市建立了小型20kW示范电站，如图7-2所示。

图7-2　内蒙古乌海市20kW示范电站太阳能热风发电装置

7.2　太阳能热风发电系统的组成

太阳能热风发电系统又称为太阳能烟囱发电系统，由3个主要部件组成：集热棚（具有透明覆盖层的开放式太阳能空气集热器）、烟囱和涡轮发电机组，其基本结构如图7-3所示。

在太阳能热风发电系统中，能量转化过程为：

太阳能→集热棚→热能→烟囱→机械能→涡轮发电机组→电能

环境空气由集热棚周边的空隙进入系统，集热棚收集太阳辐射能并利用温室效应加热进入其中的空气，升温的热空气不断流向位于集热棚中央的烟囱。这时，烟囱两端的空气之间存在温差，由此形成的密度差和压差推动位于烟囱底部的热空气沿烟囱不断上升。最后，空气流由烟囱顶部进入高空环境，减速冷却后完成循环。在烟囱内的适当位置设置涡轮发电装置，可将系统中空气流的能量转换为风力涡轮中的转动能，进而带动发电机实现发电。太阳能热风发电系统的一大特点是其集热系统使用的是非聚光型集热器，不仅可以利用太阳直射光，还能利用散射光，避免了增设聚光系统带来的各种技术难题。

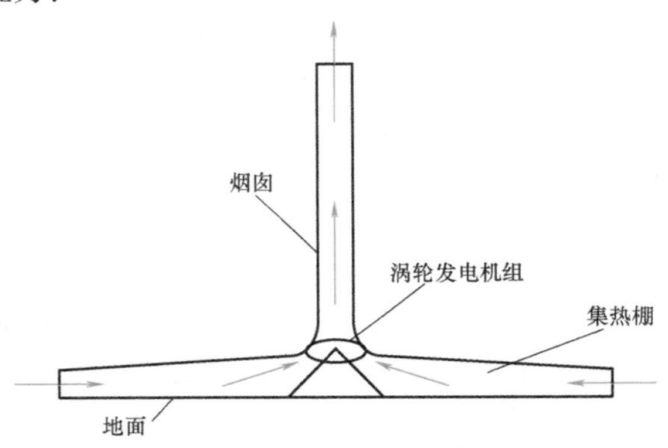

图7-3　太阳能热风发电系统基本结构图

1. 集热棚

太阳能热风发电系统中使用的空气集热器采用类似于农业大棚的温室效应工作原理，因此又被称为集热棚。集热棚空间的边界由地面和其上一定距离的透明覆盖层组成；集热棚周边呈开放模式，作为环境空气进入太阳能热风发系统的入口。进入集热棚的空气在温室效应作用下被加热。温室效应主要是因为透明覆盖层对辐射具有选择性透过的特性。太阳光由4%的紫外线、46%的可见光和50%的红外线组成，其中约有85%的能量可以穿过透明覆盖层进入集热棚内，地面蓄热层不断吸收太阳辐射能量，地表温度升高；但是，地表升温后以长波辐射形式向外输出的能量几乎不能穿过透明覆盖层，热量因而被限制在集热棚内，使得集热棚中的温度高于环境温度，形成温室效应。环境空气进入集热棚后不断吸收热量，温度升高，压力略微降低，在沿集热棚径向流向集热棚中心的过程中，速度不断增大。集热棚透明覆盖层具有一定的倾斜度，其距离地面的高度从集热棚周围逐渐增大，这样不仅可以控制空气的流向，而且能减小空气流转向（由集热棚的水平运动转变为烟囱中的竖直运动）时的阻力。此外，可以在集热棚内的地面上设置额外的蓄能装置，从而使系统在白天能最大限度地吸收太阳能，并在夜晚释放，实现昼夜不间断连续发电。集热棚是太阳能发电系统中的能量收集部件，在这里完成了太阳能向热能的转换。

2. 烟囱

烟囱是太阳能热风发电系统中至关重要的部件，是摩擦损失较小的压力管道，烟囱位于热棚的中央，其底部安置在集热棚内，作为热空气进入烟囱的入口，“烟囱效应”驱动热空气在烟囱中不断上升。这是因为烟囱底部的热空气与烟囱顶部的环境空气之间存在温度差，温度差导致了密度差，并进一步产生压差，由这一压差产生的浮力是推动空气在烟囱中流动的原动力，空气在烟囱中不断上升，温度、压力减小，最终由烟囱顶部流入环境空气，所拥有的能量全部损失。太阳能热风发电技术就是风力涡轮将烟囱中空气流具有的能量提取出来，并转变为转动能，最终通过发电机实现电力输出。烟囱是太阳能热风发电系统中的热动力部件，通过该装置在系统中实现了热能向机械能的转换。

3. 涡轮发电机组

太阳能热风发电系统中使用的风力涡轮不同于一般的自然风力涡轮，并非开放式速度级涡轮，而是类似于水力发电站中的水轮机，是依靠流体的静压来驱动的封闭式压力级涡轮。也就是说，气流通过涡轮后，其静压被转换为涡轮的转动能以带动发电机发电，而气流的速度基本不变。这种封闭式压力级涡轮的输出功率是相同直径的开放式速度级涡轮的8倍，其输出功率与流经涡轮的空气体积和压差成正比。采用这种涡轮是为了使系统输出功率在任何情况下都能达到最大值，避免流量的变化对输出功率的影响。在需要对发电量进行调节时，可根据气流的速度和变化调整叶片倾斜角。如果叶片平面和气流方向垂直，涡轮无法转动，系统无电力输出；如果叶片平面和气流方向平行，则气流流经涡轮时压力不变，系统也不能发电。在这两种情况之间存在一个最佳的叶片倾斜角。理论上，当气流在涡轮中的压降是最大可能压降的2/3时，涡轮的输出功率最大。对于太阳能热风发电系统而言，集热棚出口至烟囱进口之间的转换段区域管道急剧收缩，压力显著下降，速度明显增大，因而最适合设置风力涡轮。涡轮发电机组是太阳能热风发电系中的动力输出设备，通过该装备实现了机械能至电能的转换。

7.3 太阳能热风发电系统的热力循环

1. 理想循环

建立理想循环时采用如下简化假设：①忽略所有损失，认为所有部件均处于理想状态；②工质为干空气，是比定压热容为定值的理想气体；③系统与环境的传热仅发生在集热棚中，其他部分均为绝热状态；④与系统进出口相连的环境空气均处于理想状态。根据上述假设，系统的理想循环如图7-4所示。图中，t_c为涡轮机出口风温，g为重力加速度，z为烟囱高度。

在图7-4描述的理想循环中：

1）过程2→3代表了工质（空气）在集热棚中被加热的过程。该过程近似为定压加热过程，由于忽略摩擦损失，内部功为零，而且工质动能变化的影响远小于其温升的影响，所以，该过程中工质的吸热量近似等于其焓增，工质温度升高，比热容减小，速度增大。

2）过程3→4代表了工质流经涡轮做功后克服重力作用从烟囱排至环境的过程。过程3→t_e是涡轮压降过程，工质经涡轮后其压力、温度降低，焓减小，速度增大。过程t_e→4代表了烟囱中的绝热降温过程，期间工质的压力、温度下降，焓减小，由于忽略一切损失，工质的焓降主要用于克服重力做功。

3）过程4→1为假想的工质在高空（烟囱出口以上空间）中的等压降温过程。

4）过程1→2为假想的绝热升温过程，而且其代表的空间高度等于烟囱的高度，可以认为是烟囱中绝热降温过程的逆过程。

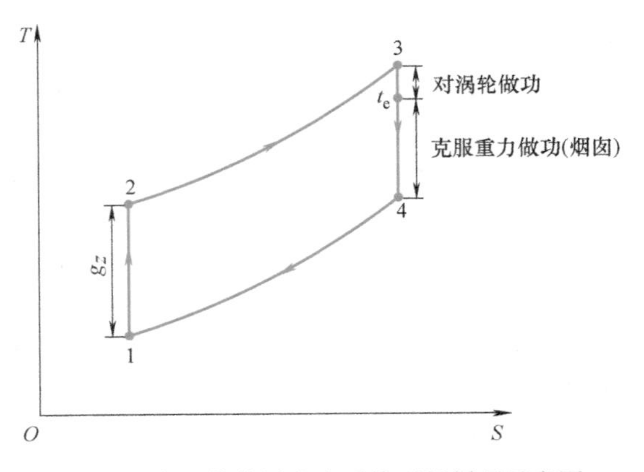

图7-4　太阳能热风发电系统理想循环示意图

2. 实际循环

在实际的循环过程中，系统各部件中均存在损失。在这里仍需要做出一些假设，以使问题不至于太复杂：①忽略集热棚内的损失，认为集热棚中的压力基本维持不变，否则将有外界空气渗入系统，导致空气流量增大，集热棚中的温升减小；②所有的动能损失都发生在烟囱出口。

根据上述假设，系统的实际循环如图7-5所示。可见，实际循环与理论循环相比，多了涡轮能量损失、烟囱能量损失和烟囱出口动能损失。烟囱压降主要是由绝热降温过程引起的，温降的大小只与空气上升的高度有关，因此烟囱高度确定后，烟囱中的压降就确定了。由此，依据系统循环图可知，太阳能烟囱运行时有两个极限工况。第一个极限工况是涡轮压降为零（即输出功率为零），则烟囱出口动能损失达到最大值，这意味着烟囱中空气流速和空气流量将达到最大值。第二个极限工况是涡轮压降足够大，使得烟囱出口动能损失为零，即烟囱中的空气流速和空气流量为零。为了保证系统中空气的循环流动以及尽可能大的输出功率，系统的最佳运行工况必定位于这两个极限工况之间。

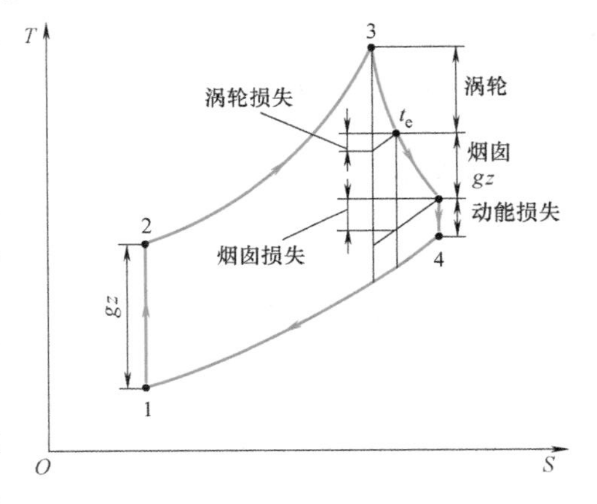

图7-5　太阳能热风发电系统实际循环示意图

7.4　系统效率计算

1. 集热棚效率

集热棚效率表征了系统将太阳能转换为热能的效率，有以下两种定义方法：

（1）按输出能量（有效利用能）与输入能量（最大可利用能）之比来定义　太阳能热风发电系统中的空气集热器（集热棚）是一个巨大的空气加热器。输入集热棚的能量为太阳能，设太阳辐照度（单位面积上的太阳辐射强度）为I，集热棚面积为A_{coll}，则单位时间内集热棚最大可利用能量为IA_{coll}。集热棚输出的能量为空气流获得的有效热量Q，假设集热棚中的空气由环境温度T_a升高到集热棚出口温度T_m（即集热棚进出口温差为$\Delta T=T_m-T_a$），

且空气的质量流量为m，比定压热容为c_p，则单位时间内空气流获得的热量为

$$Q = mc_p\left(T_m - T_a\right) = mc_p\Delta T \tag{7-1}$$

$$m = \rho_m v_{ch} A_{ch} \tag{7-2}$$

式中，ρ_m是温度为T_m时空气的密度；v_{ch}为烟囱入口（即集热棚出口）处的空气流速；A_{ch}为烟囱入口处的横截面积。

则集热棚效率为

$$\eta_{coll} = \frac{Q}{IA_{coll}} = \frac{mc_p\Delta T}{IA_{coll}} = \frac{\rho_m v_{ch} A_{ch} c_p \Delta T}{IA_{coll}} \tag{7-3}$$

可见，集热棚效率与集热棚进出口温差ΔT成正比。因此，为了提高集热棚效率，就要想办法增大集热棚进出口的温差。

（2）利用集热效率因子，按输入能量与损失之差来定义　集热棚的有效热量等于集热棚吸收的太阳辐射能减去由集热棚损失到环境中的热能，即

$$IA_{coll}\eta_{coll} = IA_{coll}(\tau\alpha)_{eff} - UA_{coll}\left(\bar{T}_e - T_a\right) \tag{7-4}$$

式中，$(\tau\alpha)_{eff}$表示由地面和透明覆盖层组成的集热系统的透过率和吸收率的有效乘积；U是集热棚总热损失系数；$\bar{T}_e$是集热棚中地面的平均温度。

则集热棚的效率为

$$\eta_{coll} = (\tau\alpha)_{eff} - \frac{U\left(\bar{T}_e - T_a\right)}{I} \tag{7-5}$$

引入常用的集热器效率因子F'，可利用集热棚内空气流的平均温度$\bar{T}$替代地面平均温度$\bar{T}_e$。对于单通道（由单层透明覆盖层和地面吸热层组成的）空气集热器而言，集热器效率因子可按下式计算：

$$F' = \frac{h_c h_r + h_e U_t + h_e h_r + h_c h_e}{\left(U_t + h_c + h_r\right)\left(U_b + h_e + h_r\right) - h_r^2} \tag{7-6}$$

式中，h_c和h_e分别为空气流与透明盖板和地面的换热系数；h_r为地面与透明盖板之间的辐射换热系数；U_t为透明盖板至环境的热损系数；U_b为地面至地层的热损系数。对于通常的太阳能空气加热器，其吸热面背部均采用隔热措施，故U_b一般可不予考虑。对太阳烟囱集热场，地面吸收的太阳能中有一部分会通过导热传至其下部而被储存，在阴雨天或夜间当地面温度降低时，地层储存的能量会传回至地面而加热空气。

如果假定空气沿流程的温度呈线性变化，则有$\bar{T} = \left(T_m - T_a\right)/2$。那么，集热棚效率可表示为如下形式：

$$\eta_{coll} = F'\left[(\tau\alpha)_{eff} - \frac{U\left(\bar{T}_e - T_a\right)}{I}\right] = F'\left[(\tau\alpha)_{eff} - \frac{U\Delta T}{2I}\right] \tag{7-7}$$

利用式（7-7）计算集热棚效率时，集热棚效率因子F'和集热棚总热损失系数U都是集热棚顶部热损失系数U_t的函数。一般理论计算中难以直接确定集热棚透明覆盖层的表面温度，因而难以直接求得集热棚透明覆盖层与环境空气间的对流换热系数和辐射换热系数，给求解U_t带来困难。根据Klein经验公式，以及Dufffie和Beckman经验公式（DB公式）可以计算U_t的值，且按这两个公式计算出的结果差别极小（在3%以内）。不过，按DB公式计算的结果普遍小于按Klein经验公式计算的结果，因此选用DB公式时，计算所得的集热

棚热损失稍小，集热棚效率就显得稍大。

综合来说，利用式（7-3）计算集热棚效率是非常简单的方法，该方法也非常鲜明地指出了系统关键机构参数和性能参数对集热棚效率的影响方式；而依据式（7-7）计算的集热棚效率是对集热棚热力性能进行详细分析后的产物，对于了解集热棚内的能量传递过程和特性有着十分重要的意义。

2. 烟囱效率

烟囱效率表征了系统中热能到机械能的转换效率。烟囱内空气流具有的总功率P即为其可供输出的能量，而烟囱中空气不断上升的源动力来自温度差产生的压差Δp（即烟囱抽力），这两者的关系为

$$P = \Delta p v_{ch} A_{ch} \tag{7-8}$$

随着空气在烟囱中流动，其具有的总能量中有一部分（P_t）用于推动风力涡轮做功，另一部分（P_f）用于克服空气在烟囱中流动所遇的阻力，剩下的部分（P_k）以动能损失的形式从烟囱出口流出。

$$P = P_t + P_f + P_k \tag{7-9}$$

当涡轮发电机组输出功率为零，并且忽略烟囱中的阻力损失时，烟囱内气流所具有的能量将全部转化为动能，烟囱中的气流速度将达到最大值，即

$$P = P_k \tag{7-10}$$

$$\Delta p v_{ch,\ max} A_{ch} = \frac{1}{2} m v_{ch,\ max}^2 = \frac{1}{2} \rho_m A_{ch} v_{ch,\ max}^3 \tag{7-11}$$

$$v_{ch,\ max} = \sqrt{\frac{2\Delta p}{\rho_m}} \tag{7-12}$$

由于烟囱中空气流所具有的能量源于空气在集热棚内获得的热能，所以烟囱的效率可以定义为

$$\eta_{ch} = \frac{P}{Q} = \frac{\Delta p}{\rho_m c_p \Delta T} \tag{7-13}$$

有两种方法可以计算烟囱抽力Δp，从而得到不同的烟囱效率计算公式。进行推导时，假定烟囱壁面绝热，并且忽略风力涡轮的存在，以及空气在烟囱内流动时的各种损失。

（1）认为烟囱内的空气密度不随高度变化　假定热空气在沿着烟囱上升的过程中，其密度不随高度变化。那么，烟囱抽力可以简便地按下式计算：

$$\Delta p = (\rho_a - \rho_m) g H_{ch} = \rho_m g H_{ch} \frac{\Delta T}{T_a} \tag{7-14}$$

式中，Δp为烟囱内总压差；ρ_a为环境空气密度；ρ_m为烟囱入口空气密度；H_{ch}为烟囱高度；ΔT为集热棚进出口温差；T_a为环境空气温度。

此时，烟囱的效率可以表示为

$$\eta_{ch} = \frac{\Delta p}{\rho_m c_p \Delta T} = \frac{g H_{ch}}{c_p T_a} \tag{7-15}$$

（2）认为烟囱内空气密度随高度而变化　此时，烟囱抽力需要按下式计算：

$$\Delta p = \int_0^{H_{ch}} [\rho_a - \rho(y)] dy \tag{7-16}$$

忽略压力对密度的影响，将流体的密度与热力学温度关联成函数，引入体膨胀系数β，那么烟囱中空气密度随温度的变化关系可表示为

$$\rho_a - \rho(y) = \rho\beta\left[T(y) - T_a\right] \tag{7-17}$$

对于理想气体而言，β的值近似为热力学温度的倒数；而且考虑在烟囱进出口空气温差不大的情况下，ρ和β可按T_a取值，即$\rho = \rho_a$和$\beta = 1/T_a$。

设烟囱内的空气温度沿气流方向呈线性变化，则有

$$T(y) - T_a = \frac{H_{ch} - y}{H_{ch}}\left(T_m - T_a\right) \tag{7-18}$$

将式（7-17）、式（7-18）代入式（7-16），可得

$$\Delta p = \int_0^{H_{ch}} \frac{\rho_a}{T_a}\frac{H_{ch} - y}{H_{ch}}\left(T_m - T_a\right)dy = \frac{1}{2}\rho_a g H_{ch}\frac{\Delta T}{T_a} \tag{7-19}$$

此时，烟囱的效率为

$$\eta_{ch} = \frac{\Delta p}{\rho_m c_p \Delta T} = \frac{1}{2}\frac{\rho_a}{\rho_m}\frac{gH_{ch}}{c_p T_a} \tag{7-20}$$

根据以上推导，当烟囱高度为1000m，环境温度为20℃，集热棚出口空气温度为50℃时，由式（7-15）计算得出的烟囱效率为3.33%，而由式（7-20）计算得出的烟囱效率为1.83%，两者有较大差距，其中，c_p=1005J/(kg·K)，ρ_a=1.205kg/m^3，ρ_m=1.093kg/m^3。这主要是因为式（7-15）采用的是一种简化的计算方法，因此与实际情况有较大的差距；但是这种方法具有简便灵活的特性，非常适合系统早期设计和性能估算，当获得更加具体的系统运动参数后，便可根据式（7-20）的方法计算出更接近实际的烟囱效率。

虽然根据上述两种计算烟囱效率的方法最终得出的结果会有较大差距，但是从中还是可以总结出一致的规律，即烟囱效率与烟囱高度H_{ch}成正比，与环境温度T_a成反比。因此，为了获得更高的烟囱效率，应该尽可能地增加烟囱高度，这也是大规模太阳能热风发电站所采用的烟囱高度可达1km的原因。

3. 涡轮发电机组效率

涡轮发电机组的效率表征了系统中机械能到电能的转换效率，由涡轮叶片功率系数η_{cp}和涡轮发电机组的机械效率η_{wt}两部分组成，即

$$\eta_t = \eta_{cp}\eta_{wt} \tag{7-21}$$

对于安装在太阳能热风发电系统中的自由风力涡轮而言，涡轮叶片功率系数的最大值可按贝斯上限（Betz's limit）界定为0.59。这是因为，对置于壁面光滑的流线型导流通道内的风力涡轮而言，当气流在导流通道出口的流速为$v_{ch}/3$，即导流通道出入口流速比a = 1/3时，涡轮输出的能量最大，其值为

$$W_{max} = 2\rho_m A_{ch} v_{ch}^3 a(1-a)^2 = \frac{8}{27}\rho_m A_{ch} v_{ch}^3 \tag{7-22}$$

理论上，进入烟囱的质量流量为m，流速为v_{ch}的空气具有的总能量为

$$W_{id} = \frac{1}{2}mv_{ch}^2 = \frac{1}{2}\rho_m A_{ch} v_{ch}^3 \tag{7-23}$$

因此，透平叶片最大功率系数为

$$\eta_{cp,\ max} = \frac{W_{max}}{W_{id}} = \frac{16}{27} = 0.59 \tag{7-24}$$

此外，涡轮发电机组的机械效率η_{wt}的取值范围为0.75~0.85，通常取值为0.8。因此，涡轮发电机组总效率η_t一般小于0.5。

涡轮发电机组的输出功率可按下式计算：

$$P_t = 0.018\eta_t\left[\frac{\rho_m^8\lambda^{15}g^{15}}{\rho_a^{12}c_p^{15}a^5\nu^7}\left(\frac{T_e - T_f}{T_a}\right)\frac{\varepsilon^{15}H_{ch}^{15}R_{coll}^{15}R_{ch}^{16}}{H_{coll}^{12}}\right]^{\frac{1}{11}} \tag{7-25}$$

式中，λ为空气的热导率；ε为发射率；ν为运动黏度。

由式（7-25）可以看出，太阳能热风发电系统的发电功率主要由三部分因素决定：公式方括号中的第一项代表了空气的物性参数，它反映了发电功率与温度之间的间接函数关系；公式方括号中的第二项表示发电功率与集热棚内空气温度、地面蓄热层温度之间的间接函数关系；公式方括号中的第三项表示发电功率与太阳能热风发电系统结构尺寸之间的直接函数关系。研究表明：太阳能热风发电系统内部温度（T_e和T_f）与系统结构尺寸有直接关系，在外部条件（主要是太阳辐照度）不变的情况下，改变太阳热风发电系统的任一尺寸，都会导致系统内部温度发生改变，进而引起空气各物性参数的变化。因此，太阳能热风发电系统的发电功率最终取决于系统的几何尺寸，研究太阳能热风发电系统的几何尺寸和发电功率之间的关系就十分必要了。

4. 系统总效率

太阳能热风发电系统的总效率是各部分效率作用的结果，可表示为

$$\eta_{overall} = \eta_{coll}\eta_{ch}\eta_t \tag{7-26}$$

系统最终的有效输出功率为

$$P_e = \eta_{coll}\eta_{ch}\eta_t A_{coll}I = \eta_{overall}A_{coll}I \tag{7-27}$$

由于太阳能热风发电系统中涡轮发电机组的效率不受热力学定律的制约，所以重点讨论集热棚与烟囱的组合效率（$\eta_{coll}\eta_{ch}$），根据式（7-3）和式（7-15）可得

$$\left(\eta_{coll}\eta_{ch}\right) = \frac{mgH_{ch}\Delta T}{IA_{coll}T_a} \tag{7-28}$$

7.5 太阳能热风发电系统的性能模拟分析

7.5.1 实体系统的模拟

实体模型以西班牙原型电厂为例建立三维几何模型，主要尺寸参数如下：集热器直径为240m，集热器顶棚距地面为1.7m；烟囱高度约200m，直径为10m。为此，利用Gambit软件对系统进行详细建模。此模型采用“虚面切割”方法，将原来的几何整体分为三个部分：集热器部分、转换段部分和烟囱部分，从而实现各部分独立划分网格，互不干扰。由此所建立的网格文件如图7-6所示。由于气流经过集热器出口到烟囱的转换段时产生的压差是涡轮机运转的直接动力来源，因此转换段部分至关重要。对转换段部分采用四面体网格局部加密，其网格

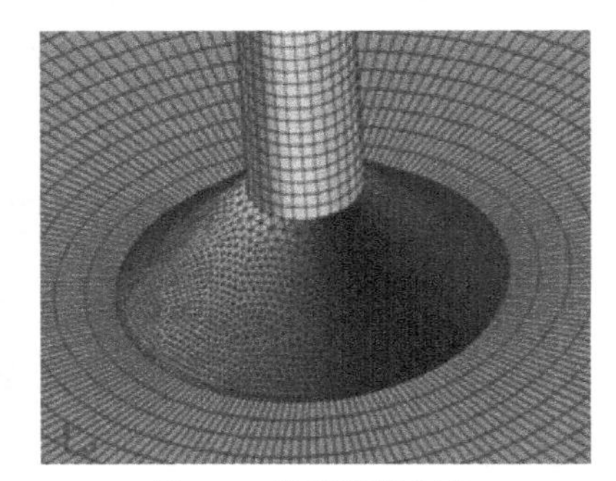

图7-6 系统网格划分

如图7-7所示。

图7-7　烟囱与集热棚接口网格划分

7.5.2　系统分析的边界条件和热源

系统进出口使用压力边界，模拟实际发电系统的自然对流情况。由于集热器地面沿径向温度逐渐变化，因此不能用恒温边界。地面吸收太阳辐射能，然后将能量传递给集热器内的空气、透明盖层和地层，相当于一个内热源，其大小为$I_0(\tau\alpha)$，即集热器透明盖层上方的太阳辐射强度和集热器系统的透过率和吸收率的乘积。边界条件的设置见表7-1。

表7-1　主要边界条件设置值

位置	边界类型	设定值
集热器进口	压力进口边界	$T_a=293K,\Delta p=0$
集热器出口	压力出口边界	$\Delta p=0$
透明盖层	对流换热边界	$h=8W/(m^2\cdot K),T_a=293K$
集热器地面	恒定内热源	$q_0=I_0(\tau\alpha)$

7.5.3　系统计算结果分析

太阳能热风发电系统压力场分布如图7-8所示，集热器边沿气流与大气相通，差压为0，随着气流向中心流动，流速增大，压力减少，中心负压最大；气流流过涡轮发电机后气压最低；随着烟囱效应，最后气流流出烟囱，气流的压力与高空的大气压平衡。

在辐照度I_0 = 800W/m^2、环境温度T_a = 293K的条件下，设$(\tau\alpha)$为0.8，计算可得沿径向的集热器玻璃盖层表面温度分布和集热器地面表面温度分布，如图7-9所示。集热器玻璃盖层表面温度和集热器地面表面温度都不是恒定的，而是沿径向（即气流方向）逐渐升高，继而在集热器出口处降低。

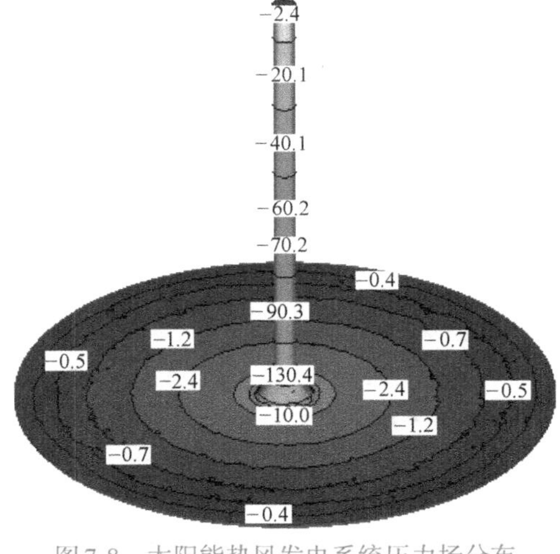

图7-8　太阳能热风发电系统压力场分布（压力单位：Pa）

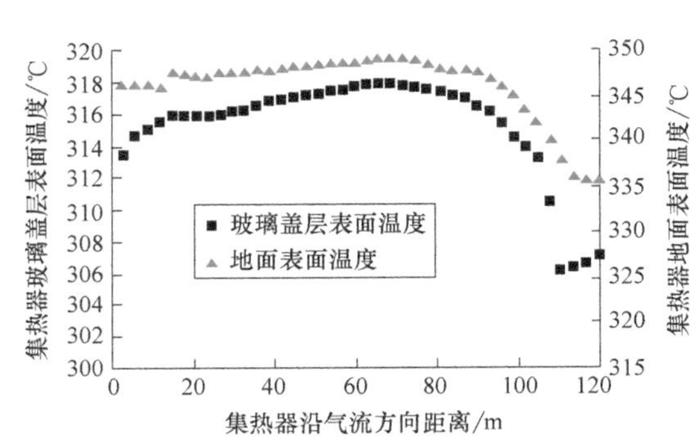

图7-9　集热器玻璃盖层及地面沿气流方向的表面温度分布

由集热器出口到烟囱进口的转换段内产生的压差是驱动涡轮发电机组的直接动力。压差越大，则发电量越大。整个系统内部均为负压，烟囱底部和转换段顶部的压差最大，这是系统中所能获得的最大压差，将涡轮发电机组设置在此是最佳位置。可见，有效增大转换段压差是提高太阳能热风发电系统的发电量和效率的重要手段。

改变辐照度，计算系统主要参数值，结果见表7-2。在西班牙原型电厂试验测得集热器内部温度升高了17℃，烟囱进口风速可达12m/s。

表7-2　系统主要参数值

辐照度/(W/m²)	集热器进出口温差/℃	烟囱进口速度/(m/s)	转换段压差/Pa	系统质量流量/(kg/s)
300	8.2	9.5	50.3	798.78
400	10.3	10.6	62.4	889.92
500	12.2	11.5	73.6	966.78
600	13.9	12.3	84.2	1033.93
700	15.6	13	94.3	1093.92
800	17.2	13.7	103.9	1148.39
900	18.8	14.3	113	1198.43

表7-2所示计算结果表明了太阳能热风发电系统的集热器进出口温差、转换段压差、烟囱进口速度及系统质量流量这4个关键参数与辐照度之间的影响关系。辐照度大，则上述4个参数也随着增大，因此大型太阳能热风发电系统宜建造在年平均日照量多的国家或地区，理想场所是戈壁沙漠地区，这些地区的太阳辐照度都在500~600W/m²之间。

设置环境温度T_a = 293K不变，改变太阳辐照度，得出太阳辐照度对系统性能的影响如图7-10所示。显然，辐照度大，则集热器进出口温差大。辐照度的增大，进入集热器的总能量增大，转化成空气的热量也相应增多，空气温度升高，导致集热器进出口温差增大。相似地，当集热器几何尺寸不变，而太阳辐照度增大时，进入烟囱中的空气密度减小，因此系统转换段压差增大，从而可以提高系统能量效率。

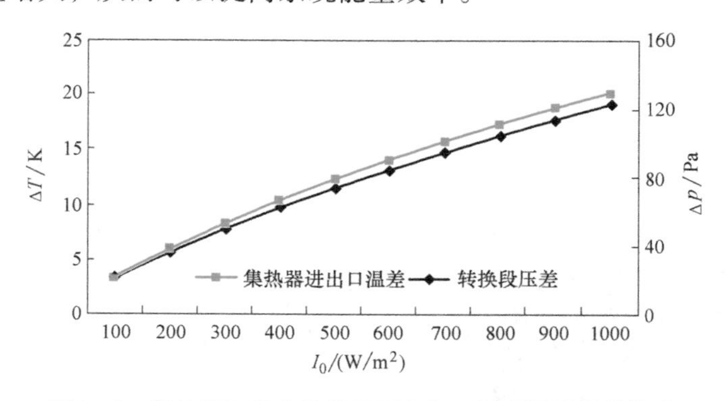

图7-10　集热器温差和转换段压差与入射光辐照度的关系

如果辐照度I_0 = 800W/m²，通过改变环境温度，可以知道环境温度与系统性能的关系，如图7-11所示。当环境温度增大时，集热器内空气对流换热减小，引起其进出口温差减少，转换段压差降低，从而导致系统能量效率的降低。

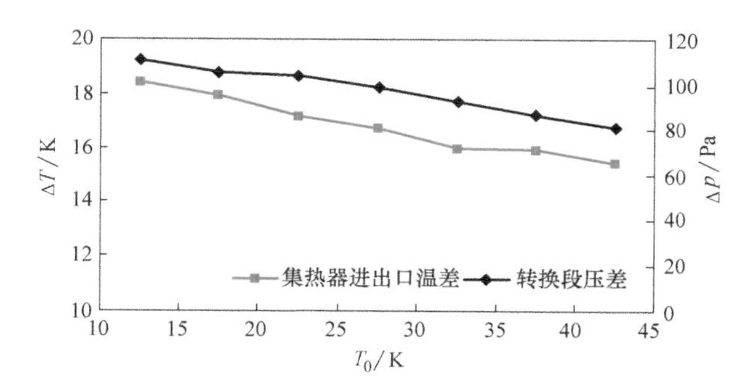

图7-11　集热器温差和转换段压差与环境温度的关系

根据式（7-28）可知，集热棚与烟囱的组合效率与空气流量、烟囱高度以及集热棚进出口温度差成正比，与环境热力学温度成反比。由于太阳辐照度和集热棚面积的增大是集热棚进出口温度差和空气流量增大的关键成因，所以要对它们对系统效率的影响进行综合判断。太阳辐照度和集热棚面积的增加必然会增大系统的输出功率，是因为它们的增大使系统可用能增大，集热棚进出口温度差将随之增大，烟囱抽力也因此增强，可供涡轮发电机组输出的能量就增大了。

太阳能热风发电系统的效率一般很难大于1%，其根本原因是系统效率受热力学定律的制约，而且系统中的集热棚是温度很低的热源，其热力学第二定律效率仅为0.067，说明集热棚提供的热能的潜在做功能量极低，最终导致太阳能热风发电系统只能以非常低的效率将低品位的热能转换为高品位的电能。

7.6　太阳能热风发电系统的特点

1. 建设成本低，设备简单

太阳能热风发电系统的主要构成部件只有3个：集热棚、烟囱和涡轮发电机组，这些都是技术成熟的产品。系统所需建材主要为混凝土及集热棚透明覆盖层材料（如玻璃），均属于常规建材，通常可就地取材。此外，在发电系统建成并投入运行后，可以利用其自身生产的电力和周边材料（石子和砂土）制造用于扩建的建材。因此，系统建设过程中不存在使用高新技术造成投资成本高的问题。一些欠发达国家或地区，仅依靠其已有的工业基础、资源和人力就可构建一座大型太阳能热风发电站，而且电站建设过程中还能为该地区提供大量工作岗位，充分利用劳动力和物质资源，进一步降低成本。

2. 运行维护费用低

涡轮发电机组是太阳能热风发电系统中唯一的运动部件，由于涡轮机安装在稳定的空气流中，比置于恶劣工况下的风力涡轮所承受的应力小得多，因而更耐用；集热棚透明盖层通常选用玻璃为材料，一般都有几十年的使用寿命，烟囱建成后的使用寿命则可超过100年。此外，由于系统高新技术含量低，欠发达国家或地区不需要国外专家的技术支持，便可自行对电站进行维护，保证电站正常运行。因此，整个系统一经建成可长久运行，而且运行维护费用很低。

3. 对天气的依赖程度低

太阳能热风发电系统中的集热棚属于非聚焦型集热器，区别于仅能吸收直射辐射的聚焦型集热器，它还能吸收散射辐射。因此，在晴天和多云天气下，系统都具有良好的运行性能。同时，集热棚地表或棚内装设的蓄热装置能够起到自然储能的作用，可在太阳辐射充足时吸收大量热量，在阴天或夜间无辐射条件下，则能通过不断释放储存的热量加热空气，使系统能够持续发电，进一步减小系统对天气的依赖性。

4. 适合荒漠地区

由于太阳能热风发电系统是将太阳能先转化为低品位的热能，再转变为高品位的机械能和电能，而且系统采用的是非聚焦型的太阳能集热器，这就使得系统内的空气不可能被加热到很高的温度。因此，整个系统中太阳的转换效率很低，通常低于1%，一般需要建造大规模电站才能获得较好的经济效益，这就需要占用大面积的土地。值得一提的是，荒漠化、沙漠化地区通常都具有较强的太阳辐射，而且此类地区的土地利用率极低。如果在此类地区建造太阳能热风发电站抽取地下水，用以灌溉集热棚内的植物，可以形成湿润的空气。这样不仅充分利用了闲置土地，而且能起到一定的环境改善作用。此外，太阳能热风发电系统造价低廉、结构坚固、运行维护费用低的优势也能一定程度上弥补效率低的缺点。

5. 环境效益及社会效益高

太阳能热风发电系统在运行过程中使用太阳辐射能为动力源，并以空气为驱动载体，不产生任何污染，既不会产生燃烧化石能源所带来的SO_2、NO_x等污染气体，也不会产生CO_2、CH_4等温室效应气体，更没有固体废弃物的排出，对当地生态环境不产生负面影响。此外，太阳能热风发电系统在建设过程中能为当地提供大量工作岗位；在运行过程中不需要冷却水，蓄热装置中的水只需一次加满，无需补充；具有温室效应的集热棚还可以用于农业利用，改善局域环境，社会效益显著。

7.7 太阳能有机朗肯循环发电系统

太阳能发电的方式主要分为两种，一种是太阳能光伏发电，另一种是太阳能热发电。早在1615年，法国工程师所罗门·德·考克斯（Solomon de Caux，1576—1626）发明了第一台利用太阳能的热量加热空气使其膨胀做功的抽水机，他是世界上第一个将太阳能转化为机械能的人。随着技术的不断发展，20世纪80年代以来，人们对已建成的太阳能热动力发电站进行了大量的实验研究和分析，认为太阳能热动力发电从技术上是可行的，只是电站投资比较大，但发展到现在，随着技术水平的提高，发电成本已经大大降低，可以和常规热电站竞争。太阳能热动力发电主要是通过不同形式的集热装置聚焦、反射太阳光，将太阳能转换成热能加热工质，然后高温工质做功带动不同形式的热动力发电机发电，将低品位的太阳能转换为高品位的电能。有机朗肯循环是一种可利用低温热源发电的技术，优点是效率高、使用寿命长、简易方便、适用性强、维修费用低。有机朗肯循环区别于普通的朗肯循环，使用有机工质代替水，在低温条件下蒸发压力更大，膨胀机输出功率更高，发电量更大。所以将太阳能与有机朗肯循环结合起来，形成太阳能有机朗肯循环发电系统具有与广阔的发展空间和研究前景。

低温热能发电技术主要都是有机朗肯循环发电系统。有机朗肯循环采用低沸点的有机工质替代水，在低温的条件下可以获得更高的蒸汽压力、更多的输出功率，所以有机朗肯循环发电系统是未来低温发电领域的研究发展重点。目前对于有机朗肯循环系统的研究主要集中在有机工质的选择，膨胀机机构设计，蒸发器、冷凝器的优化等方面。

有机朗肯循环中的膨胀机主要有两种形式，一种是速度式膨胀机，包括径流涡轮式膨胀机、轴流式涡轮膨胀机等，其转速以及输出功率高，主要用在流量较大的大型有机朗肯循环发电系统中；另一种是容积式膨胀机，包括涡旋式膨胀机、螺杆式膨胀机等，特点是流量低，转速低但是膨胀比大，比较适合于中小型有机朗肯循环发电系统。

蒸发器和冷凝器的优化设计同样可以有效提高有机朗肯循环系统发电的效率，其核心在于减少换热温差，以减少蒸发器、冷凝器在换热时的不可逆损失，与换热面积、内部结构以及使用的材料有关，但是换热器通常是由生产厂家制造，其技术指标已经设计好，很难对换热器内部进行改造优化。有机工质的优选对于有机朗肯循环系统效率的提高显得尤为重要，同时也需要考虑经济方面的因素。有机朗肯循环工质的物性是技术关键因素，它影响着有机朗肯循环的系统性能。有机朗肯循环的工质须满足运行安全、化学性质稳定、环境危害性小、传热性好、工质的临界参数低于机组设计工况等要求，同时还应成本低，易于购买。R245、R134a、R152a、R123等都可作为有机朗肯循环工质。

有机朗肯热力循环与传统朗肯循环基本相同，通过高温高压的工质推动膨胀机，将热能转化为其他形式的能量，只是传热工质水换成了效率更高的有机工质，有机工质比水具有更好的循环表征，有机朗肯循环可以在中低温条件下进行高效的热能与机械能、电能的转换，所以可以有效利用一些品质不高的能源来进行发电，例如太阳能、地热能、余热、废热等。

图7-12所示为太阳能有机朗肯循环示意图，由冷凝器出来的低温低压液体1经过液体泵加压，变为高压低温液体2，然后经过蒸发器与高温热源进行热交换，变为高温高压气体3，高温高压气体3通过膨胀机做功后变为低温过热蒸汽4，随后通过冷凝器与低温热源进行热交换，重新成为低温低压液体1，最后开始下一轮的循环。

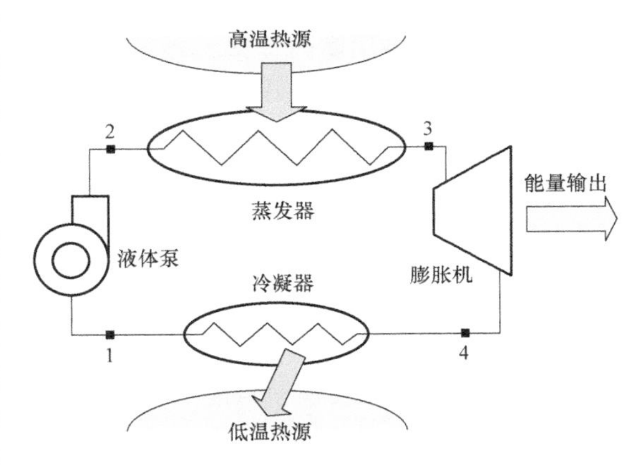

图7-12　太阳能有机朗肯循环

7.8　槽式太阳能热动力发电

槽式太阳能聚光系统是由多个太阳能集热器组合（Solar Collector Assembly，SCA）组成的，其中包括聚光器、集热管、跟踪系统3部分，如图7-13所示。槽式太阳能聚光系统是利用串联或者并联的槽式抛物面反射镜将太阳聚焦，然后将其聚焦到处在焦线位置的真空集热管上，真空集热管吸收太阳能并将热量传递给管内的工质，工质受热产生高温高压蒸汽，带动发电机发电。槽式太阳能聚光系统以线聚焦代替了点聚焦，集热温度通常不超过400℃。由于聚光系统的接收器长，散热面积大，与塔式和碟式这类点聚焦系统相比，热损耗较大。不过槽式抛物面集热装置制造简单，容易实现标准化，适合批量生产，并且已经广泛用于商业领域。

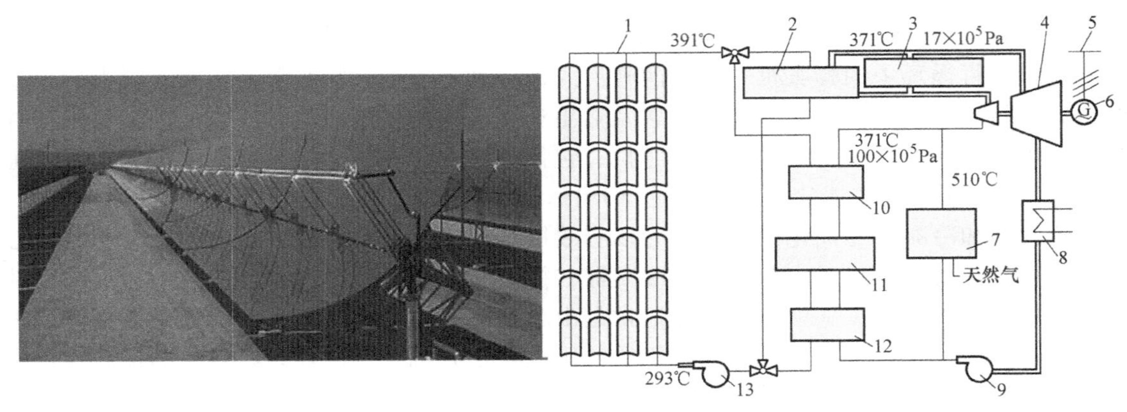

图 7-13　槽式太阳能集热器

1—太阳能场　2—太阳能再热器　3—天然气再热器　4—汽轮机　5—电网　6—发电机　7—天然气锅炉
8—冷凝器　9，13—泵　10—过热器　11—蒸汽发生器　12—预热器

目前，槽式太阳能集热管有热管式真空集热管、聚焦式真空集热管和双层玻璃真空集热管等，但普遍应用的还是直通式金属-玻璃真空集热管。金属-玻璃真空集热管由两部分组成，一部分是金属管，在管的表面有选择性吸收涂层，另一部分是与金属管同心的玻璃管，玻璃管和金属管采用密封连接，玻璃管与金属管之间的环形空间抽成真空状态，一方面为了保护选择性吸收涂层，另一方面可以降低散热损失。

7.9　塔式太阳能热动力发电

塔式太阳能热发电站也称集中型太阳能热发电站，如图 7-14 所示。其基本形式是利用独立跟踪太阳的定日镜群，将太阳光经过反射聚集到固定在塔顶部的接收器上，用以产生高温，加热工质产生过热蒸汽或者高温气体，驱动汽轮机发电机组或者燃气机轮发电机组发电，从而将太阳能转换为电能。塔式太阳能热发电聚光倍数高，聚光比随着定日镜群中定

图 7-14　塔式太阳能热发电站

日镜数量增加而增大，接收器的集热温度也随之增加，可以达到较高的工作温度；接收器的散热面积小，热损失小，因此可以得到较高的光热转换效率；能量集中过程靠反射光线完成，方法便捷有效。1950年，苏联设计并建造了世界上第一座塔式太阳能热动力发电站的小型迷你实验装置，设计装置容量为50kW，对太阳能热动力发电技术进行了广泛的、基础性的探索和研究。塔式太阳能热动力发电技术的大规模研究起始于20世纪80年代初。1982年美国在加州建成Solar Ⅰ塔式太阳能热动力发电站，以水作为集热工质，装机容量达到10MW。经过一段时间的实验运行和总结之后，又建造了SolarⅡ，改为以熔盐作为集热工质，装机容量同为10MW。迄今，世界上已建成有数十座不同形式的塔式太阳能热动力电站投入试验运行，进行了各式各样的试验研究，其单元电站发电功率为1~20MW。

2019年敦煌建成我国首个百兆瓦级熔盐塔式光热电站，容量110MW，并配有16h超长储热系统，可实现24h发电，年发电小时数达到5000h以上。电站全球聚光规模最大，密密麻麻的太阳能板分布在7.8km^{2}的场区内，超过1.2万面定日镜围绕在吸热塔周围，将太阳能集中到中心的熔盐塔，电站中心是260m高的吸热塔，全球最高。

7.10　碟式太阳能热动力发电

碟式太阳能热发电系统如图7-15所示，可采用斯特林热力发电机。盘式太阳能热发电系统的主要特性是采用盘状抛物面镜聚光集热器，其结构从外形上看类似于大型抛物面雷达。盘式系统主要由聚光器、接收器、跟踪控制系统等几个重要部分构成。系统借助于双轴跟踪，利用旋转抛物面反射镜，将入射的太阳辐射进行点聚焦，其聚光比可以高达数百或者数千倍，因而可以产生非常高的温度，聚光点的温度一般为500~1000℃。碟式热发电系统在20世纪70年代末到80年代初，首先由瑞典US-AB和美国Advanco公司、MDAC、NASA以及DOE等开始研发，大都采用Silver/glass聚光镜、管状直接照射式集热管以及US-AB4-85型热机。20世纪90年代以来，美国和德国的某些企业和研究机构在政府有关部门的资助下，用项目或计划的方式加速碟式系统的研发步伐，以推动其商业化进程。

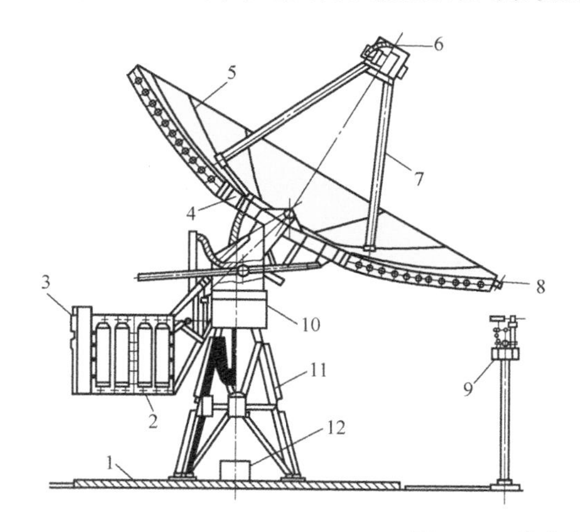

图7-15　碟式太阳能热发电系统

1—基础　2—热机箱　3—电控装置　4—中心支承　5—抛物面盘　6—吸收器　7—撑杆
8—太阳跟踪探测器　9—地面传感器　10—基座　11—塔架　12—蓄电池箱

比较几种形式的太阳能热发电系统，槽式热发电系统最成熟，也是商业化发展应用最广、规模最大的太阳能热发电方式。虽然碟式发电系统有着优良的性能指标，但是由于斯特林热力发电机应用规模的限制，无法进行大规模应用，所以碟式热发电系统主要还是用于比较偏僻的地区作为小型发电设备独立发电。而塔式热发电站则因为技术复杂、成本高，大规模商业化利用还在不断探索的阶段。

习　题

7-1　太阳能热风发电的工作过程和工作原理是什么？

7-2　如何提高太阳能热风发电的效率？

7-3　太阳能热发电有哪些类型？

7-4　塔式太阳能热发电的工作原理是什么？

7-5　如何提高太阳能有机朗肯循环的发电效率？

7-6　储能技术如何应用到太阳能热发电系统中？

7-7　槽式和塔式太阳能热发电有什么区别？大规模太阳能发电采用哪种方式为宜？

第8章

太阳能制冷与空调

8.1 太阳能制冷空调系统的特点

太阳能制冷可由太阳能光电转换制冷和太阳能光热转换制冷两种途径来实现，两者均有规模利用。太阳能光电转换制冷是利用光伏转换装置将太阳能转化成电能，再利用半导体制冷系统或电驱动压缩制冷实现制冷的方法，有光电半导体制冷和光电压缩式制冷两种方式。太阳能光电转换制冷是通过太阳能电池将太阳能转换成电能，再用电能驱动常规的压缩式制冷机。这种利用方式需要考虑太阳能电池成本，对于相同制冷功率，太阳能光电转换制冷系统的成本要比太阳能光热转换制冷系统的成本高不少，因此应用于小型系统较多，大型系统尚难推广使用。

太阳能半导体制冷是利用太阳能电池产生的电能来供给半导体制冷装置，实现热能传递的特殊制冷方式。半导体制冷的理论基础是固体的热电效应，即当直流电通过两种不同导电材料构成的回路时，接点上将产生吸热或放热现象。如何改进材料的性能，寻找更为理想的材料，成了太阳能半导体制冷的重要问题。太阳能半导体制冷装置在国防、科研、医疗卫生等领域广泛地用作电子器件、仪表的冷却器，或用在低温测仪、器械中，或制作小型恒温器等。目前太阳能半导体制冷装置的效率还比较低，性能系数（COP）一般为0.2~0.3，远低于压缩式制冷。

光电压缩式制冷首先利用光伏转换装置将太阳能转化成电能，制冷的过程是常规压缩式制冷。光电压缩式制冷的优点是采用技术成熟且效率高的压缩式制冷技术便可以方便获取冷量。光电压缩式制冷系统在日照好又缺少电力设施的一些国家和地区已得到应用，如非洲国家用于生活和药品冷藏，但其成本比常规制冷循环高3~4倍。随着光伏转换装置效率的提高和成本的降低，光电式太阳能制冷产品将有广阔的发展前景。

太阳能光热转换制冷是将太阳能转换成热能，再利用热能驱动制冷机制冷，主要有太阳能吸收式制冷系统、太阳能吸附式制冷系统和太阳能喷射式制冷系统。其中，技术最成熟、应用最多的是太阳能吸收式制冷系统。

8.2 太阳能吸收式制冷系统

太阳能吸收式制冷的研究最接近于实用化，太阳能驱动的溴化锂吸收式制冷系统如图8-1所示，太阳能氨水吸收式制冷系统如图8-2所示。最常规的配置是：采用集热器来收集太阳能，用来驱动单效、双效或双级吸收式制冷机，工质对主要采用溴化锂-水、氨-水。当太阳能不足时，可采用燃油或燃煤锅炉来进行辅助加热，太阳能与燃气复合的双效吸收式空调系统如图8-3所示，系统主要构成与普通的吸收式制冷系统基本相同，唯一的

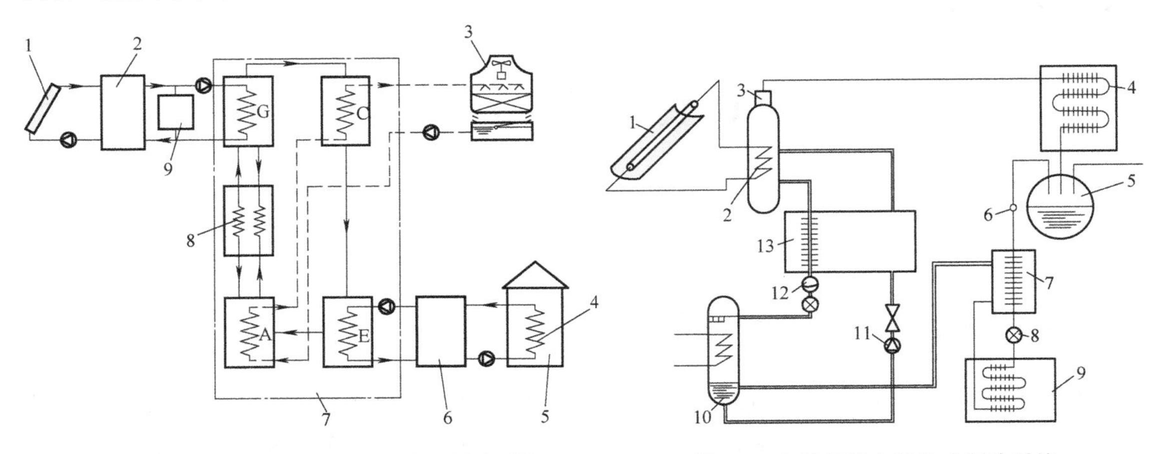

图8-1 太阳能驱动的溴化锂吸收式制冷系统

1—太阳能集热器 2—蓄热水箱 3—冷却塔 4—风机盘管 5—制冷空间 6—冷水贮存箱 7—制冷机 8—溶液热交换器 9—辅助热源

A—吸收器 C—冷凝器 E—蒸发器 G—发生器

图8-2 太阳能氨水吸收式制冷系统

1—太阳能集热器 2—发生器 3—精馏器 4—冷凝器 5—补液装置 6—观察窗 7—过冷器 8—膨胀阀 9—蒸发器 10—吸收器 11—溶液泵 12—过滤器 13—溶液热交换器

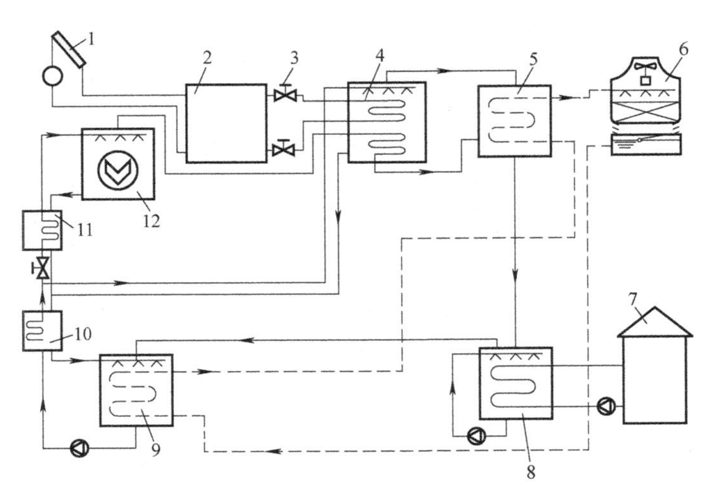

图8-3 太阳能与燃气复合的双效吸收式空调系统

1—太阳能集热器 2—水箱 3—阀门 4—低压发生器 5—冷凝器 6—冷却塔 7—空调房间 8—蒸发器 9—吸收器 10—低温溶液热交换器 11—高温溶液热交换器 12—高压发生器

区别就是在发生器处的热源是太阳能而不是通常的锅炉加热产生的高温蒸汽、热水或高温废气等热源。

8.3 太阳能吸附式制冷系统

太阳能吸附式制冷系统的制冷原理是利用吸附床中的固体吸附剂对制冷剂的周期性吸附、解吸附过程实现制冷循环。太阳能吸附式制冷系统主要由太阳能吸附集热器、冷凝器、储液器、蒸发器、阀门等组成。常用的吸附-制冷工质对有活性炭-甲醇、活性炭-氨、氯化钙-氨、硅胶-水、金属氢化物-氢等。太阳能吸附式制冷具有系统结构简单、无运动部件、噪声小、无须考虑腐蚀等优点，而且它的造价和运行费用都比较低。活性炭-甲醇平板式太阳能吸附式制冰机如图8-4所示。

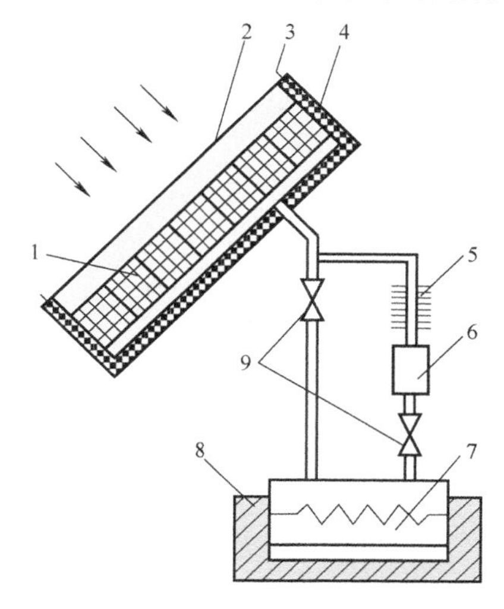

图8-4 活性炭-甲醇平板式太阳能吸附式制冰机
1—吸附床总成 2—玻璃盖板 3—吸附床风门 4—保温材料 5—冷凝器 6—储液器 7—蒸发器 8—冰箱外壳 9—真空阀门

太阳能吸附式制冷系统的成本比传统制冷系统的成本高，据相关统计，具有相同制冷能力的太阳能吸附式制冷系统的成本是传统制冷系统成本的7~9倍。投资成本高、投资回收期长制约了太阳能吸附式制冷系统的发展。有相关研究学者调研得出，太阳能吸附式制冷系统的投资回收期为21~25年，投资回收期随着初投资的减少呈线性减少；能源通货膨胀率也会影响投资回收期的年限，随着能源通货膨胀率的增加，投资回收期呈线性减少。

尽管太阳能吸附式制冷系统的初期投资大、投资回收期长，但是其运行成本低、对环境无污染等优点，依然使该系统在生产生活中得到了极大的应用。国内研究学者罗会龙等提出并构建了一种用于低温储能的太阳能吸附式制冷系统，该系统可以四季连续运行，运行费用低、无污染，具有较大的节能优势；但该技术发展还不成熟，系统的制冷性能、投资回收年限大力依赖于当地的气候条件。近年来，有研究学者提出供热-制冷-供电三联产系统。

Chemisana等设计出一种太阳能集中制冷与建筑一体化系统，与分散安装使用太阳能相比，太阳能集中制冷系统的集热器面积减少、热损失降低、安装和运行成本降低，取得了快速的发展。高鹏等设计了一套新型冷电联供系统，实现了能量的梯级利用，热量的利用效率得到明显提高。当制冷温度为−10℃、加热温度为90℃时，系统制冷量和COP值分别为1.29kW和0.176。

8.4 太阳能喷射式制冷系统

直接集热发生式太阳能喷射制冷系统如图8-5所示，其循环过程如下：制冷剂液体在发生器中与太阳能集热器产生的热水进行热交换，变成蒸汽，蒸汽流经喷射器中的缩放喷嘴，压力降低，流速增加。由此形成的低压抽吸蒸发器中的蒸汽。两股蒸汽混合后，经过喷射器的扩压段，成为蒸汽离开喷射器。排出喷射器的蒸汽在冷凝器中冷凝为液体。出冷凝器的液体分为两路，一路经过节流阀进入蒸发器，另一路经由工质泵增压后进入发生器。也可以说，喷射制冷循环由两个子循环构成，分别是动力子循环和制冷子循环。对制冷循环来说，性能系数（COP）的定义为制冷量和输入能量的比值。喷射制冷的制冷剂有水、R141b等。喷射制冷与吸收制冷也可以结合，喷射与吸收复合式太阳能喷射制冷系统如图8-6所示。

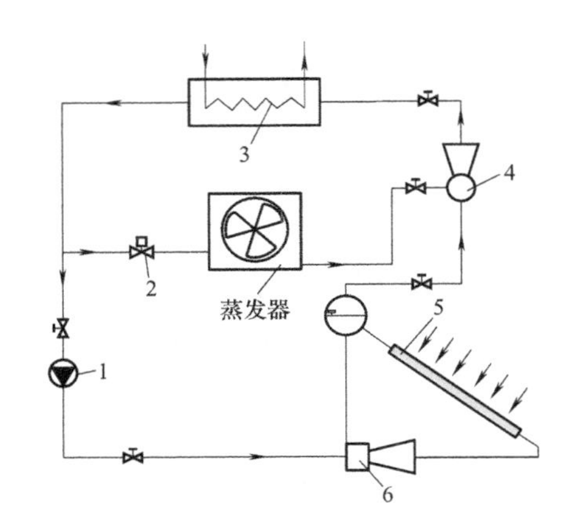

图8-5　直接集热发生式太阳能喷射制冷系统

1—工质泵　2—膨胀阀　3—冷凝器　4—喷射器
5—太阳能集热发生器　6—液-液喷射器

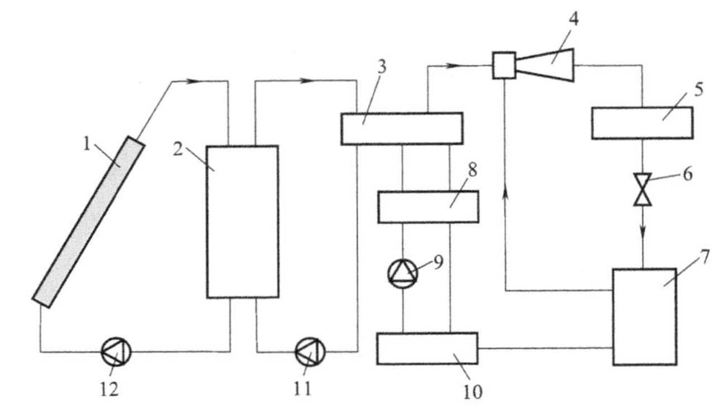

图8-6　喷射与吸收复合式太阳能喷射制冷系统

1—太阳能集热器　2—蓄热器　3—发生器　4—喷射器　5—冷凝器
6—膨胀阀　7—蒸发器　8—热交换器　9—溶液泵　10—吸收器
11、12—循环水泵

喷射器是喷射制冷的核心部件，起着压缩式制冷中压缩机的作用。工作流体（高压制冷剂蒸汽）经过缩放喷嘴加速成高速喷射流，在吸入室产生低压，引射流体进入喷射器的吸入室后，在工作流体的夹带作用下加速，两股流体在混合段逐渐形成单一均匀的混合流体，再经过扩压段减速升压到一定背压，进入冷凝器冷凝。喷射器内流体混合过程十分复杂，历史上有两种主要的理论。Keenan H等人最先对喷射器做了比较全面的研究，认为喷射器的混合过程是一种近似等压的过程，并第一次对喷射器给出了完整的理论分析和实验研究，形成了喷射器的一维基本理论。定压混合理论曾广泛地应用于喷射器的设计，但是由于混合阶段流动过程的复杂性，很难保证定压混合的充分性和有效性。此后，Defrate和Hoel等人又修正了Keenan H的理论，考虑了理想气体的分子式，同时也考虑了工作流体和引射流体在喷射器里不同位置的比热容的变化影响，并开发了相应的程序。当工作流体在超音速流动且背压较低时，所有喷射器都存在壅塞现象，但是Keenan H等人的分析并不能预测这一现象的发生。Munday和Bagster提出的理论则认为：工作流体从喷嘴里喷射出来并没有立即与引射流体混合，而是旋转向前，对引射流体来说形成了一个收缩管道，引射流体就好像在收缩喷嘴里流动一样，在某一有效截面上达到声速而形成了壅塞现象，只有通过这一有效截面后，工作流体和引射流体才开始混合。同时，他们还认为发生壅塞的引射流体的有效面积是一个与运行工况无关的常数，且该常数可由实验测定。

8.5 太阳能热泵供热系统

太阳能与建筑结合，可以制冷、空调、热水联合供应，图8-7所示为太阳能与建筑复合的制冷空调热水系统。太阳能空调的优点在于季节适应性好，夏季天气炎热、太阳辐照度大，人们对空调的需求大，同时由于夏季太阳辐照度大，太阳能驱动的空调系统产生冷量也大。冬季，太阳能空调制热等太阳能热利用技术的季节适应性不好，冬季寒冷需要太阳能时，太阳能辐照度往往不够高，采用太阳能热泵系统，图8-8所示为太阳能热泵热水系统。

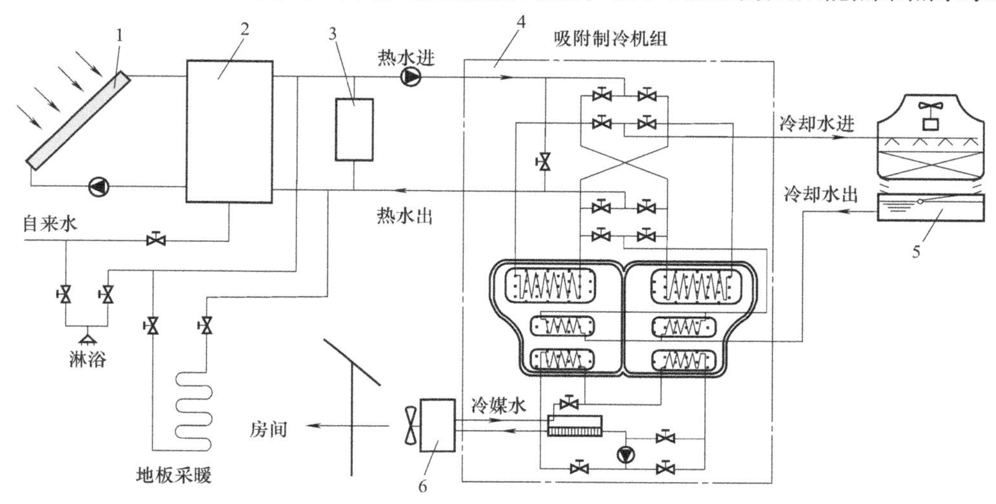

图8-7 太阳能与建筑复合的制冷空调热水系统

1—太阳能集热器 2—水箱 3—辅助热源 4—吸附制冷机组 5—小型冷却塔 6—风机盘管

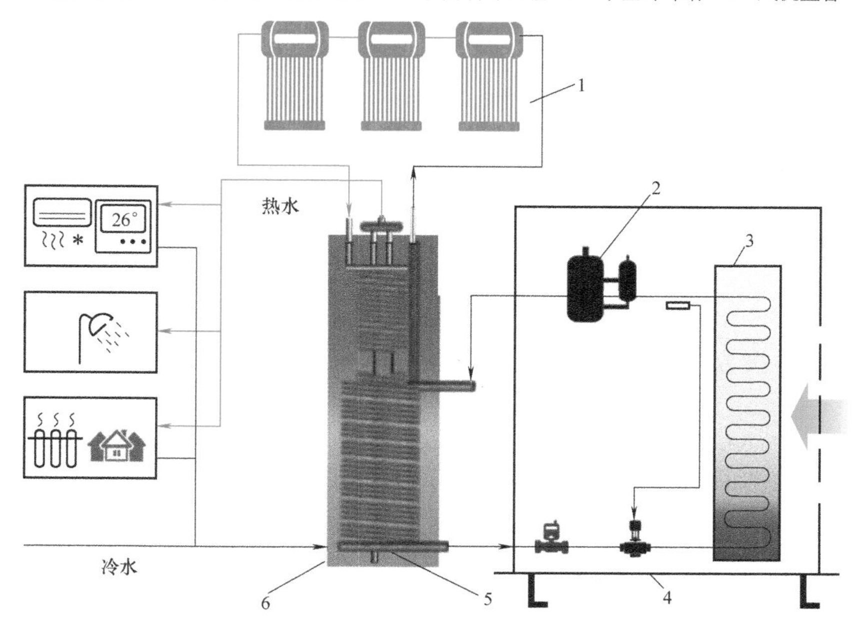

图8-8 太阳能热泵热水系统

1—太阳能系统 2—压缩机 3—蒸发器 4—室外机 5—铜线圈 6—水箱

8.6 太阳能光热制冷效率

多种形式的太阳能光热制冷效率如图8-9所示，提高太阳能制冷效率的基础是提高太阳能制热热源温度。太阳能制冷成套装备可由太阳能中高温集热器结合制冷设备，通过综合集成实现集成装置，集成装置可以一台机组实现多个蒸发温度，制冷效果比低温集热器好，制冷范围大，制冷空调热泵并用，节能环保。

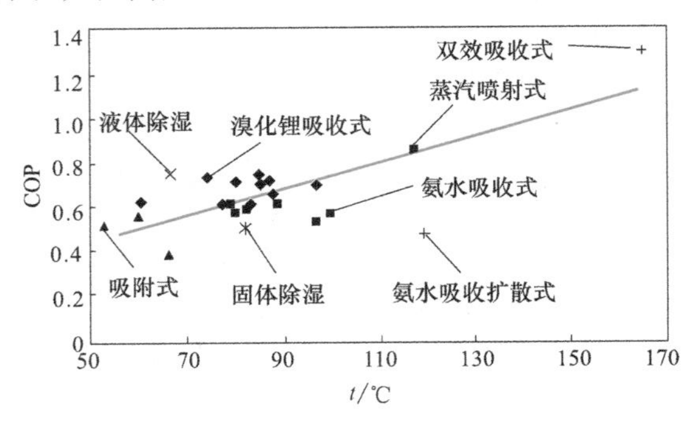

图8-9 多种形式的太阳能光热制冷效率

太阳能光热制冷系统是一个极具前景的产品，在全球大力发展新能源产业、积极推动传统家电产业绿色低碳化转型的背景下，太阳能光热制冷系统的推广普及将是大势所趋。该系统目前还处于初步发展阶段，商业化运用不是很成熟，要想普及需解决两个问题：一是太阳能空调技术的成熟度问题，与太阳能空调配合的蓄冷和制冷技术还不能够完全满足要求。蓄冷的释冰效率只有65%左右，并不高，制冷中溴化锂-水工质对吸收技术是目前太阳能制冷主流的制冷技术（固体吸附式制冷技术并不普及），但该技术难以将水加热到理想的温度，所以能量循环的效率不是很高。二是太阳能光热制冷系统的市场销售价格偏高，消费者接受度不高，原因是其核心部件（如集热器等）价格居高不下，使得太阳能空调的价格很难降低。

对比太阳能光伏发电方面，并网是目前国际上太阳能发电系统的主流使用方式，独立太阳能光伏发电制冷系统的市场还没有真正启动。由于我国太阳能并网发电相关高端技术的研发创新不足，相关技术还不成熟，太阳能并网发电项目投资建设成本明显高于传统能源发电成本，我国太阳能发电长期受困于过高的成本，项目投资回报率低，投资回收期长，大规模应用与市场化发展缓慢、面临瓶颈，市场启动力度较小，与需求不太相适应，投资者投资太阳能并网发电项目及相关技术研发的积极性不高。总之，目前太阳能制冷项目投资收益、可靠性、能效比的吸引力不显著，随着“双碳”战略目标发布，从技术、电网、产业链、市场、并网电价、民企投资、政府相关法规政策等方面推进我国太阳能制冷技术经济问题解决。

8.7 太阳能疫苗冰箱技术选择

太阳能疫苗冰箱是融合太阳能光伏发电、多机制冷、蓄冷释冷、保温控制的太阳能综合利用系统。疫苗存储是面向全球环境的医疗卫生需要，地球上大量地区环境温度为5~43℃、环境湿度为10%~80%RH，保存疫苗药品需使温度保持在2~8℃。常规的存储疫苗、药品的冰箱采用市电制冷，难以在大城市地区之外的医疗卫生单位正常应用，限制了偏远地区的医疗水平。此类国家和地区迫切需要能够独立于电网之外稳定运行的疫苗、药品存储冰箱，而这些地区太阳能资源丰富，利用太阳能制冷的疫苗、药品冰箱可以满足当地医疗卫生需要。世界卫生组织（World Health Organization，WHO）、联合国儿童基金会

（United Nations Children's Fund，UNCF）及当地政府致力于改善当地医疗水平，增加医疗卫生机构覆盖的地域。在此背景下，存储疫苗、药品的专用技术得到研究和推广。

世界卫生组织根据太阳能疫苗冰箱系统的运行原理，认可的太阳能疫苗冰箱分3类，如图8-10所示。第1类是太阳能板通过控制器为蓄电池充电，蓄电池驱动直流制冷冰箱或通过逆变器驱动普通交流电冰箱保温运行。这类产品电源系统相对复杂，同时采用大容量的铅酸蓄电池，需要定期维护，使用寿命也较为有限。第2类是太阳能板驱动直流制冷系统并蓄冷，但冷量需要辅助电池驱动风机或控制器实现恒温控制。为了满足疫苗冰箱温度调节等需要，产品自身需要配备较小容量的蓄电池辅助运行。这类冰箱取消大容量蓄电池组，采用自身小容量辅助电池，使用寿命及性能保障依赖辅助电池，通常3~5年需更换辅助电池，可靠性也受制约。第3类是太阳能板驱动直流制冷系统并蓄冷，冷量传递及温度控制不依赖任何电动部件。这类冰箱取消了电池，采用制冷、储冷保持及调节温度，产品整个生命周期易于维护，可靠性高。

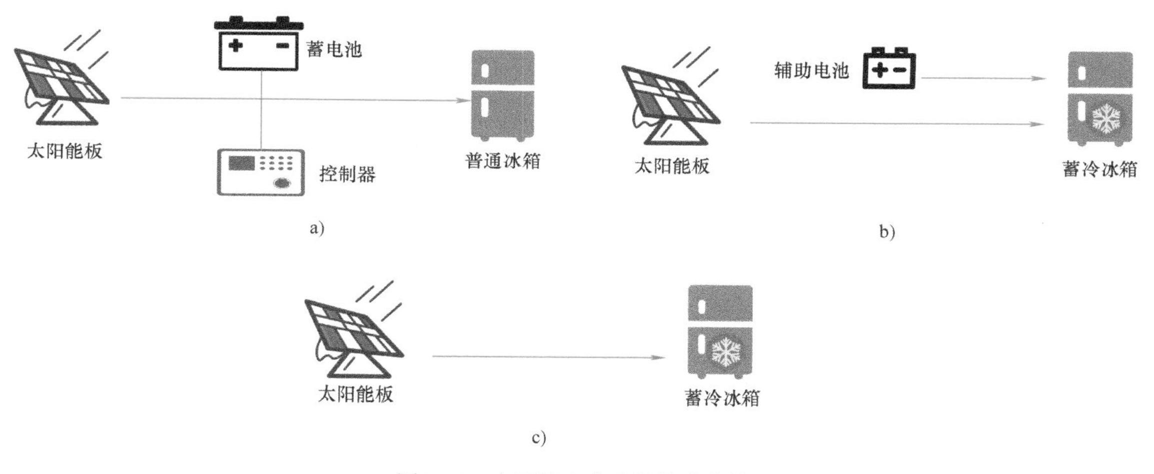

图8-10 太阳能疫苗冰箱技术路线

a）第1类 b）第2类 c）第3类

8.7.1 智能太阳能直驱疫苗冰箱的结构与控制

1. 太阳能疫苗冰箱的结构

在世界卫生组织公布的通过其认证的产品目录中，第3类产品的数量最少，因此第3类太阳能直驱疫苗冰箱成为研究重点，其系统如图8-11所示，主要由太阳能板、控制器、直流压缩机、冷凝器、直流冷凝风机、节流装置、蒸发器、相变储能模块、换热机构及加热器组成。太阳能板安装在室外，通过电缆将电能输送至冷藏冰箱控制器。直流压缩机、冷凝器、直流冷凝风机集中安装到冷藏箱产品机舱内，蒸发器

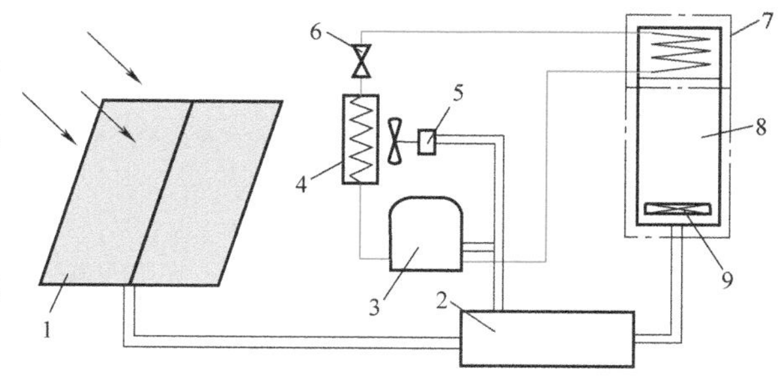

图8-11 太阳能直驱疫苗冰箱系统

1—太阳能板 2—控制器 3—直流压缩机 4—冷凝器 5—直流冷凝风机 6—节流装置 7—蒸发器和相变储能模块 8—换热机构 9—加热器

和相变储能模块、换热机构及加热器安装到冷藏箱内部。其中蒸发器和相变储能模块耦合为一个整体，可以高效地将制冷系统产生的冷量通过相变方式储存起来。相变储能模块与冷藏箱存储空间不直接相通，而是通过换热机构连接。

其运行模式为，太阳能板将太阳能转化为直流电并输送至控制器，控制器根据相变储能模块蓄能需要控制直流压缩机运转。直流压缩机驱动制冷工质完成压缩、冷凝、节流及蒸发循环实现制冷过程，制取的冷量在蒸发器及相变储能模块耦合体中通过相变吸收存储。存储起来的冷量通过换热机构释放到冷藏箱存储空间内，维持存储空间内的温度在8℃以下。而加热器为辅助装置，主要针对疫苗冷藏箱在较低环境温度下运行时，存储空间温度过低达到2℃下限时进行加热保温。通过以上措施，实现利用太阳能直接驱动蒸汽压缩式制冷，并将冷量通过相变方式存储起来，保持冷藏箱在夜间或阴雨天期间存储空间温度稳定在8℃以下。配合辅助加热功能，可以使冷藏箱产品在5~43℃宽泛的环温条件下维持存储温度在2~8℃之间。同时，该冷藏箱制冷系统采用R600a碳氢制冷工质，运行高效、环保。

2. 太阳能自适应高效运行控制技术

太阳能多机制冷系统采用碳氢制冷剂，为蓄冰需要配备了2套独立系统，为水排冷冻空间配备了1套系统。上述3套制冷系统相互独立，并在控制方案上实现独立控制，如图8-12所示，这样实现了制冷系统互为备份，提高了制冷系统运行可靠性。该系统根据运行工况来匹配太阳能光伏板的容量，并根据当地太阳能资源进行适当调整，主要保障太阳能光伏板因灰尘、时间等引起性能有衰减，但仍能满足系统负荷要求，提高了产品稳定运行的安全性。

该系统利用直流压机变频运行，在低转速下启动，逐渐提高至最高转速，满足早晚光照不充分条件下的运行需要。同时，该系统多压缩机错峰运行，避免太阳能板供电不足引起系统停机。太阳能供电充足条件下，可以为用户的手机、计算机提供充电功能。

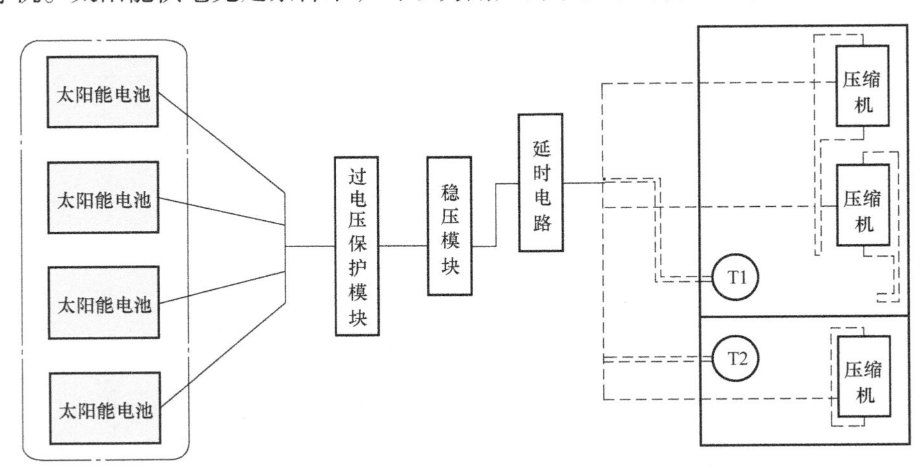

图8-12　太阳能多机制冷自适应运行控制

8.7.2　太阳能疫苗冰箱的制冷蓄冷耦合

碳氢制冷系统利用光伏转换的电能进行制冷，制取的冷量通过蓄冰的方式进行存储。构建两个独立的制冷系统用于蓄冰，可以更好适应光照条件变化。在光照较弱时使用一套制冷系统蓄冰，在光照较强的时候两套制冷系统同时运行蓄冰，满足了疫苗、药品存储高可靠性要求。

蓄冰水箱与热管耦合高效换热模块如图8-13所示。采用制冷系统蒸发板浸入水箱的方式进行蓄冰，蒸发板在水箱内平行布置，按照一定间隔均匀设置，有利于冰晶的均匀生长。同时，蓄冰蒸发板设置在水箱中部，使冰晶由水箱的中部向四周生长。因为水冻结成冰导致的体积膨胀量，可以通过水位的上升进行释放，防止水箱膨胀变形。

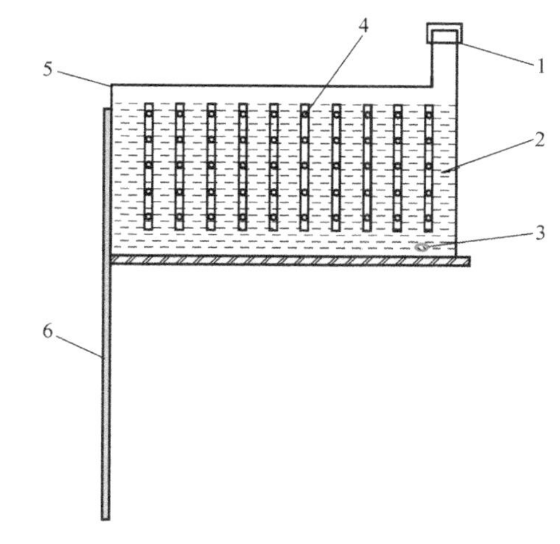

图8-13 蓄冰水箱与热管耦合高效换热模块示意图
1—注水口 2—水 3—蓄冰控温传感器 4—蒸发板 5—蓄冰水箱 6—重力热管

蓄冰水箱蓄冰量的控制依据了水的自然特性。在自然条件下，4℃时水的密度最大，在蓄冰水箱内的水冻结时，由于蓄冰蒸发板悬挂在水箱中央，水箱底部的水温一般保持在相对较高的温度，只有当整个水箱的水基本冻结完成后才会降至0℃附近。该系统利用这个特性，以水箱底部的水温为判据，在接近0℃时停止蓄冰，既实现了最大蓄冰量，又避免了蓄冰水箱温度过低导致冰箱存储温度过低的危险发生。

蓄冰水箱的冷量采用重力式热管将冷量传递至存储空间。由于蓄冰水箱整体温度基本维持在0℃附近，当存储空间温度较高时，可以利用热管高效换热的特性使存储空间温度快速下降；当存储空间温度较低时，由于传热温差变小，热管换热能力也快速下降，有利于存储空间温度保持恒定。

产品箱体的保温层厚度与重力式热管换热结构进行了均衡设计，针对产品要满足在5~43℃宽泛环温范围内稳定运行的需要，产品箱体采用了150mm的发泡保温层，同时调节重力热管数量，使产品在43℃环温下疫苗存储区温度维持在6℃附近。这样既满足高环温下箱内温度保持的需要，同时在环境温度下降至15℃时，在同样数量热管换热的情况下，箱内温度仍可以维持在3℃附近。

产品在疫苗存储区底部设置了相变蓄热模块，由电加热丝与5℃相变的直链烷烃材料构成。当外部环境温度过低时，蓄冰水箱的冷量仍会通过换热管向疫苗存储区传导冷量，会导致疫苗存储空间接近2℃下限要求。此时相变蓄热模块会发生作用，在白天电加热会启动，维持箱内温度在下限值以上；在夜间，则通过蓄热材料吸收过多的冷量，维持箱内温度高于2℃。由此实现了产品能够在5~43℃宽泛环境温度范围内保持疫苗存储空间始终保持在2~8℃的安全存储温度。

产品使用冰蓄冷技术方案，依靠冰融化潜热实现冷量存储，其蓄冷力为0.333MJ/kg或333MJ/m^3。以一个12V，9A·h铅酸电池做对比，其质量为2.7kg，外形尺寸为151mm×65mm×94mm。可计算得其蓄能量为0.144MJ/kg或421.4MJ/m^3。两者相比较，用冰蓄冷其单位质量蓄能量比蓄电池要高出131%；单位体积蓄能量比蓄电池低21%。但综合相比，冰蓄冷的能力要优于铅酸蓄电池的蓄能能力，因为铅酸蓄电池在正常使用时，其有效放电量不能达到100%，在保证其良好使用寿命条件下，其放电量通常低于80%。由此可见，冰蓄冷是一种高密度的蓄能方式，并且蓄能材料为天然材料，对环境无污染；同时，冰蓄冷模块

采用普通纯净的水即可，与蓄电池相比，更容易得到，方便使用。由于不采用蓄电池，大大减少了产品在整个使用寿命周期内的维护工作，更加满足偏远地区的使用需要。

冰蓄冷模块及热管换热模块实现了高性能长期保温，可以在稳定运行4~5天后仍旧保持蓄满冰的状态，此时，在完全无太阳光照条件下可保持箱内疫苗、药品处于安全温度保存超过160h，保证异常天气条件下的药品、疫苗安全保存。

疫苗冰箱单个制冷系统充注制冷剂量不大于50g，整个产品充注量低于150g，满足欧盟相关标准IEC 60335-2-24中关于易燃易爆制冷剂充注量的要求。产品配套太阳能光伏系统配备了避雷措施，并在电源回路上设置了熔断保护，以保障产品使用的电气安全。

8.7.3 太阳能疫苗冰箱的运行特性

在3.5kW·h/(m²·d)的辐射条件下，配备了4块180W的太阳能板作为驱动电源，对容积100L的太阳能疫苗冰箱进行夏季和冬季典型工况实验，结果如图8-14和图8-15所示。夏季实验表明，太阳能疫苗冰箱进入稳定状态后，在环境温度为43℃的条件下，箱内温度保持在8℃以下的时间为118h，保持在10℃以下的时间超过160h。如果环境温度降至32℃，箱内温度保持在10℃以下的时间可增长至240h。如果经历白天43℃、夜间25℃的环境温度变化，箱内温度最高为5.6℃，最低为4.3℃，为疫苗存储提供了近乎恒温的存储条件。

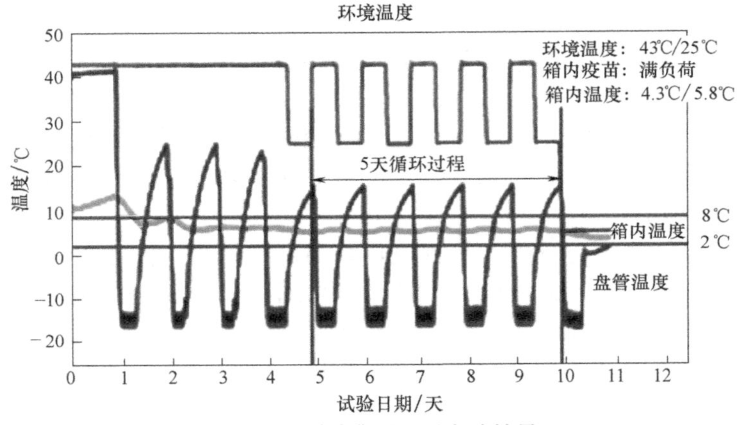

图8-14 夏季典型工况实验结果

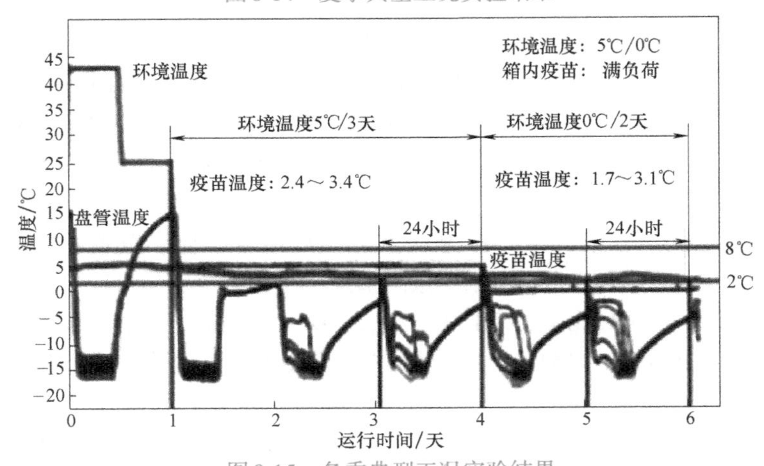

图8-15 冬季典型工况实验结果

冬季实验表明，环境温度为5℃时，冰箱内部温度稳定在2.5~3.5℃之间。环境温度降至0℃时，冰箱内部最低温度也可以保持2℃下限要求，距离真正对疫苗形成风险的0℃仍有充足的余量。因此可以得出，在低环境温度条件下，疫苗冰箱仍可保障疫苗存储安全。

冰箱可以在5~43℃环温条件下长期运行，正常运行4天即可达到充足蓄冰的稳定状态，并可在昼夜环温波动较大的条件下保持冷藏空间温度稳定，保持箱内温度在10℃以下的时间超过6天，安全存储保障能力充足。

习　题

8-1　太阳能制冷方式有哪些？

8-2　对比分析太阳能吸收式制冷、喷射式制冷、吸附式制冷的原理和特点。

8-3　太阳能热泵中复合太阳能集热热源的方法有哪些？如何提高利用太阳能的效率？

8-4　太阳能光伏制冷技术路线有哪些？

8-5　太阳能制冷空调与储能如何结合，才能提高太阳能利用的有效性？

8-6　如何提高太阳能制冷、空调、热水三联供系统的经济性？其推广应用的措施有哪些？

参考文献

[1] British Petroleum. BP statistical of review of world energy [R]. Abu Dhabi: International Renewable Energy Agency, 2018.

[2] 刘振亚. 中国能源电力未来发展形势 [R]. 北京：中国电力企业联合会，2019.

[3] 刘朝全. 2017年国内外油气行业发展报告 [R]. 北京：中国石油经济技术研究院，2018.

[4] CAMACHO E F, BERENGUEL M, RUBIO F R, et al. Control of solar energy systems：影印版 [M]. 北京：科学出版社， 2013.

[5] 李安定，吕全亚. 太阳能光伏发电系统工程 [M]. 2版. 北京：化学工业出版社，2016.

[6] 邵理堂，刘学东，孟春站. 太阳能热利用技术 [M]. 镇江：江苏大学出版社，2014.

[7] 李柯，何凡能. 中国陆地太阳能资源开发潜力区域分析 [J]. 地理科学进展，2010 (9)：1049-1054.

[8] 高操，施东雷，李成，等. 1993—2013年中国地面太阳辐射的变化特征 [J]. 气象与环境科学，2017，40 (4)：27-34.

[9] 于立军，周耀东，张峰源. 新能源发电技术 [M]. 北京：机械工业出版社，2018.

[10] 刘金亚，张华，雷明镜，等. 太阳能光伏电解水制氢的实验研究 [J]. 可再生能源，2014，32 (11)：1603-1608.

[11] 王子龙. 聚光光伏系统中太阳能电池的冷却问题研究 [D]. 上海：上海理工大学，2011.

[12] SWANSON R M. The promise of concentrators [J]. Progress in Photovoltaics Research and Applications, 2000, 8 (1): 93-111.

[13] GREEN M A, EMERY K, HISHIKAWA Y, et al. Solar cell efficiency tables: version 37 [J]. Progress in Photovoltaics Research and Applications, 2011, 19 (1): 84-92.

[14] TAKAMOTO T, KODAMA T, YAMAGUCHI H, et al. Paper-thin InGaP/GaAs solar cells [C]//IEEE 4th World Conference on Photovoltaic Energy Conference, May 7-12, 2006 Waikoloa. New York: IEEE, 2006: 1769-1772.

[15] GLOECKLER M, SANKIN I, ZHAO Z. CdTe solar cells at the threshold to 20% efficiency [J]. IEEE Journal of Photovoltaics, 2013, 3 (4): 1389-1393.

[16] 范文涛，朱刘. 碲化镉薄膜太阳能电池的研究现状及进展 [J]. 材料研究与应用，2017，11 (1)：6-8.

[17] 杨子玥. 铜铟镓硒薄膜太阳能电池CIGS吸收层的制备与性能研究 [D]. 哈尔滨：哈尔滨工业大学，2014.

[18] ZENG W D, CAO Y M, BAI Y, et al. Efficient dye-sensitized solar cells with an organic photosensitizer featuring orderly conjugated ethylenedioxythiophene and dithienosilole blocks [J]. Chemistry of Materials, 2010, 22 (5): 1915-1925.

[19] 郭旭东，牛广达，王立铎. 高效率钙钛矿型太阳能电池的化学稳定性及其研究进展 [J]. 化学学报，2015，73 (3)：211-218.

[20] 王蕾，周勤，黄禹琼，等. 界面钝化策略：提高钙钛矿太阳能电池的稳定性 [J]. 化学进展，2020，32 (1)：129-142.

[21] 戴中华，谢景龙，刘卫国，等. 钙钛矿太阳能电池稳定性的研究进展 [J]. 稀有金属材料与工程，2020，49 (1)：384-391.

[22] 叶龙，樊本虎，张少青，等. 近红外量子效率超过40%的钙钛矿-聚合物杂化太阳能电池（英文）[J]. Science China Materials, 2015 (12): 953-960.

[23] MEN C L, WANG S W, ZOU Z J. Experimental study on tracer gas method for building infiltration rate measurement [J]. Building Service Engineering, 2020, 41 (6).

[24] MEN C L, TIAN Z, SHAO Q, et al. Characterization of Cu (In, Ga) Se-2 films deposited by single-step electron beam evaporation for solar cell applications [J]. Applied Surface Science, 2012, 258 (24): 10195-10198.

[25] MEN C L, LIN C. Characterization of bonded silicon-on-aluminum-nitride wafers with Rbs, Tem and Hrxrd Techniques [J]. Microelectronic Engineering, 2008, 85 (8): 1807-1810.

[26] FERNÁNDEZ E F, SIEFER G, ALMONACID F, et al. A two subcell equivalent solar cell model for Ⅲ-Ⅴ triple junction solar cells under spectrum and temperature variations [J]. Solar Energy, 2013, 92: 221-229.

[27] 王虎，武永鑫，王聪．槽式太阳能集热器用光谱选择性吸收涂层的研究进展 [J]．分布式能源，2016，1（1）：52-56.

[28] BARSHILIA H C, SELVAKUMAR N, RAJAM K S, et al. Deposition and characterization of TiAlN/TiAlON/Si_3N_4 tandem absorbers prepared using reactive direct current magnetron sputtering [J]. Thin Solid Films, 2008, 516 (18): 6071-6078.

[29] BARSHILIA H C, SELVAKUMAR N, RAJAM K S.TiAlN/TiAlON/Si_3N_4 tandem absorber for high temperature solar selective applications [J]. Applied Physics Letters, 2006, 89 (19): 191909.1-191909.3.

[30] 梁立晓，陈梦东，段立强，等．储热技术在太阳能热发电及热电联产领域研究进展 [J]．热力发电，2020（3）：1-8.

[31] 孙义文，王子龙，张华，等．太阳能相变蓄热水箱性能实验研究 [J]．热能动力工程，2019，34（11）：109-115.

[32] 满亚辉，吴文健，郭志强．水合无机盐相变潜热影响因素的研究 [J]．化工新型材料，2009，37（6）：9-10.

[33] LU D F, DI Y Y, DOU J M.Crystal structures and solid-solid phase transitions on phase change materials (1-$C_nH_{2n+1}NH_3)_2CuCl_4$(s)(n=10 and 11) [J]. Solar Energy Materials and Solar Cells, 2013, 114: 1-8.

[34] MU M L, BASHEER P A M, SHA W, et al. Shape stabilized phase change materials based on a high melt viscosity HDPE and paraffin waxes [J]. Applied Energy, 2016, 162: 68-82.

[35] WANG P L, LAN Z P, PENG Z J, et al. Numerical investigation of PCM melting process in sleeve tube with internal fins [J]. Energy Conversion and Management, 2016, 110: 428-435.

[36] DENG S X, NIE C D, JIANG H J, et al. Evaluation and optimization of thermal performance for a finned double tube latent heat thermal energy storage [J]. International Journal of Heat and Mass Transfer, 2019, 130: 532-544.

[37] DHAIDAN N S, KHODADAD J M, AL-HATTAB T A, et al. Experimental and numerical investigation of melting of phase change material/nanoparticle suspensions in a square container subjected to a constant heat flux [J]. International Journal of Heat and Mass Transfer, 2013, 66: 672-683.

[38] SARI A, ALKAN C, KARAIPEKLI A, et al. Microencapsulated n-octacosane as phase change material for thermal energy storage [J]. Solar Energy, 2009, 83 (10): 1757-1763.

[39] 闫霆，王文欢，王程遥．化学储热技术的研究现状及进展 [J]．化工进展，2018，37（12）：4586-4595.

[40] WANG Z L, ZHANG H, DOU B L, et al. An experimental study for the enhancement of stratification in heat-storage tank by equalizer and PCM module [J]. Journal of Energy Storage, 2020, 27 (2): 101010.1-101010.12.

[41] WANG Z L, ZHANG H, DOU B L, et al. Analysis of thermal stratification in hot water tank by PCMs: CFD and experiment study [J]. Journal of Solar Energy Engineering: Including Wind Energy and Building Energy Conservation, 2020, 42.

[42] WANG Z L, ZHANG H, HUANG H J, et al. The experimental investigation of the thermal stratification in a solar hot water tank [J]. Renewable Energy, 2019, 137 (4): 862-874.

[43] HUANG H J, WANG Z L, ZHANG H, et al. An experimental investigation on thermal stratification characteristics with PCMs in solar water tank [J]. Solar Energy, 2019, 177: 8-21.

[44] WANG Z L, ZHANG H, DOU B L, et al. Influence of inlet structure on thermal stratification in a heat storage tank with PCMs: CFD and experimental study [J]. Applied Thermal Engineering, 2019, 126.

[45] WANG Z L, ZHANG H, DOU B L, et al. The thermal stratification characteristics affected by a novel equalizer in a dynamic hot water storage tank [J]. Applied Thermal Engineering, 2017, 126 (5): 1006-1016.

[46] WANG Z L, ZHANG H, DOU B L, et al. Experimental and numerical research of thermal stratification with a novel inlet in a dynamic hot water storage tank [J]. Renewable Energy, 2017, 111: 353-371.

[47] SUGATHAN V, JOHN E, SUDHAKAR K. Recent improvements in dye sensitized solar cells: A review [J]. Renewable and Sustainable Energy Reviews, 2015, 52 (12): 54-64.

[48] RAGHAVI B, OLIVER K, MATTIAS J, et al. Outdoor photoluminescence imaging of solar panels by contactless switching: Technical considerations and applications [J]. Progress in Photovoltaics: Research and Applications, 2020, 28 (3): 217-228.

[49] KINSEY G S, HEBERT P, BARBOUR K E, et al. Concentrator multijunction solar cell characteristics under variable intensity and temperature [J]. Progress in Photovoltaics: Research and Applications, 2008, 16 (6): 503-508.

[50] WHITFIELD G R, BENTLEY R W, WEATHERBY C K, et al. The development of small concentrating PV systems [C]//IEEE Photovoltaic Specialists Conference, May 19-24, 2002, New Orleans. New York: IEEE, 2002: 1377-1379.

[51] 熊绍珍，朱美芳. 太阳能电池基础与应用 [M]. 北京：科学出版社，2009.

[52] ZUBI G, BERNAL-AGUSTIN J L, FRACASTORO G V. High concentration photovoltaic systems applying Ⅲ-Ⅴ cells [J]. Renewable and Sustainable Energy Reviews, 2009, 13 (9): 2645-2652.

[53] HAN X Y, WANG Q, ZHENG J, et al. Thermal analysis of direct liquid-immersed solar receiver for high concentrating photovoltaic system [J]. International Journal of Photoenergy, 2015, 2015: 1-9.

[54] AMIR M N, MOHAMAD S S, SADEGH N N, et al. Thermo-economic analysis for determination of optimized connection between solar field and combined cycle power plant [J]. Energy, 2018 (162): 1062-1076.

[55] Fraunhofer. Fraunhofer: 41.1% efficiency multi-junction solar PV cells [J]. Renewable Energy Focus, 2009, 10 (2): 17.

[56] WANG Z L, ZHANG H, ZHAO W, et al. The effect of concentrated light Intensity on temperature coefficient of the InGaP/InGaAs/Ge triple-Junction solar cell [J]. Open Fuels & Energy Science Journal, 2015, 8 (1): 106-111.

[57] WANG Z L, ZHANG H, WEN D S, et al. Characterization of the InGaP/InGaAs/Ge triple-junction solar cell with a two-stage dish-style concentration system [J]. Energy Conversion and Management, 2013, 76 (12): 177-184.

[58] 王子龙，张华，吴银龙，等. 三结砷化镓聚光太阳电池电学特性的研究与仿真 [J]. 太阳能学报，2015，36 (5): 1156-1161.

[59] 王子龙，张华，李烨. 高倍聚光下三结砷化镓电池温度特性的实验研究 [J]. 太阳能学报，2013，34 (4): 664-669.

[60] 王子龙，张华，赵巍，等. 高聚光条件下砷化镓光伏电池特性的实验研究 [J]. 太阳能学报，2013，34 (1): 39-44.

[61] 王子龙，张华，张海涛. 聚光光伏系统热管散热器运行特性的优化 [J]. 太阳能学报，2012，33 (6): 986-992.

[62] SABIHA M A, SAIDUR R, MEKHILEF S, et al. Progress and latest developments of evacuated tube solar collectors [J]. Renewable and Sustainable Energy Reviews, 2015, 51: 1038-1054.

[63] 王子龙，张华，王崇愿，等. 新型进水结构对太阳能分层水箱热特性影响的研究 [J]. 热能动力工程，2016，31 (5): 124-128.

[64] QUOILIN S, LEMORT V, LEBRUN J. Experimental study and modeling of an organic rankine cycle using scroll expander [J]. Applied Energy, 2010, 87 (4): 1260-1268.

[65] QUOILIN S, OROSZ M, HEMOND H, et al. Performance and design optimization of a low-cost solar organic rankine cycle for remote power generation [J]. Solar Energy, 2011, 85 (5): 955-966.

[66] SCHUSTER A, KARELLAS S, KAKARAS E, et al. Energetic and economic investigation of organic rankine cycle applications [J]. Applied Thermal Engineering, 2009, 29 (8): 1809-1817.

[67] ZIVIANI D, BEYENE A, VENTURINI M. Advances and challenges in ORC systems modeling for low grade thermal energy recovery [J]. Applied Energy, 2014, 121: 79-95.

[68] LI G Q, PEI G, SU Y H, et al. Design and investigation of a novel lens-walled compound parabolic concentrator with air gap [J]. Applied Energy, 2014, 125: 21-27.

[69] COOPER T, DäHLER F, AMBROSETTI G, et al. Performance of compound parabolic concentrators with polygonal apertures [J]. Solar Energy, 2013, 95: 308-318.

[70] KHANNA S, KEDARE S B, SINGH S. Analytical expression for circumferential and axial distribution of absorbed flux on a bent absorber tube of solar parabolic trough concentrator [J]. Solar Energy, 2013, 92: 26-40.

[71] ATIF M, AL-SULAIMAN F A. Energy and exergy analyses of solar tower power plant driven supercritical carbon dioxide recompression cycles for six different locations [J]. Renewable and Sustainable Energy Reviews, 2017, 68 (1): 153-167.

[72] GARCIA P, FERRIERE A, BEZIAN J-J. Codes for solar flux calculation dedicated to central receiver system applications: A comparative review [J]. Solar Energy, 2008, 82 (3): 189-197.

[73] 张静敏，张华，刘红绍．太阳能热风发电系统集热器性能的影响因素分析［J］．可再生能源，2008，26（3）：66-68.
[74] 张静敏，张华，卢峰，等．太阳能烟囱集热器性能影响因素的试验研究［J］．太阳能学报，2008，29（8）：993-998.
[75] Li G，Huang H，Zhang J，et al. Study on the performance of a solar collector with heat collection and storage［J］. Applied Thermal Engineering，2019，147：380-389.
[76] Li G，Huang H L，Zhang H，et al. A compressible transient model of the solar chimney and heat collector［J］. Applied Mechanics & Materials，2013，283：15-21.
[77] DESIDERI U，PROIETTI S，SDRINGOLA P. Solar-powered cooling systems：Technical and economic analysis on industrial refrigeration and air-conditioning applications［J］. Applied Energy，2009，86（9）：1376-1386.
[78] 刘业凤，余军．带喷射器的直膨式太阳能辅助热泵的理论研究［J］．建筑节能，2018，46（6）：38-43.
[79] OMOJARO P，BREITKOPF C. Direct expansion solar assisted heat pumps：A review of applications and recent research［J］. Renewable and Sustainable Energy Reviews，2013，22：33-45.
[80] SUMERU K，NASUTION H，ANI F N. A review on two-phase ejector as an expansion device in vapor compression refrigeration cycle［J］. Renewable and Sustainable Energy Reviews，2012，16（7）：4927-4937.
[81] ARKAR J. Ejector enhanced vapor compression refrigeration and heat pump systems—A review［J］. Renewable and Sustainable Energy Reviews，2012，16（9）：6647-6659.
[82] CHEN J，YU J. Theoretical analysis on a new direct expansion solar assisted ejector-compression heat pump cycle for water heater［J］. Solar Energy，2017，142：299-307.
[83] 颜慧磊，张华，邵秋萍．一种太阳能与空气源双热源热泵系统的性能研究［J］．上海理工大学学报，2014，36（2）：177-180.
[84] 刘立平，张华．季节性蓄热太阳能地板供暖系统的性能研究［J］．节能技术，2011，29（1）：24-27.
[85] 张华，徐世林，张天会．太阳能光伏驱动冷柜的试验研究［J］．制冷与空调，2008（S1）：75-76.
[86] 黄易，张华，徐世林．太阳能光伏驱动冷柜的研制［J］．制冷技术，2008，28（4）：9-11.
[87] 朱正良，张华．我国太阳能有机朗肯循环研究现状［J］．能源研究与信息，2018，34（3）：132-135.